专家汇聚
孕育经典
高端品牌
精致享受

适合中国妈妈的权威孕育指南

轻松育儿
百科全书

Qingsong Yuer Baike Quanshu

岳然 / 编著

U0395854

上海科学普及出版社

图书在版编目（CIP）数据

轻松育儿百科全书 / 岳然编著.—上海：上海科学普及出版社，
2013.1
（百科全书系列）
ISBN 978-7-5427-5557-5

Ⅰ.①轻⋯　Ⅱ.①岳⋯　Ⅲ.①婴幼儿－哺育－基本知识
Ⅳ.①TS976.31

中国版本图书馆CIP数据核字(2012)第254451号

责任编辑　张立列
统　　筹　徐丽萍　刘湘雯

轻松育儿百科全书
岳　然　编著
上海科学普及出版社出版发行
（上海中山北路832号　邮政编码200070）
http://www.pspsh.com

各地新华书店经销　　北京中振源印务有限公司印刷
开本720×1000 1/16　　印张25　　字数480 000
2013年1月第1版　　　2013年1月第1次印刷

ISBN 978-7-5427-5557-5　　　　定价：24.80元

专家汇聚
孕育经典
高端品牌
精致享受

适合中国妈妈的权威孕育指南

轻松育儿
百科全书

Qingsong Yuer Baike Quanshu

岳然 / 编著

上海科学普及出版社

图书在版编目（CIP）数据

轻松育儿百科全书 / 岳然编著.—上海：上海科学普及出版社，
2013.1
（百科全书系列）
ISBN 978-7-5427-5557-5

Ⅰ.①轻… Ⅱ.①岳… Ⅲ.①婴幼儿－哺育－基本知识
Ⅳ.①TS976.31

中国版本图书馆CIP数据核字(2012)第254451号

责任编辑　张立列
统　　筹　徐丽萍　刘湘雯

轻松育儿百科全书
岳　然 编著
上海科学普及出版社出版发行
（上海中山北路832号　邮政编码200070）
http://www.pspsh.com

各地新华书店经销　　北京中振源印务有限公司印刷
开本720×1000 1/16　　印张25　　字数480 000
2013年1月第1版　　　2013年1月第1次印刷

ISBN 978-7-5427-5557-5　　　定价：24.80元

Contents 目录

Contents

Part2　1~2个月宝宝

目录

Contents

Part5　4～5个月宝宝

目录

Part6　5～6个月宝宝

Contents

目录

Part9　8～9个月宝宝

生长发育

家庭护理

科学喂养

智能提升

Contents

Part10 9~10个月宝宝

目录

Contents

Part13　1岁1~3个月宝宝

目录

智能提升

疾病防治

Part14 1岁4~6个月宝宝

生长发育

家庭护理

科学喂养

Contents

Part15　1岁7～9个月宝宝

目录

Part16 1岁10～12个月宝宝

Contents

目录

Part19　2岁7～9个月宝宝

Contents

Part20　2岁10～12个月宝宝

Part 1

新生儿

生 长 发 育

❀ 宝宝的生理发育

　　随着宝宝的第一声啼哭，新妈妈和新爸爸面临一个崭新的人生阶段。这里，对新生宝宝生理发育的了解尤为重要。

宝宝的生理发育表

生理发育	标 准 值	备 注
体　重	新生宝宝出生时体重若在2.5千克以上，则为正常	体重不足2.5千克，称为"未成熟儿"，必须采取特殊护理措施
身　长	正常新生宝宝身长为46～52厘米，坐高约33厘米	
头　围	33～34厘米	
胸　围	约32厘米	
呼　吸	新生宝宝呼吸较浅表且不规则，频率较快，一般40～60次/分，早产儿可达60次/分，出生后2天降至20～40次/分	❶ 观察新生宝宝的呼吸变化，要在新生宝宝安静的情况下，观察其胸、腹部起伏情况，每一次起伏即是一次呼吸 ❷ 注意观察胸廓两侧的呼吸运动是否对称；呼吸是否急促、费力、有无呼吸暂停；口周皮肤的颜色有无青紫
体　温	新生宝宝的正常体温在36℃～37℃之间	新生宝宝的体温中枢功能尚不完善，体温易受外界温度环境的影响而变化，且体表面积相对较大，容易散热，因此，应注意对新生宝宝保暖，尤其在冬季，室内温度保持在18℃～22℃为宜
大　便	新生儿一般在生后12小时开始排便。胎便呈深绿色、黑绿色或黑色黏稠糊状，这是胎儿在母体子宫内	有的婴儿则与之相反，经常2～3天或4～5天才排便一次，但粪便并不干结，仍呈软便或糊状便，排便时要用力屏

续表

宝宝的生理发育表		
生理发育	标准值	备注
大便	吞入羊水中胎毛、胎脂、肠道分泌物而形成的大便。3～4天胎便可排尽。吃奶之后,大便逐渐转成黄色	气,脸涨得红红的,好似排便困难,这也是母乳喂养儿常有的现象,俗称"攒肚"
排尿	新生儿第一天的尿量很少,为10～30毫升。在生后36小时之内排尿都属正常。随着哺乳、摄入水分,孩子的尿量逐渐增加,每天可达10次以上,日总量可达100～300毫升,满月前后每日可达250～450毫升	宝宝尿的次数多,这是正常现象,不要因为宝宝尿多,就减少给水量。尤其是夏季,如果喂水少,室温又高,宝宝会出现脱水热
睡眠	新生儿期是人一生中睡眠时间最多的时期,每天要睡16～17个小时,约占一天的70%。其睡眠周期约45分钟。睡眠周期随小儿成长会逐渐延长,成人为90～120分钟	新生儿出生后,睡眠节律未养成,夜间尽量少打扰他,喂奶间隔时间由2～3小时逐渐延长至4～5小时,使他晚上多睡白天少睡,尽快和成人生活节律同步
运动能力	宝宝一出生就已具备了相当的运动能力。当父母温柔地和宝宝说话时,他会随着声音有节律地运动。如头转动,手上举,腿伸直	从出生到2个月的宝宝,动作发育处于活跃阶段,宝宝可以做出许多不同的动作,特别是面部表情逐渐丰富

❀ 宝宝的感觉发育

新生宝宝一出生就具备各种感觉,除了视觉发育稍慢,其他感觉都十分敏锐。

宝宝的感觉发育表		
感觉发育	标准值	备注
视觉	新生宝宝一出生就有视觉能力,34周早产儿与足月儿有相同的视力	父母的目光和宝宝相对视是表达爱的重要方式,眼睛看东西的过程能刺激大脑的发育
听觉	新生宝宝的听觉很敏感,可以这样来测试他:用一个小塑料盒装一些黄豆,在距宝宝耳边约10厘米处轻轻摇动,看宝宝的头是否会转向小盒的方向	新生宝宝喜欢听妈妈的声音,这声音会使宝宝感到亲切。如果在耳边听到过响的声音或噪声,宝宝的头会转到相反的方向,甚至用哭声来抗议这种干扰

续表

宝宝的感觉发育表

感觉发育	标 准 值	备 注
触 觉	新生宝宝已有触觉，对不同的温度、湿度、物体的质地和疼痛都有触觉感受能力，喜欢接触质地柔软的物体，嘴唇和手是宝宝触觉最灵敏的部位	触觉是宝宝安慰自己、认识世界、和外界交流的主要方式，当妈妈抱起新生宝宝时，他喜欢紧贴着妈妈的身体，依偎着妈妈
味 觉	新生宝宝能精细地辨别食物的滋味，对比较甜的食物吸吮力强，吸吮得快，而对比较淡的食物兴趣比较小，另外，对咸、酸、苦的液体不喜欢	可以给宝宝尝试不同味道的食物，即便是咸、苦、酸的味道，也可闻一闻，尝一尝，锻炼嗅觉和味觉
嗅 觉	新生宝宝能认识和区别不同的气味	如果宝宝闻到某种气味有心率加快、活动量改变的反应，并转头朝向气味发出的方向，说明他对这种气味感兴趣

 宝宝的心理发育

新生宝宝最喜欢看妈妈的脸，在宝宝出生后30分钟内，最好把宝宝放置在妈妈胸前。如果新妈妈此刻已精疲力竭，也应努力抱着宝宝，让宝宝伏在妈妈胸口睡上一小觉。分娩后的搂抱对母子关系的建立和日后安抚宝宝都有事半功倍之效，宝宝的表情也会因此显得安恬及放松。如果宝宝出生后12小时还没有躺进妈妈怀抱，会使宝宝情绪上惶惑不安。

此外，每次当小宝宝醒来时，妈妈可在宝宝的耳边轻轻呼唤宝宝的名字，并温柔地与其说话，如"宝宝饿了吗？妈妈给宝宝喂奶奶"，"宝宝尿尿了，妈妈给宝宝换尿布"等等，宝宝听到妈妈柔和的声音，会把头转向妈妈，脸上露出舒畅和安慰的神态，这就是宝宝对妈妈声音的回报。经常听到妈妈亲切的声音使宝宝感到安全、宁静，亦为日后良好的心境打下基础。

皮肤是最大的体表感觉器官，是大脑的外感受器。温柔的抚摸会使关爱的暖流通过爸爸妈妈的手默默地传递到宝宝的身体、大脑和心里。这种抚摸能滋养宝宝的皮肤，并可在大脑中产生安全、甜蜜的信息刺激，对宝宝智力及健康的心理发育起催化作用。在平时，你可以发现，常被妈妈抚摸及拥抱的宝宝，性格温和，安静、听话。

家庭护理

❀ 小婴儿要注意保暖

常言道，要让小儿安，三分饥与寒。这是相对大孩子而言的。小婴儿的体温调节能力不成熟，必须借助室温和衣服来保暖。

婴儿室的温度在20℃、湿度在50%~60%之间最好。孩子渐渐长大，新陈代谢功能增加，体温调节能力越来越强。

新生儿在室内要比大人多穿一件衣服，2~3个月大时，可以和大人穿得一样多，4~5个月的孩子，在寒冷及酷暑时最好不到室外去，他还没有这么强的调节能力。

妈妈每日与孩子做游戏时，可以将室温调节好。孩子少穿一点衣服，室温稍高一点。如果在地毯上玩，要注意热空气向上流动，冷空气向下流动。

❀ 怎样抱新生儿

宝宝要等到4周以后才能够完全控制自己的头，因此，每当妈妈抱起宝宝的时候，一定要托着宝宝的头部。把手伸过婴儿的颈部下，托起宝宝的头。把另一只手放入宝宝的背部和臀部下面，安全地支持着宝宝的下半身。

抱持宝宝时的注意事项：

❶ 把宝宝抱在妈妈的任何一边臂弯上，宝宝的头部比躺在妈妈的手臂上部的身体其余部分稍高，用前臂和手环绕

着宝宝支托着宝宝的背部和臀部。这样可以对宝宝讲话和微笑，宝宝也可以注视妈妈的一切表情和注意着妈妈的讲话。

❷用妈妈的前臂把宝宝紧靠着妈妈的上胸部，让宝宝的头伏在妈妈的肩上并用手扶托着。这样，妈妈可以腾出

一只手来。不放心的话可以用手支托着宝宝的臀部。

小贴士

> 1个月内的婴儿不适宜频频抱起，只需在喂奶之后抱起。

❀ 新生儿要勤洗澡

新生宝宝身上有一股奶腥味，再加上吃奶的时候宝宝会流很多汗，因此，给宝宝洗澡既可以保持皮肤清洁，避免细菌侵入，又可通过水对皮肤的刺激加速血液循环，增强机体的抵抗力，还可通过水浴过程，使宝宝全身皮肤触觉、温度觉、压觉等感、知觉能力得以训练，使宝宝得到满足，有利于宝宝心理、行为的健康发展。

多久洗一次澡最合适：

从医学角度讲，最好是每天给宝宝洗澡，但有时由于条件有限，室内温度无法控制到宝宝所能承受的范围，稍有疏忽，宝宝就生病了，特别是在寒冷的冬天。所以，给宝宝洗澡的间隔时间应根据气候来定。

夏天的时候，因为周围环境温度较高，妈妈可以一天给宝宝洗两次澡。春、秋或寒冷的冬天，由于环境温度较低，如家庭有条件使室温保持在24℃～26℃，也可每天洗一次澡，但是如果不能保证室温，最好每周洗1～2次澡。

怎样给新生儿洗澡：

给新生儿洗澡要做好准备，室温应保持在23℃～26℃，水温一般在37℃～38℃为宜，可以用肘部试一下水温，只要稍高于人体温度即可，或者可以买宝宝洗澡用的温度计，洗澡时直接放到澡盆里。将干净的包布、衣服、尿布依次摆好，再准备一条洗澡巾铺好。

小贴士

> 新生宝宝洗澡的时间不宜过长，一般3～5分钟，时间过长易使宝宝疲倦，也易着凉。如不能洗澡，也要经常用温湿毛巾擦洗手脸、脖子、腋下、大腿根部，以免皮肤皱褶处污染，洗后最好不用扑粉，以免堵塞毛孔，影响皮肤排泄代谢。

洗澡的具体方法：

❶ 先让宝宝保持良好的情绪，可以在洗澡的时候和宝宝说话，唱歌给宝宝听，也可以将玩具戴在宝宝手腕上或者挂在宝宝头部上方，这些都能让宝宝变得安静，也能让洗澡变得更轻松。

❷ 手法一定要轻柔、敏捷，把宝宝衣服脱掉，用大毛巾被裹住宝宝，用掌心托住头，拇指与中指用耳郭堵住耳眼。

❸ 先洗面部。将一个专用于洗脸的小毛巾蘸湿，用其两个小角分别清洗宝宝的眼睛，从眼角内侧向外轻轻擦拭；用小毛巾的一面清洗鼻子及口周、脸部；小毛巾的另外两角分别清洗两个耳郭及耳后。

❹ 用少许清水清洗头部，按摩头皮，冲净，然后用小毛巾擦干。

❺ 洗完面部后，去掉浴巾，妈妈左手掌握住宝宝左手手臂，让宝宝头枕在左臂上；用清水打湿宝宝的上身，让宝宝头微微后仰，右手用洗脸的小毛巾清洗宝宝颈部、前胸、腋下、腹部、手臂上下、手掌，注意皮肤皱褶处的清洗。

❻ 用洗臀部的小毛巾清洗宝宝的腹股沟、会阴部。换右手托住宝宝的左手臂，让宝宝趴在右手臂上，洗背部、臀部、下肢、足部。

❼ 用清水将宝宝的全身再冲洗一遍后，将宝宝抱出浴盆，用大浴巾将全身擦干，将宝宝放在铺有干净床单的床上或桌子上，盖上小被子。

❀ 给宝宝用尿布还是纸尿裤

白天宝宝不睡觉时，可以使用棉布尿布，一旦尿湿了就及时更换，小宝宝的皮肤娇嫩、敏感，棉布尿布非常吸水、透气，而且无刺激，既保护了宝宝娇嫩的皮肤，又经济。

晚上可以使用纸尿裤。纸尿裤持续时间长，在宝宝睡觉时，不会打扰他的睡眠，而且不容易浸透和漏出大小便，能保证宝宝充足的睡眠。

及时给宝宝换尿布：

婴儿皮肤薄嫩，血管丰富，易擦伤而引起感染，需日夜包尿布，直到他受到大小便的训练为止，特别在宝宝头几个月里，更要及时正确地为宝宝更换尿布。新生儿一昼夜需20块左右的尿布，爸爸妈妈平常要关注宝宝，及时给他换尿布。

给宝宝换尿布的方法：

❶ 换尿布前，先要在宝宝下身铺一块大的换尿布垫，防止在换尿布期间宝宝突然撒尿或拉屎，把床单弄脏。

❷ 一手将宝宝屁股轻轻托起，一手撤出尿湿的尿布。

❸ 给宝宝换完尿布后，要认真检查大腿根部尿布是否露出，松紧是否合适，需进行合理的调整。

④ 如果是女孩，便后换尿布时，应用卫生纸揩拭干净。揩拭时应从上到下，先揩外阴再揩肛门。否则，易将肛门处的细菌带至尿道口及阴道口，造成尿道感染或外阴炎。在揩拭干净以后，应用清水洗净会阴部，洗的顺序也是先上后下。

小贴士

给宝宝使用棉尿布必须经常洗涤，为了保证宝宝健康，还必须漂洗、消毒和晒干。

选择合适的清洗液：

尿布直接接触宝宝娇嫩的皮肤，一定要选用专为宝宝设计的洗衣液清洗。这些洗衣液去污力强，易漂洗，而且对皮肤无刺激、无副作用。在没有专用洗衣液时，也一定要选用中性且不含荧光剂的洗衣粉，或碱性较小的洗衣皂、香皂。

清洗尿布的方法：

① 先将尿布上的大便用清水洗刷掉，再用中性肥皂搓在上面，静置30分钟，或用尿布专用洗涤剂，浸泡20～30分钟，然后搓洗，再用开水烫泡，水冷却后再稍加搓洗，然后用清水洗净晒干即可。

② 如尿布上无大便，只需要用清水洗2～3遍，然后用开水烫一遍，晒干备用。

③ 洗干净的尿布要妥善收藏，放在固定的地方，避免污染，以备随时使用。

④ 新生儿尿布忌用炉火烘烤，以防止返潮，刺激皮肤。如果尿布放在暖气上烘干，会使尿布变得很硬，最好把它晒在阳光下。另外，不要把尿布和婴儿衣物放在一起清洗。

小贴士

妈妈要注意，不能用爽身粉涂抹宝宝的屁股，因为宝宝尿湿后，擦在屁股上的爽身粉容易阻塞汗腺，易引起湿疹。

❀ 做好新生儿脐带护理

脐带是胎儿与母亲胎盘相连接的一条纽带，胎儿由此摄取营养与排除废物。胎儿出生后，脐带被扎结、切断，留下呈蓝白色的残端。几小时后，残端就变成棕白色。以后逐渐干枯、变细，并且成为黑色。一般在生后3～7天内脐带残端脱落。脐带初掉时创面发红，稍湿润，几天后就完全愈合了。以后由于身体内部脐血管的收缩，皮肤被牵扯、凹陷而成脐窝，也就是俗称的肚脐眼。

在脐带脱落愈合的过程中，要做好脐部护理，防止发生脐炎。脐带内的血管与新生儿血循环系统相连接，生后断脐时及断脐后均需严密消毒，否则细菌由此侵入，就会发生破伤风或败血症。脐带结扎后，形成天然创面，是细菌的最好滋养地，如果不注意消毒，就会发生感染，所以在脐带未脱落前，每日均要对脐部进行消毒。

一般在宝宝生后24小时，就应将包扎的纱布打开，不再包扎，以促进脐带残端干燥与脱落。处理脐带时，洗手后以左手捏起脐带，轻轻提起，右手用消毒酒精棉棍，围绕脐带的根部进行消毒，将分泌物及血迹全部擦掉，每日1～2次，以保持脐根部清洁。同时，还必须勤换尿布，以免尿便污染脐部。如果发现脐根部有脓性分泌物，而且脐局部发红，说明有脐炎发生，应该请医生治疗。

❋ 怎样包裹新生儿

新生儿时期宝宝抵抗力较弱，容易受凉，特别是在寒冷的冬天，不仅要注意环境、室温等，还要将宝宝包裹好。正确包裹宝宝的方法如下：

❶ 为达到保暖好的效果，包裹宝宝的衣被要柔软、轻、暖，并应选用纯棉、软、浅色质料的内衣，冬天可将内衣和薄绒衣或薄棉袄套在一起穿。

❷ 放置尿布时，将柔软、吸水性强的尿布叠成长条形给宝宝骑好（注意尿布向上反折时不能过脐部），再将一块方尿布对折成三角形垫好，塑料薄膜则在尿布的最外边，然后将上衣展平，再用衣被包裹。

❸ 随着季节和室温的不同，包裹方法也应不同。冬季室温较低时，可用被子的一角绕宝宝头围成半圆形帽状；如果室温能达到20℃左右则不必围头，可将包被角下折，使宝宝头、上肢露在外面。

❹ 包被包裹松紧要适度，太松或太紧都会令宝宝感到不舒服，包被外面也不要用布带紧束捆绑。捆绑过紧不利于宝宝四肢自由活动，影响生长发育。夏季天气较热时，只需给宝宝穿上单薄的衣服或是包一条纯棉质料的毛巾就可以了。

☕ 小贴士

注意不要将宝宝的腿捆着睡觉，这种包法不仅限制了宝宝的自由活动和正常呼吸，而且严重影响宝宝的正常发育。宝宝下肢的自然状态是屈曲状，下肢屈曲略外展的体位还可以防止髋关节脱位。

❀ 注意房间的环境卫生

中国有个传统习惯，就是把新妈妈与孩子严严地捂在房间里。这实际上给新妈妈和婴儿造成了一个昏暗和污浊的环境。尤其在夏天，室内更加闷热，很容易使孩子发热，起脓疱疹，长痱子，以及患呼吸道疾病。新妈妈也容易发生中暑。

科学的方法是要保持新妈妈与新生儿室内空气的清新。

在温暖的季节，每天都要通风换气，当然开窗之前，要给新妈妈与婴儿适当的遮盖，不要使风直接吹在他们的身上，要避免产生对流风。

在夏季要使室内空气保持在30℃以下，可在地面上洒一些水，既可降温，又可使室内空气保持一定湿度。

冬季室温最好保持在20℃～22℃，也可以洒一些水来湿化空气，防止呼吸道疾病的发生。通风要谨慎，应避免穿堂风，且不可时间过长。生火炉的家庭，一定要注意烟筒通畅，不要将没有烟筒的火炉子搬进室内，以防止发生煤气中毒。

 小贴士

婴儿房内的灯光要充足、柔和，不可太过刺眼。可以使用类似自然光的灯泡或是卤素灯照明。此外，也可以装上数段式转换的灯，偶尔改变室内光线，给宝宝多种不同的视觉感受。

❀ 新生儿暂时不要枕枕头

刚出生的宝宝，脊柱平直，平躺时背和后脑勺在同一个平面。如果枕枕头，颈部就垫高了，颈、背部肌肉就不能自然松弛。

侧卧时头与身体也在同一平面，若枕枕头，很容易使颈部弯曲，有的还会引起呼吸和吞咽困难，不利于宝宝的生长发育。

宝宝长到3个月时，脊柱颈段开始出现向前的生理弯曲，如果此时不用枕头，头位就有些偏低，不利于婴儿入睡和生长发育。

小贴士

新生儿采用两侧经常交换的侧卧睡姿是相对安全和理想的睡姿，宝宝的头形能睡得很漂亮。宝宝总朝一侧睡颅骨会变形，脸形不对称。

宝宝3个月以后，开始使用枕头，高度以3~4厘米为宜，不要选用过硬的枕头或纤维枕头，可以选用小米或茶叶做枕芯等。

❀ 新生儿每天睡多久

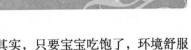

一般来说，早期新生儿睡眠时间相对较长一些，几乎除了吃奶，就是睡觉，不分白天和黑夜，每天可达20个小时以上。随着日龄增加，宝宝睡眠时间缩短了，一般是在上午八九点钟，沐浴后，喂完奶，有一段比较长的觉醒时间。

许多新手爸妈很担心，因为他们发现自己的宝宝睡不了20个小时这么长时间，甚至刚出生3天的新生儿，白天大部分时间，都在很精神地凝望这个新奇的世界。

其实，只要宝宝吃饱了，环境舒服了，他就会睡得香甜，而只要宝宝在睡觉的时候睡得香甜，多几个小时或少几个小时，都是正常的，爸爸妈妈不必为此苦恼。

白天，宝宝觉醒时，爸爸妈妈可以给宝宝做做体操，和宝宝说说话，竖着把宝宝抱起来，让他看看周围，这样既可以开发宝宝各项能力，又能延长宝宝觉醒的时间，可以帮助宝宝形成良好的睡眠习惯。

❀ 宝宝适合睡单独的小床

让宝宝与父母同房不同床，对宝宝的身心发展非常有益，有利于母乳分泌，有利于妈妈随时哺喂，有利于促进妈妈健康，有利于促进母婴感情，而且不会发生大人压着宝宝的风险。

怎样选择和装点宝宝的小床：

❶ 宝宝床的表面要光滑，没有毛刺和任何突出物；床板的厚度可以保证宝宝在上面蹦跳安全；结构牢靠，稳定性好，不能一推就晃。

❷ 床的拐角要比较圆滑，如果是金属床架，妈妈最好自己用布带或海绵包裹

一下，以免磕碰到宝宝。

③ 床栏杆之间的间距适当，宝宝的脚丫卡不进去，而小手又可伸缩自如。床栏最好高于60厘米，宝宝站在里面翻不出来。

④ 摇篮床使用中要定期检查活动架的活动部位，保证连接可靠，螺钉、螺母没有松动，宝宝用力运动也不会翻倒。

⑤ 选购好小床后，妈妈还应该用可爱的玩具和鲜艳的色彩装点宝宝的小床，因为宝宝不仅要躺在小床里睡觉、游戏，还要在小床里学站、练爬，甚至蹦蹦跳跳，宝宝第一年的大部分时光是在小床里度过的。

 小贴士

宝宝出生后，妈妈可以给宝宝一个专门的小床，但是，在出生后的前6周，妈妈都应该将宝宝的小床放在自己的床边，因为宝宝需要频繁的哺乳。

❀ 学会观察宝宝的大便

爸爸妈妈应该学会从宝宝粪便的颜色、形状、质感上观察宝宝的粪便，以鉴别宝宝的健康状况。

① 新生儿出生不久，会出现黑、绿色的焦油状物，这是胎粪。这种情况仅见于宝宝出生的头2～3天。这是正常现象。

② 宝宝出生后1周内，会出现棕绿色或绿色半流体状大便，充满凝乳状物。这说明宝宝的大便变化，消化系统正在适应所喂食物。

③ 橙黄色似芥末样的大便，且多水，有些奶凝块，量常常较多，这是母乳喂养宝宝的粪便。

④ 浅棕色、有形、成固体状、有臭味，是人工喂养宝宝的粪便。

⑤ 出现绿色或间有绿色条状物的粪便，也是正常现象。但是，少量绿色粪便持续几天以上，可能是宝宝吃得不够饱。

⑥ 有时候宝宝放屁带出点儿大便污染了肛门周围，偶尔也有大便中夹杂少量奶瓣，颜色发绿，这些都是偶然现象，妈妈不要紧张，关键是要注意宝宝的精神状态和食欲情况。只要精神佳，吃奶香，一般没什么问题。

⑦ 如果宝宝继续出现异常大便，如水样便、蛋花样便、脓血便、柏油便等，则表示宝宝有病，应及时去咨询医生并治疗。

宝宝哭了怎么办

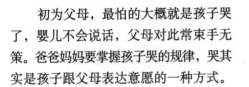

初为父母，最怕的大概就是孩子哭了，婴儿不会说话，父母对此常束手无策。爸爸妈妈要掌握孩子哭的规律，哭其实是孩子跟父母表达意愿的一种方式。

❶ 需要爱抚。孩子有时哭了，抱起来就不哭了，这是他感到孤独，他需要母亲的爱抚。他在母亲子宫里时，无时无刻不受到羊水和子宫壁的轻抚。初来人世，孤零零地独自躺在小床上，有时他会感到害怕。被抱在妈妈怀里，接触到亲人，他会感到安慰。这时妈妈可把孩子紧贴胸前，让他听到母亲心跳的声音，他慢慢就会安静下来。

❷ 饿了。饥饿是婴儿哭闹的主要原因，吃饱了就不哭了。有时只差几口他也不干，不吃饱就使劲儿哭。孩子饿了就要喂，不用按时，不要教条地使用时间表。新生儿两三个小时就要吃一回奶。

❸ 冷或热。婴儿的房间不要过冷、过热，孩子盖的被子不要太多，这些都会引起宝宝哭。要常观察宝宝的体温有无变化。

❹ 尿了。孩子尿湿了或大便后，就会使劲哭，妈妈要给他换尿布，否则他不舒服。

❺ 脱衣服。孩子不喜欢脱衣服，脱衣服使他感到紧张。因此妈妈给孩子脱衣换衣时尽量快些。脱衣服时跟孩子说说话，转移他的注意力。

❻ 累了。小婴儿睡眠时间长，吃饱以后还要睡，成人不要总逗他、打扰他，累了、烦了，他也会哭。

❼ 惊吓。孩子受到光线、声音、物品的突然刺激感到不安全，也会哭。这时应抱起孩子安慰他。

❽ 疼痛。疼痛会使孩子大哭不止。妈妈要紧紧地抱着孩子，找到疼痛的原因，去掉致痛因素宝宝就不哭了。

❾ 生病。孩子不舒服，除了哭还不爱吃。这时千万不要大意，要尽快带他看医生。

小贴士

有的新生儿白天睡，夜里却都醒着不睡，俗称"夜哭郎"。这是新生儿神经反射系统不完善造成的。白天如果孩子睡得太熟，妈妈要有意识地让孩子多醒几次，引逗他多玩一些时间。只要爸爸妈妈反复培养，新生儿就能建立起白天活动、夜里睡觉的规律。

❋ 给新生宝宝剪指甲

新生儿的指甲长得特别快，指甲过长会抓伤宝宝的脸，出生两周左右给宝宝剪一次指甲，以后每周一次。

❶ 最好使用婴儿指甲刀，选择宝宝熟睡时给宝宝剪指甲。

❷ 妈妈用左手的拇指和食指握住宝宝要剪的手指，右手持指甲刀从指甲一端轻轻地转动指甲刀将指甲剪下，不要紧贴到指甲尖处，以免剪伤指甲下的嫩肉或手指。

❸ 剪指甲时应按新生儿指甲的形状来剪，也不要剪得太短，与手指端平齐就可以了，剪完后尽量将指甲边缘磨平滑，以避免划伤皮肤。

❹ 与剪指甲一样的做法，脚趾甲应一个月剪一次。

❋ 早产儿的特殊护理

早产儿又称未成熟儿，是指出生时体重不足2500克、身长在46厘米以下、胎龄未满37周、器官功能尚未成熟的新生宝宝。

早产儿由于体温调节功能差，常有体温不升或体温过高现象；呼吸快而浅，易出现间歇性暂停甚至窒息；吸吮及吞咽能力弱，易溢奶；免疫功能差，抵抗力弱，即使轻微感染也易发展为败血症等。

早产儿的护理，要特别注意以下几点：

❶ 注意冷暖。室温应当保持在34℃～36℃，相对湿度在55%～65%。体温每4～6小时测一次，室温要恒定。

 小贴士

早产儿口腔黏膜很易出现一层白膜，不易脱落，这叫鹅口疮，是一种霉菌感染，应到医院及时就诊。千万不可用不消毒的布擦嘴，以免擦伤口腔黏膜，致使细菌进入血液，发生败血症。

❷ 预防感染。早产儿抵抗能力差，要特别注意防止感染。要注意清洁早产儿的皮肤，预防皮肤感染。早产儿脐部护理要精细，妈妈每天要检查宝宝的皮肤，看看是否发生脓疮，脐部是否出水、流脓、红肿等。发现异常要及早到医院治疗。

早产儿应尽量少与外人接触，特别是不能接触有病的人，妈妈更不能亲吻宝宝。妈妈给宝宝喂奶时，应洗净手和乳头，戴好口罩，避免一切发生感染的可能。

❸ 溢奶可造成早产儿呼吸停顿、吸入性肺炎等并发症，要特别注意。

❀ 初做父亲应注意什么

❶ 要尽量让妻子心情愉快，这样对孩子哺乳、新妈妈的健康都非常必要。新妈妈的心情不好，就影响乳汁分泌，造成孩子缺奶。

❷ 调理好妻子的饮食。妻子除了要吃一些稀软的食物外，在种类上要尽量丰富。肉、蛋、奶制品及新鲜蔬菜可搭配食用，以保证新妈妈健康。

❸ 新妈妈与孩子的衣服要清洁卫生，勤洗勤换。

❹ 下班回家后，不能立刻走进妻子和孩子的房间，应该换掉外衣，洗净手、脸，再进去接触孩子。

❺ 尽量避免孩子与其他人

接触，要婉言谢绝亲朋好友的探视，尤其是患感冒者，更不能接触孩子，以防止呼吸道疾病传染给孩子。

❻ 千万不要在孩子的房间内吸烟。

科学喂养

❋ 不要错过珍贵的初乳

初乳是妈妈生产后5天内分泌的乳汁，虽然不多但浓度很高，颜色类似黄油。妈妈一定要尽可能地让宝宝吃上初乳，宝宝出生30分钟内就应该让宝宝吸吮乳头。

与成熟乳比较，初乳中含有丰富的蛋白质、脂溶性维生素、钠和锌，还含有人体所需要的各种酶类、抗氧化剂等。相对而言含乳糖、脂肪、水溶性维生素较少。

初乳中分泌型免疫球蛋白SIgA可以覆盖在婴儿未成熟的肠道表面，阻止细菌、病毒的附着。初乳还有促进脂类排泄的作用，可减少黄疸的发生。所以初乳被人们称为第一次免疫。妈妈一定要抓住给孩子初乳喂养的机会。

❋ 尽早给宝宝开奶

妈妈要让宝宝在出生后立即吃到母乳或起码在2个小时以内吃到母乳。

按照传统习惯，新生宝宝要到24个小时后才能喂母乳，有的甚至主张待乳房发胀以后（2~3天后）再给宝宝喂奶。理由是，妈妈分娩后需要休息，新生宝宝在母体内已经储存了营养，晚些时候喂奶无妨。

其实，喂奶过晚对新生宝宝的健康不利。一般说来，喂奶晚的新生宝宝黄疸较重，有的还会发生低血糖，而低血糖能引起大脑持续性损害，尤其是体重轻、不足月的新生宝宝更容易发生低血糖症。有的新生宝宝因喂奶过晚还会发生脱水热。

早喂奶还可以预防宝宝低血糖的发生和减轻生理性体重下降的程度。所以，只要产妇情况正常，分娩后即可让新生宝宝试吮妈妈的乳头，让宝宝尽早地学会吃奶和吃到母乳，这对妈妈和宝宝都很有利。

出生后半小时内应尽量让宝宝吸吮乳头：

新生宝宝在出生后20～30分钟吮吸能力最强，如果未能得到吸吮刺激，将会影响以后的吸吮能力，而且新生宝宝在出生后1小时是敏感时期，是建立母婴相互依赖感情的最佳时间。另外，新生宝宝吸吮妈妈乳头，可以引起母乳神经反射，促使乳汁分泌和子宫复原，减少产后出血。

妈妈生产完毕体力稍微恢复后，最好能在宝宝出生半小时内让宝宝吸吮到乳头，以利于宝宝吃到初乳。有的妈妈在生完宝宝后却没有分泌乳汁，这个时候，不必考虑妈妈有没有奶，在宝宝出生30分钟后，都应该开始让宝宝吮吸妈妈的乳头。

母乳喂养的诸多好处

❶ 母乳营养丰富，钙磷比例适宜（2∶1），有利于孩子对钙的吸收；母乳中含有较多的脂肪酸和乳糖，磷脂中所含的卵磷脂和鞘磷脂较多，在初乳中含微量元素锌较高，这些都有利于促进小儿生长发育。

❷ 母乳蛋白质的凝块小，脂肪球也小，且含有多种消化酶。母乳中的乳脂酶再加上小儿在吸吮过程中舌咽分泌的一种舌脂酶，有利于对脂肪的消化。另外，人乳有缓冲力，对胃酸的中和作用弱，有助于营养物质的消化吸收。

❸ 母乳中含有免疫物质。在母乳中含有各种免疫球蛋白，如IgA、IgG、IgM、IgE等。这些物质会增强小儿的抗病能力。特别是初乳，含有多种预防、抗病的抗体和免疫细胞，这是在牛乳中所得不到的。

❹ 母乳是婴儿的天然生理食品。从蛋白分子结构看，母亲乳汁适宜婴儿，不易引起过敏反应。而在牛奶中，含有人体所不适应的异性蛋白，这种物质可以通过肠道黏膜被人体吸收引起过敏。因此，有的婴儿哺喂牛奶以后，发生变态反应，引起肠道少量出血、婴儿湿疹等现象。

❺ 母乳中几乎无菌，直接喂哺不易污染，温度合适，吸吮速度及食量可随小儿需要增减，既方便又经济。

❻ 母乳喂哺也是增进母子感情的过程。母亲对婴儿的照顾、抚摸、拥抱、对视、逗引以及母亲胸部、乳房、手臂等身体的接触，都是对婴儿的良好刺激，可促进母子感情日益加深，可使婴儿获得满足感和安全感，使婴儿心情舒畅，也是婴儿心理正常发展的重要因素。

◎ 婴儿的吸吮过程促进母亲催产素的分泌，促进母亲子宫的收缩，能使产后子宫早日恢复，从而减少产后并发症。

❀ 不宜哺乳的情况

母乳喂养固然有许多优点，但还是有少数母亲因健康原因不宜哺乳，例如：

生产时流血过多或患有败血症；

患有结核病、肝炎等传染病；

患严重心脏病、肾脏疾患、糖尿病、癌症或身体极度虚弱者；

感冒高烧时。

患急性传染病、乳头皲裂或乳腺脓肿者，可暂时停止哺乳，在暂停哺乳期间，要将乳汁用吸奶器吸出来。这有两个好处，一方面可以消除肿胀，另一方面可以使病愈后哺乳时，仍有足量的乳汁。在暂停哺乳期间，可以人工喂养。

❀ 母乳喂养应注意什么

1. 孩子出生后1～2小时内，妈妈就要做好抱婴准备。
2. 掌握正确的哺乳姿势。让孩子把乳头、乳晕部分含接在口中，孩子吃起来很香甜。孩子吃奶姿势正确，也可防止乳头皲裂和不适当的供乳。
3. 纯母乳喂养的孩子，除母乳外不添加任何食品，不用喂水，孩子什么时候饿了什么时候吃。纯母乳喂哺最好坚持6个月。
4. 孩子出生后头几个小时和头几天要多吸吮母乳，以达到促进乳汁分泌的目的。孩子饥饿时或母亲感到乳房充满时，可随时喂哺，哺乳间隔是由宝宝和母亲的感觉决定的，这也叫按需哺乳。
5. 孩子出生后2～7天内，喂奶次数频繁，以后通常每日喂8～12次，当婴儿睡眠时间较长或母亲感到乳胀时，可叫醒宝宝随时喂哺。
6. 哺乳前母亲应先做好准备，将手洗干

净，用温开水清洗乳头。哺乳时母亲最好坐在椅子上，将小孩抱在怀中，如小儿的头依偎于母亲左侧手臂，则先喂左侧乳房，吸空后换另一侧。这样可使两侧乳房都有排空的机会。哺乳完毕后，以软布擦洗乳头，并盖于其上。再将小儿抱直，头靠肩，用手轻拍小儿背部，使孩子打几个嗝，胃内空气排出，以防溢奶，然后将婴儿放在床上，向右倾卧位，头略垫高。

❈ 纯母乳喂养能满足婴儿吗

母亲的乳汁含有丰富的营养成分，如脂肪、乳糖、矿物质、微量元素等。据研究表明，大多数6个月以内的纯母乳喂养婴儿生长适宜。

母乳是婴儿必需的和理想的食品，其所含的各种营养物质最适合婴儿消化吸收，而且具有最高的生物利用率。母乳的质与量随着婴儿的生长和需要相应改变。孩子吸得越勤，乳汁便分泌得越多。

一般公认婴儿6周时乳母每日分泌700毫升乳汁，到3个月时可增加到800毫升，7个月的婴儿每日可从母亲乳房吮吸到1500毫升乳汁。

健康母亲乳汁分泌量表		
产后时间	每次哺乳量（毫升）	每日平均哺乳量（毫升）
第 1 周	8～45	250
第 2 周	30～90	400
第 4 周	45～140	550
第 3 月	75～160	750
第 4 月	90～180	800
第 6 月	120～220	1000

❈ 影响母乳分泌的因素

母乳分泌量的多少受许多因素影响，主要有：

❶ 母亲营养良好，热量充足，各种营养素充足，其乳汁的分泌质量就高且数量也多。反之，则质劣、量少。

❷ 乳母的精神情绪因素起一定作用，如焦虑、悲伤、紧张、不安都可使乳汁突然减少。因此，乳母应该有一个宁静、愉快的生活环境。

❸ 乳母要有充分的休息，保证睡眠。过分地疲劳和睡眠不足，会使乳汁分泌减少。

❹ 乳母生病也会使乳汁减少。一些药物比如止痛药、镇静药等也会影响泌乳。

❺ 每次哺乳不能完全排空或每日的哺乳次数过少，使乳房内乳汁积郁，会抑制乳汁分泌。

现在有的医院分娩12～24小时后才让产妇喂哺婴儿，加上医院婴儿室又给孩子补充糖水或牛奶，造成婴儿吸奶次数少、且不肯吸吮或吸吮无力的现象，导致乳母喂哺失败。

因此，应提倡产后母子及早同室；

新生儿醒后饿了随时喂哺，以促使乳汁分泌逐渐增多。

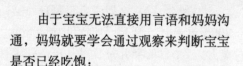

怎样判断宝宝是否吃饱了

由于宝宝无法直接用言语和妈妈沟通，妈妈就要学会通过观察来判断宝宝是否已经吃饱：

❶ 喂奶前乳房丰满，喂奶后乳房较柔软。

❷ 喂奶时可听见吞咽声（连续几次到十几次）。

❸ 妈妈有下乳的感觉。

❹ 尿布24小时湿6次及6次以上。

❺ 孩子大便软，呈金黄色、糊状。每天

2～4次。

❻ 在两次喂奶之间，婴儿很满足、安静。

❼ 婴儿体重平均每天增长18～30克或每周增加125～210克。

如果宝宝吃完奶后，有以上表现中的任何一条，就表明宝宝已经吃饱了，妈妈无须担心。实在不放心的话，可以用手指点宝宝的下巴，如果他很快将手指含住吸吮则说明没吃饱，应稍加奶量。

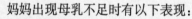

母乳不足的判断及喂法

妈妈出现母乳不足时有以下表现：

❶ 妈妈感觉乳房空。

❷ 宝宝吃奶时间长，用力吸吮却听不到连续的吞咽声，有时突然放开奶头啼哭不止。

❸ 宝宝睡不香甜，吃完奶不久就哭闹，来回转头寻找奶头。

❹ 宝宝大小便次数少，量也少。

❺ 体重不增加或增加缓慢。

大多数自认为没有奶的乳母并非真

正母乳不足，应及时查明原因，排除障碍，并采取积极的催奶办法，千万不要轻易放弃母乳喂养。

具体喂法：

如果宝宝一周体重增长低于200克，可能是母乳量不足了，可添加1次配方奶，一般在下午四五点钟吃1次配方奶，加多少，可根据宝宝的需要。

妈妈可以先准备100毫升配方奶粉，如果宝宝一次都喝光，好像还不

小贴士

宝宝一般是8～10分钟吸空妈妈的一侧乳房，这时再换吸另一侧乳房。让两个乳房每次喂奶时先后交替，这样可刺激产生更多的奶水。

饱，下次就冲120毫升，如果宝宝不再半夜哭了，或者不再闹人了，体重每天增长30克以上，或一周增加200克以上了，就表明配方奶粉的添加量合适。

如果宝宝仍然饿得哭，夜里醒来的次数增加，体重增长不理想，可以一天加2次或者3次，但不要过量，过量添加奶粉，会影响母乳摄入，也会使宝宝消化不良。

夜间妈妈比较累，尤其是后半夜，起床给宝宝冲奶粉很麻烦，最好采取母乳喂养。因为夜间妈妈休息时，乳汁分泌量相对增多，而宝宝的需要量又是相对减少的，因此，母乳就能满足宝宝的需要。但如果母乳量太少，宝宝吃不饱，反而会缩短吃奶的间隔时间，影响母子休息，这时还是以配方奶为主才比较妥善。

半岁以后的宝宝逐渐地用牛奶、代乳品、稀饭、烂面条代哺，可培养宝宝的咀嚼习惯，为以后断奶做好准备。

❈ 母乳不足时才考虑混合喂养

对于宝宝来说，原则上应用母乳喂养，混合喂养虽不如母乳喂养效果好，但要比完全人工喂养好得多。采用混合喂养的，只限于母乳确实不足，或妈妈有工作而中间又实在无法哺乳的时候。

混合喂养的方式主要有两种：

❶ 每次哺乳时，先喂5分钟或10分钟母乳，然后再用人工营养品来补充不足部分。

❷ 根据乳汁的分泌情况，每天用母乳喂3次，其余3次或4次用人工营养品来喂。

第一种方法比较适用于母乳不足而有哺乳时间的妈妈。

第二种方法适用于无哺乳时间的妈妈。

混合喂养时，如果想长期用母乳来喂养，最好采取第一种方法。因为每天用母乳喂，不足部分用人工营养品补充的方法可相对保证母乳的长期分泌。如果妈妈因为母乳不足，就减少喂母乳的次数，就会使母乳量越来越少。

小贴士

有些妈妈觉得把母乳吸出来和配方奶混在一起喂宝宝非常方便，其实这种方法并不好。首先，宝宝的吸吮比人工挤奶更能促进母亲乳汁的分泌；其次，如果冲调配方奶的水温较高，会破坏母乳中含有的免疫物质；最后，这样做不容易掌握需要补充的配方奶的量。

❀ 怎么进行人工喂养

人工喂养是指由于各种原因造成的主观上不愿进行母乳喂养，或者客观上限制了母乳喂养，而只好采用其他乳品和代乳品进行喂哺婴儿的一种方法。人工喂养相对前两种喂养方法复杂一些，但只要细心，同样会收到较满意的喂养效果。

在进行人工喂养时，妈妈要注意奶粉的调配，配方奶粉应严格按照奶粉说明调配，过浓、过稀达不到营养效果，第一次喂食注意观察宝宝的皮肤和大便。在两次喂奶之间一定要给水，人工喂养的宝宝要多喝水才行，否则容易上火。

新生儿期奶量（指牛奶）可按每千克体重计算，新生宝宝一般每天要喂7～8次，每次间隔时间为3～3.5个小时，如3千克体重的宝宝，每日需给奶100毫升×3=300毫升，再加上150毫升水，总量为450毫升，分7～8次吃，每餐为60～70毫升。如宝宝消化功能好，大便正常，出生后15天到满月可给纯奶吃，可按每千克体重100～150毫升计算，每顿吃60～100毫升。

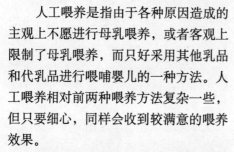

配方奶喂哺参考表					
周 龄	一日奶量（毫升）	加水量（毫升）	糖（克）	哺喂次数	一次奶量（毫升）
第1周	140	280	20	7	60
第2周	280	280	25	7	80
第3周	400	200	30	6～7	85～100
第4周	500	150	33	6～7	90～110

❀ 不要强迫宝宝喝奶

母乳喂养要按需哺乳，孩子什么时候要吃便吃，吃饱就可以了。许多人工喂养的孩子吃奶，妈妈都有一个参照量，如果孩子达不到量，便不断将奶嘴往孩子嘴里塞，强逼他吃。这种做法不会给孩子带来好处，而且往往因大人的强迫，使孩子对吃奶产生厌烦情绪，食欲减退，消化能力也减弱；反而使他摄取的营养满足不了需要而影响发育。

孩子在最早时是知道自己需要多少食物的，比如饿的时候他会哭，要求妈妈来喂，吃饱了就对乳头和奶瓶不感兴趣了。孩子厌食，多数是父母喂养不当造成的。

小婴儿有时吃着吃着奶就睡着了，睡一会儿醒了又吃。出现这种情况可能是喂奶时孩子吸进了空气，空气到胃里使孩子感到饱了，也可能是孩子食欲不振。

如果孩子剩下的奶不多，就让他睡，下次多准备些奶就行了。如果剩得多，可揪揪耳朵把他叫醒，让他接着吃。不要给孩子养成一瓶奶分两次吃的

习惯。妈妈也不要一边喂奶一边与别人聊天或看电视，喂奶时要关注自己的宝宝，对他说说话。

所以，给宝宝喂奶时，妈妈不应特别强调要吃多少量，主要看孩子的表现，只要他心满意足就行了，剩下点奶不要紧，不要勉强他都吃下去。

❀ 人工喂养要注意的问题

1 最好为孩子选购直式奶瓶，便于洗刷；奶头软硬应适宜；乳孔大小可根据小儿吸吮能力情况而定。
2 奶瓶、奶头、杯子、碗、匙等食具，每次用后要清洗，并消毒。应给孩子准备一个锅专门消毒用，加水在火上沸煮20分钟即可。
3 每次喂哺前要看乳汁的温度，过热、过凉都不好。可将奶滴于腕、手背

部，以不烫手为宜。一般在40℃左右，也可以用温度计测量。
4 千万不能由大人先吮几口再去喂宝宝，大人口腔里常常有一些细菌，宝宝抵抗力差，吃进去容易生病。
5 人工喂养时，奶瓶不要倾斜过度，45°比较适宜，其次奶嘴内应全部充满奶液，以防吸入空气而引起溢乳。双眼最好温柔地看着宝宝。

❀ 选择合适的配方奶

目前市场上销售的配方奶主要有以下几种：

牛奶配方奶	用于因各种原因不能进行母乳喂养的孩子
不含乳糖的牛奶配方奶	适合不能耐受乳糖的婴儿食用
大豆配方奶	用于不能耐受乳糖的婴儿、对牛奶过敏的婴儿以及患有半乳糖血症的孩子
特殊配方奶	专用于患有某些疾病的孩子，如苯丙酮尿症

宝宝在不同的发育阶段，对营养的需求也是不一样的。要根据宝宝的情况和宝宝的月龄选择适合他的奶粉。市场

上的配方奶，每种产品的说明书上都有适合的月龄，家人为宝宝购买奶粉的时候，需认清配方。

0～6个月宝宝的奶粉应选择含蛋白质比较低的婴儿配方奶粉，6～12个月的宝宝应选择含蛋白质比较高的婴儿配方奶粉。

❀ 新生儿需要喝水吗

人工喂养、混合喂养或6个月以后的宝宝，需要在两餐之间适量补充水分，每次大概喂50毫升，其他时间渴了喂点即可。

对于单纯母乳喂养的宝宝，是不需要喂水的。母乳可以提供宝宝生长发育所需的全部营养物质，其中也包括水分。如果过早、过多喂水，会抑制新生儿的吸吮能力，使他们从妈妈乳房吸取的乳汁量减少，反而不利于宝宝的生长发育。

但对于进食牛奶和其他代乳品的人工喂养宝宝来说，补充水分却是必不可少的，原因是：

虽然牛奶中所含的矿物质要比母乳高3倍，但其吸收率却比母乳低，多余的矿物质要经过宝宝的肾脏从尿中排出。而宝宝的肾脏比较娇嫩，还未完全发育成熟，如要排出多余的矿物质，需要较多的水分溶解才行。

另外，适量补充水分，还能促进胃液分泌，增强宝宝对非母乳食物的消化能力。

妈妈要注意，当宝宝高热、大汗、呕吐、腹泻等引起失水时，所有的宝宝都要补充水分，最好用淡盐开水，以防脱水或发生电解质紊乱。

☕ 小贴士

好多人认为奶粉越贵就越好，其实不然，为宝宝选购奶粉应以质量优良、配方合理为标准。相对而言，生产设备先进、企业管理水平较高、产品质量有所保证的知名企业产品，可作为首选。有些生产厂家，以配方中添加婴幼儿发育所必需的氨基酸、矿物质和维生素来吸引家长的眼球，事实上，虽然这些营养素对宝宝而言虽很重要，但是不能滥用，故不宜作为唯一选择标准。

❀ 人工喂养要注意补充维生素

由于人工喂养提供的营养不能满足宝宝的全部营养需求，所以应在出生后2周就开始补充鱼肝油和钙剂。

鱼肝油中含有丰富的维生素A、维生素D。开始时可每日一次，每次2滴，如食欲、大小便正常，可逐渐增至每日2次，每次2～3滴。

维生素D的补充每日不得超过800国际单位。同时，还应适量补充钙剂。但要注意，补钙的同时要补鱼肝油，否则钙不能很好地被吸收。

❀ 早产儿的喂养要点

❶ 早产儿要尽早开始喂，生活能力强的，可在出生后4～6小时开始喂。

❷ 体重在2000克以下的，可在出生后12小时开始喂，情况较差的，可在出生后24小时开始喂。

❸ 先以5%～10%葡萄糖液喂，每2小时1次，每次1～3汤匙，24小时后可喂奶。

❹ 有吸吮能力的，尽量练习哺喂母乳。

❺ 吸吮能力差的，先挤出母乳，再用滴管滴入口内。注意动作要轻，不要让滴管划破孩子的口腔黏膜。每2～3小时喂1次。

❻ 无母乳可用稀释乳（2∶1或3∶1）加5%糖液喂。最初每千克体重每天喂60毫升，以后逐渐增加。

❼ 复合维生素B，每次1片，每日2次。

❽ 维生素C，每次50毫升，每日2次。

❾ 维生素E，每天10毫克，分2次服。

❿ 从第二周起用浓缩液鱼肝油滴剂，每日1滴，并在医生指导下逐渐增加。

⓫ 出生后1个月后在医生指导下补充铁剂。

⓬ 钙。喂母乳的早产儿要补充钙。

> 💟 小贴士
>
> 早产乳与初乳一样营养价值很高，是最适合喂养早产儿的，早产乳乳糖较少，蛋白质、IgA、乳铁蛋白较多，最适合早产儿生长发育的需要，请不要忽视这点。

智能提升

❋ 新生儿的反射能力

　　新生儿的条件反射功能有主动、被动之分。主动的条件反射是通过耳、眼、鼻、口和皮肤等器官感觉而形成。被动的生理条件反射功能是一种纯本能，比如用手指触摸宝宝的口角、面颊时，宝宝会认为有吃的，会顺着被触摸的方向张开小嘴做吸吮动作。这是寻找食物、用以维持生存的本能。了解了宝宝的这些反应，就可以进行训练，加快宝宝的发育和能力。

❶ 觅食反射。妈妈用手指头抚弄一下宝宝的面颊，宝宝会转头张嘴，开始吸吮动作，准备吸吮乳汁。这种反射出生后半小时就会出现。

❷ 抓握反射。碰到宝宝的手掌时，他会握紧拳头。这种反射到1周岁后才消失，可以用来检查和判断宝宝的神经系统发育是否成熟。

❸ 惊跳反射。这是一种全身动作，在新生儿躺着时最清楚。突如其来的刺激，例如较大的声音，宝宝的双臂会伸直，手指张开，背部伸展或弯曲，头朝后仰，双腿挺直。这种反射一般要到3～5个月时消失，如果不消失，则有可能神经系统发育不成熟。

❹ 强直性颈部反射。新生儿躺着时，头会转向一侧，摆出击剑者式的姿势，伸出宝宝喜欢的一边手臂和腿，屈曲另一边手臂和腿。这种反射机能，在胎龄28周时就出现了。

❺ 巴宾斯反射。碰到新生儿的小脚心，脚趾会张开成扇形，脚会朝里弯曲。6个月以后这种反射会消失。

❻ 踏步反射。托住新生儿腋下，让脚板接触平面，宝宝就会做迈步的姿势，好像要向前走。这种反射会在8周左右消失。

❼ 蜷缩反射。当新生儿缩起脚背碰到平面边缘时，会做出与小猫动作相似的蜷缩动作，这种反射在8周左右消失。

❽ 视觉、颈部反射。眼前闪过亮光时，宝宝会扭转颈部，尽力避开亮光。

这些先天性反射机能，既是宝宝成长以后形成条件反射的重要基础，又可作为新生儿神经系统发育的检查标准。

❀ 与生俱来的感知能力

世间的一切，对于新生儿来说都很新鲜，接受众多而复杂的事物刺激，大脑会形成条件反射。宝宝原先空白的大脑中，每一天都增添各种各样的声音和图像等感官知识，接触得越多，对大脑的刺激也就越多。

新生儿最敏感的是触觉，尤其是嘴唇、面颊部位，亲亲宝宝的小脸儿，宝宝会很安详地接受母亲的这份爱。宝宝的小手碰到东西就会握紧，同时，对冷、热都很敏感。嗅觉也很灵，能辨别不同气味，如果闻到某种刺鼻的味道，宝宝能做出不安的表情，会有不规则的深呼吸，脉搏也会加快跳动频率，还会尽力躲开异味。

宝宝味觉也是与生俱来的，新生儿对甜味的表现会很愉快，尝到苦味、酸味、咸味时，会皱眉头、闭眼睛，或者抽搐性地紧闭小嘴。

💗 小贴士

宝宝还会挑食，出生第一次吃到什么奶，就喜欢吃什么奶。如果初生吃母乳，改换牛奶或羊奶就很难，有的宝宝宁可饿着也不吃，甚至会哭着不吃。

❀ 给宝宝做四肢抚触

对宝宝进行四肢的抚触，有助于新生儿的血液循环，促进皮肤的新陈代谢，增强宝宝皮肤抵抗疾病的能力，从而促进新生儿皮肤健康。

四肢抚触的方法是：

妈妈用双手抓住新生儿胳膊，交替从上臂向手腕方向轻轻捏动，好像挤牛奶一样，从上到下搓滚。对腿部的抚触方法与胳膊相同。

脚和手的抚触，同时也是对功能的唤醒，有利于宝宝精细动作的发展。方法是用两个拇指的指肚从婴儿脚跟向脚趾方向推进，推完后再逐个捏拉宝宝小脚趾的各个关节。对宝宝小手的抚触方法与脚相同。

 小贴士

在给宝宝喂奶时，妈妈可用手指轻轻触摸宝宝的脸颊，也可以把着宝宝的小手来摸妈妈的脸、鼻或宝宝自己的脸，这样既可以训练宝宝触觉，又可以增进妈妈与宝宝的交流。

❀ 给宝宝看黑白图片

对于刚出生的小宝宝来说，外面的世界是模糊的，因为他的双眼还不能对焦，但他已经能"看到"光线的变化，并且对光源特别敏感。对黑白对比强烈、亮度高的图案或物品，新生儿会表现出明显的反应。同时，宝宝还很容易注视图形复杂的区域、曲线和同心圆式的图案。

因此，对于这个月的宝宝来说，最好的视觉刺激玩具，就是各种对比强烈的黑白图形。黑白图非常适合用来刺激训练宝宝的视觉发育。

黑白图案制作也比较简单，爸爸妈妈可以直接在A4纸大小的白纸板上，绘上黑白图案，亲自为宝宝做早教用具，也可以从网络上下载打印。

看黑白图片的方法：

图片距离婴儿眼睛25厘米左右，并要上、下、左、右慢慢移动，不要把图片固定在一个位置上，防止发生斜视或斗鸡眼。让宝宝看这些图片时，每次时间不要过久，最好是在宝宝眼前慢慢移动图片，趁机让宝宝眼睛跟着图片转，趁机加强颈部运动，锻炼协调能力。

❀ 丰富的声音令宝宝更聪明

适量、适当的环境刺激会提高新生宝宝的各种感觉的灵敏性，丰富多彩的环境会促进宝宝的心智发展。生活中，充满着各种各样的声音，人说话的声音、开门关门的声音、电视的声音、风声、水声，要让宝宝有机会常常听到这些声音，学习适应外界的环境。

爸爸妈妈还可以为宝宝创造一个充满动人声音的环境，例如：

❶播放柔和的音乐，让美妙的声音自然

流动在空气中，这不仅有刺激宝宝听觉的作用，同时也可以使宝宝保持愉快的情绪。

❷ 会发出声音的玩具也很适合宝宝，像音乐盒、铃鼓、压了会叫的小球或橡胶娃娃，都会让宝宝转头注视，甚至想伸手去抓。这种玩具对宝宝听觉、视觉的发展都有助益。

❸ 当然，最重要的一项，就是爸爸妈妈的声音。爸爸妈妈多对宝宝说话、唱歌给他听、对他笑、陪他玩，所产生的效果，不只是促进听觉而已，对宝宝将来语言的学习，以及亲子间亲密感情的建立，也会有相当大的帮助。不过跟宝宝说话，声音要适中，不要太大，以免宝宝受到惊吓。

❀ 训练新生儿的行走能力

行走能力的训练是基于新生儿的踏步反射，虽然新生宝宝身体很软，连头都抬不起来，不会走路，但宝宝天生就有行走的反射能力，这种反射一般会在出生56天左右消失。早期，可以充分利用宝宝的这种能力进行锻炼。具体做法如下：

妈妈双手托在宝宝腋下，大拇指扶好头，不要给宝宝穿鞋袜，让宝宝光脚接触床的平面。这时你会惊奇地发现，宝宝竟然能协调地迈步。

这种训练应尽可能当成游戏来做，一边逗宝宝做，一边可以喊节奏。

行走训练可从出生后第8天开始，在吃奶半小时后或睡醒后，每天3～4次，每次2～3分钟。这样，56天过后，宝宝就会形成条件反射，扶站即走，乐此不疲。一般在10个月左右就可独立开步行走。

如果一开始做时宝宝不喜欢走，则不要勉强；宝宝生病时也不要做；早产儿更是不宜做这项训练。

❀ 不要不理睬哭闹的婴儿

宝宝饿了、尿了、累了都要哭叫。他厌烦的时候哭叫，过度受刺激的时候也哭叫。这是他现在和你沟通的唯一方式。随着逐渐了解了你的宝宝，你将

 小贴士

孩子的成长是非常生动而又有意义的事，父母备上一本成长记录册，随时记录孩子的成长，对教育、纪念这个阶段都是非常有意义的事。

能够明白他啼哭的意思是什么了。

　　婴儿似乎是哭得太多了，但是平均来看，在第一周，每天他只啼哭约4小时。到第2周时每天只哭1.5～2小时，到第31周这个时间将下降到大约1.5小时。

　　宝宝哭，如果妈妈不理睬，会使宝宝失去接受大脑刺激的机会。所以，做妈妈的一定要回应宝宝的啼哭声，多给予宝宝安慰，这样做对宝宝大脑的发育也是有好处的。

　　你慢慢地会发现包裹里的宝宝很安静，包裹会使他感到安全，也有助于使他精神集中。摇晃并轻拍他或是给他一个橡皮奶嘴也是安慰他的不同方式。有些宝宝听到单调的声音会安静下来，比如像真空除尘器的开动声。婴儿需要抚慰时要用不同的事物试试看。

　　当你紧抱或哺喂宝宝时，与宝宝之间的皮肤接触会使他感到安全，这也能提供给他轻柔的刺激。要尽可能多地给他这种接触，这样会使妈妈和宝宝建立一种更强的情结。

❀ 不断地和宝宝说话

❶ 小宝宝暂时还不会说话，只会哭，但是哭的时候，爸爸妈妈可以学着宝宝的声音发声，宝宝一般对这种学他的声音反应会很敏感，会停下哭声来听，然后再接着哭。

❷ 经常与宝宝对答声音，他会对爸爸妈妈的声音很注意。以后，宝宝会发出"啊"、"噢"的声音，这时，爸爸妈妈也发出与宝宝相类似的声音对答，这就是与宝宝谈话的开始。

❸ 尽可能经常地跟宝宝说话，只要他听到你说话的声音就是至关重要的。可以给他唱歌，唱着告诉他你在做什么和什么事正在进行；一边给他唱歌一边抚摸着他，轻拍他的后背同时摇晃他。当他吵闹不安时给他放安慰性的音乐，这会使他安静下来。

❹ 妈妈可以与宝宝细声低语说悄悄话。还可以在离宝宝20厘米的距离处，嘴巴做夸张动作，教宝宝嘴唇张合。这种早期语言训练，对将来宝宝学说话很有作用。

❺ 当你和宝宝说话时，他会把注意力集中在你身上。他会用眼跟踪你一会

♨ 小贴士

　　爸爸妈妈可以经常性地叫宝宝的名字，在歌曲中加入他的名字，或者用宝宝的名字代替歌中的名字，经常说他的名字，这样他就会明白自己的名字了。

儿。当他处于这种状态时，要和他交流感情，紧紧地抱着他，注视他的双眼；或者在他的小床上弯下身子，温柔地跟他说话。这些活动有助于你们之间建立感情的交流。

✳ 逗笑宝宝

越早会笑的孩子越聪明，新生儿一般在第10～20天时学会笑。如果到1～2月时还不会笑，需要请医生检查。孩子的笑需要学习，从出生第1天起爸爸妈妈要向孩子笑，并逗引孩子笑。妈妈要经常与孩子面对面地说话、逗笑，孩子初生时的视力较差，距离远的面孔他还看不清楚。

如何逗笑宝宝：

❶ 多向宝宝微笑，或给以新奇的玩具、画片等激发其天真快乐的反应，让宝宝早笑、多笑。

❷ 用手帕盖住宝宝的脸，几秒钟后，迅速扯下手帕，同时，发出"喵"的叫声，宝宝的眼睛会一亮，接下来就是咯咯直笑。

❸ 妈妈可以动一动脑筋，在实践中摸索出更多让宝宝咯咯笑的办法。

不是任何时候都可以逗宝宝发笑

的，如进食时逗笑容易导致食物误入气管引发呛咳甚至窒息，晚睡前逗笑可能诱发宝宝失眠或者夜哭。另外，逗笑要适度，过度大笑可能使婴幼儿发生瞬间窒息、缺氧、暂时性脑贫血而损伤大脑，或者引起下颌关节脱臼。

✳ 练习抬头与抓握

❶ 竖抱抬头：妈妈竖着抱起宝宝，让宝宝的头靠在自己肩上，轻轻拍打宝宝的后背，让宝宝打几个嗝。然后不要扶宝宝的头部，让宝宝自然地把头立起片刻。每次喂奶后都这样做，既能训练宝宝颈部肌肉发育，还能防止吐奶。

❷ 俯卧抬头：宝宝没吃奶前，妈妈仰卧

床上，把宝宝放在妈妈胸腹部俯卧着，逗宝宝抬头。虽说抬头还很困难，但努力做就成。还可以让宝宝俯卧在床上，用玩具逗引宝宝的头向左右转动并稍稍抬起。

③ 抓握：把宝宝平放在床上，宝宝会把左手放在右手里，把右手放在左手里，百玩不厌。同时，妈妈轻轻抚摸宝宝的手，宝宝会握住妈妈的手指不放。

❀ 亲子游戏推荐

◎ 说悄悄话

孩子睡醒后，妈妈轻柔地与宝宝讲悄悄话。在离孩子10厘米左右的地方对他说如"宝宝睡醒了，宝宝真高兴，宝宝真美丽，宝宝是妈妈的宝宝"等，每日3次，每次2～3分钟。

目的：言语训练。

◎ 听觉刺激

将铃放在孩子一侧摇，节奏时快时慢，声音时大时小。不要让孩子看到铃，注意其对铃声有无反应，是否用眼睛寻找声源。

目的：检查听力。

◎ 视觉训练

孩子睡醒以后，用一个鲜红色的玩具，如一个红色的绒布娃娃、十几厘米大的球等，逗引他，看他有无视觉反应。孩子看到玩具后，盯住它看。妈妈把玩具慢慢地移动，让孩子的视线追随玩具移动，玩2～5分钟。

目的：发展视觉。

◎ 面对面说话

妈妈抱着婴儿，面对面说话，婴儿看着妈妈的脸。妈妈把脸移向一边，让孩子的眼睛随妈妈移动，左右来回移动2～3次。

目的：训练视觉。

疾病防治

✿ 新生儿黄疸怎么办

80%正常新生宝宝都会出现黄疸，表现为宝宝眼部和鼻尖突然变黄了，继而脸部全部染黄，新生儿黄疸一般是正常的生理现象，不需要特别处理，只有少数的是病理性黄疸。

如何判断生理性黄疸和病理性黄疸

生理性黄疸：

❶ 新生儿出生后2～5天，初期主要在面部、颈部、鼻尖，略微有点黄，然后在躯干、白眼珠、手心、脚心可以看到轻度发黄，但新生儿的精神状态好，爱吃奶，大小便正常。

❷ 4～7天黄疸加重，皮肤、白眼珠、躯干、手心和脚心都会轻微发黄。

❸ 足月儿在10～14天消退，早产儿会延迟1～2周消退。

❹ 检查血清中胆红素偏高。

❺ 若停止喂养母乳也不会消退，但若停止母乳，改为配方奶，就会消退，则是母乳性黄疸。

病理性黄疸：

❶ 病理性黄疸是由疾病引起，足月的新生儿会在出生后24小时（早产儿48小时）内发生。

❷ 消退的时间超过正常时间或者消退后又重复出现了而且加重。

❸ 皮肤颜色比较重，波及全身。

若是病理性黄疸，新生儿要避免和患呼吸道疾病的人接触，需尽快治疗。

> ☕ **小贴士**
>
> 尽量不要让家里太暗，窗帘不要都拉得太严实，以便于有足够的光线观察宝宝的变化。

❀ 新生儿的预防接种

新生儿防疫，主要是接种卡介苗和乙肝疫苗。

卡介苗的接种：

宝宝出生第二天即可接种卡介苗。接种后，可获得抗结核菌的一定免疫能力。新生儿接种卡介苗后，无特殊情况，一般不会引起发热等全身性反应。接种后2～8周，局部出现红肿、硬结，逐渐形成小脓疱，以后自行消退。有的脓疱穿破，形成浅表溃疡，直径不超过0.5厘米，然后结痂，痂皮脱落后，局部可留下永久性疤痕，俗称卡疤。

为了判断卡介苗接种是否成功，一般在接种后8～14周，应到所属地区结核病防治机构再做结核菌素（OT）试验，局部出现红肿0.5～1.0厘米为正常，如果超过1.5厘米，需排除结核菌自然感染。

一般新生儿接种卡介苗后，2～3个月就可以产生有效免疫力，3～5年后，或在小学一年级时，再做OT试验，如呈阴性，可再接种卡介苗一次。

早产儿、难产儿及有明显先天畸形、皮肤病等病症的新生儿，禁忌接种。

乙肝疫苗：

我国乙肝免疫接种已在新生儿中广泛应用。整个免疫注射要打三针。第一针由产科婴儿室医护人员注射，宝宝出生后24小时内，在上臂三角肌处注射，剂量10微克。第二针在出生后1个月注射，剂量15微克。第三针在出生后6个月注射，剂量为5微克。全部免疫疗程后，有效率可达90%～95%。婴幼儿接种疫苗后，可获得免疫力达3～5年之久。

免疫疫苗接种过程简单，一般不会有什么不良反应。个别宝宝可能出现低热，有的在接种部位出现小块的红晕和硬结，一般不用处理，1～2天会自行消失。

♨ 小贴士

了解新生儿的免疫知识，对于宝宝应当在什么时候再打防疫针，做父母的可以心中有数。一般说来，医院给宝宝的健康卡上会介绍相关知识，如果没有健康卡的，一定要到当地儿童防疫部门多问一问，了解相关知识，为宝宝做好各种健康防疫接种，防患于未然。

新生儿发热怎么处理

发热对于新生儿来说是常见症状，许多疾病都可以引起发热，但不能随便给孩子服药。如果给新生儿服用退烧药，有时会出现周身青紫、贫血、便血、吐血等症状，这可能是药物造成凝血机制障碍而引起的。

新生儿发烧后最简便而又行之有效的办法是物理降温法，具体做法是：

❶ 新生儿体温在38℃以下时，一般不需要处理，只要多喂些水就可以。

❷ 如果在38℃～39℃之间，可将襁褓打开，将包裹孩子的衣物抖一抖散去热量，然后给孩子盖上较薄些的衣物，使孩子的皮肤散去过多热量；也可以放一个冷水袋来降温。

❸ 对于39℃以上高热患儿，可用75%的酒精加入一半水，用纱布蘸着擦颈部、腋下、大腿根部及四肢等处，高热会很快降下来。在降温过程中要注意，体温一开始下降，就要马上停止降温措施，以免矫枉过正，出现低体温。

新生儿败血症的防治

新生儿败血症的基本症状：

新生儿败血症的早期症状并不明显，所以很容易被忽略。一般表现为精神委靡，反应低下，"三不"（不哭、不吃、不动），嗜睡，黄疸加重或减退后复现，早产儿常体温不升高，足月儿体温正常或升高，严重者可有皮肤出血点、面色发灰，甚至昏迷和抽风，而且常有脐部炎症等原发病灶。

要防治宝宝患败血症，妈妈就要注意新生儿的脐部护理并学会观察，在症状出现时及时就医诊治。

防治新生儿败血症的措施：

应注意新生儿的脐部护理，保护新生儿皮肤黏膜不受损伤，防止感染，一旦发现有皮肤黏膜发炎现象，应迅速治疗。

宝宝体内的感染发展很快，也许在短短几个小时内，原本外表活泼、健康的宝宝，就立即陷入休克状的败血症中，所以，父母一旦发现宝宝有不适症状，需马上送宝宝去医院。

小贴士

在夏季降温过程中要注意给孩子饮水，白开水或糖水均可以，这是因为孩子在发热的过程中，要消耗掉一定的水分，因此要给予及时的补充。还要请医生检查孩子发热的原因。

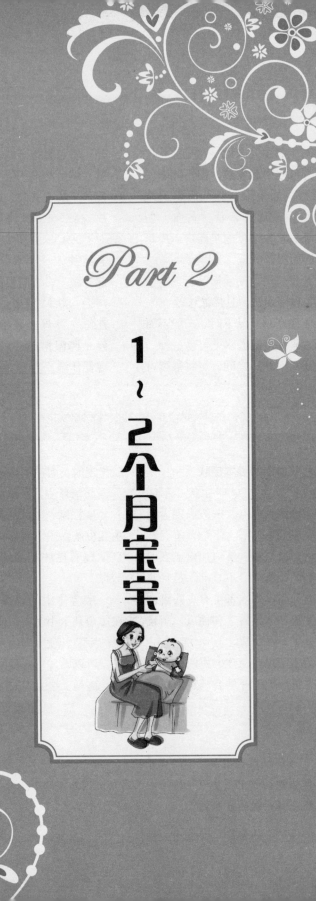

Part 2

1～2个月宝宝

生 长 发 育

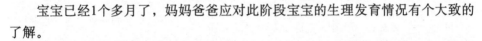

❀ 宝宝的生理发育

宝宝已经1个多月了，妈妈爸爸应对此阶段宝宝的生理发育情况有个大致的了解。

宝宝的生理发育表		
生理发育	标 准 值	备 注
体　重	男婴平均体重6.0千克（4.6~7.5千克） 女婴平均体重5.5千克（4.2~6.9千克） 6个月的体重是出生时的2倍，1岁时的体重是出生时的3倍；6个月以内体重每月增长700克左右，第6~12个月每月增长250克左右	体重是衡量小儿体格生长的重要指标，1岁内的宝宝体重增长最快，如果妈妈奶水质高量足，这时宝宝可能长得更快，这时要注意早期预防肥胖症
身　长	男婴平均身长60.1厘米（55.3~64.9厘米） 女婴平均身长58.8厘米（54.2~63.4厘米） 坐高：男婴约37.94厘米，女婴约37.35厘米 新生宝宝出生时的平均身长仅稍高于50厘米；0~6个月每月平均增长2.5厘米，共长约15厘米；7~12个月每月平均增长1.5厘米，共增长约10厘米，至1岁时宝宝的身长可达75厘米，是出生时的1.5倍	身长为头部、脊柱与下肢骨骼长度的总和，第一年宝宝的身长增长最快
头　围	男婴平均头围约38.43厘米 女婴平均头围约37.56厘米 上半年约增长8厘米，下半年约增长4厘米，1岁时达46厘米，相当于成人头围的3/4~4/5	测量头围可以观察宝宝大脑及颅骨的发育状况 1岁以内头围增长比较迅速 头围过小要考虑到脑发育不良（小头畸形）；头围过大要怀疑脑积水

续表

宝宝的生理发育表

生理发育	标 准 值	备 注
胸 围	男婴平均胸围约37.88厘米 女婴平均胸围约37厘米 初生时胸廓的左右径和前后径比较接近，形似桶状。随着年龄的增长，左右径的增长大于前后径，逐步发育成类似成人的胸廓形状	胸围反映了小儿肺部的发育和含气状况，初生时胸围较头围小，但胸围增长速度较头围快，到2个月时两者的测量值已基本持平，但胸围在个体间的标准差较头围大
睡 眠	1个多月的宝宝，一天的大部分时间是在睡眠中度过的。每天能睡18~20个小时，其中约有3个小时睡得很香甜，处在深睡不醒状态	婴儿发育不完全，容易疲劳，因此年龄越小睡眠时间越长
运动能力	宝宝在第8周时，俯卧位下巴离开床的角度可达45度，但不能持久。宝宝双脚的力量在加大，只要不是睡觉吃奶，手和脚就会不停地动，虽然不灵活，但他动得很高兴	宝宝俯卧时，家长要注重看护，防止因呼吸不畅而引起窒息

❀ 宝宝的感觉发育

1个多月的宝宝，皮肤感觉能力比成人敏感得多，有时父母不注意，把一丝头发或其他东西弄到宝宝的身上刺激了皮肤，他就会全身左右乱动或者哭闹表示很不舒服。这时的宝宝对过冷、过热都比较敏感，以哭闹向大人表示自己的不满。

宝宝的感觉发育表

感觉发育	标 准 值	备 注
听 觉	对妈妈说话的声音很熟悉了，如果听到陌生的声音他会吃惊，如果声音很大他会感到害怕而哭起来。很喜欢周围的人和他说话，没人理他的时候会感到寂寞而哭闹。到8周时，有的宝宝已能辨别声音的方向，能安静地听音乐	要给宝宝听一些轻柔的音乐和歌曲，对宝宝说话、唱歌的声音都要悦耳。宝宝玩具的声响不要超过70分贝，生活环境的噪声不要超过100分贝
视 觉	能看见活动的物体和大人的脸，将物体靠近他眼前，他会眨眼，这叫作眨眼反射，一般出现在一个半月到2个月	有些斜视的宝宝在8周前可自行矫正，双眼能一致活动

续表

宝宝的感觉发育表		
感觉发育	标 准 值	备　注
其他感觉	2个月大的宝宝其联想记忆能力开始发育，开始能认出以前见过的东西；面部表情开始变得丰富起来，开始露出动人的微笑；能与别人的眼神进行交流；高兴时会开心地"咯咯"笑，不高兴时会哭闹不止	

❀ 宝宝的心理发育

　　宝宝先天的本能就是会吸吮，吃饱后被竖直抱在妈妈的怀抱中，轻轻地拍拍他的后背，有时孩子会打几个嗝出来，之后他会有一种满足感。

　　如果是在光线微暗的房间里，他就会睁开眼睛，喜欢看母亲慈爱的笑容，喜欢躺在妈妈的怀抱中，听妈妈的心跳声或说话声。所以在育儿开始，提倡母子皮肤早直接接触、多接触、早喂奶、多吸吮、多抚摸、多交谈、多微笑。尊重宝宝的个性发展，让宝宝充分享受母爱，让宝宝的心理健康发展，对今后人格健康的形成起着重要作用。

　　通过以上与宝宝的交流，也正是触觉、动觉、听觉、视觉、平衡觉综合训练刺激的过程，对脑发育过程提供了信息和促进其发育的营养素。

家庭护理

❋ 注意防止宝宝窒息

小婴儿自己不能照顾自己，因而大人要特别注意婴儿是否呼吸通畅，防止窒息的发生。

❶ 不要让婴儿玩塑料袋类的东西，以防套在头上，遮住口鼻造成窒息。

❷ 不要给婴儿玩羽绒等软枕或软靠垫。

❸ 婴儿不会翻身时，不要让他俯卧睡眠。

❹ 婴儿枕不要太软，以防陷进去妨碍呼吸。

❺ 不要把硬币、豆类、小糖粒、纽扣等给小婴儿玩，以防误入呼吸道。

❻ 不要让孩子含着糖块，以防误入呼吸道。

❋ 养成良好的睡眠习惯

良好的睡眠习惯首先是按时睡觉，自然入睡。为了使宝宝养成良好的睡眠习惯，妈妈首先可以给宝宝建立一套睡前模式，有助于宝宝入睡。如：先给宝宝洗个热水澡，换上睡衣，然后给宝宝喂奶，吃完奶后不要马上入睡，应待半个小时左右，此期间可拍嗝，顺便与宝宝说说话，念1～2首儿歌，把一次尿，然后播放固定的催眠曲（可用胎教时听过的音乐）；随后关灯，此后就不要打扰宝宝了。

妈妈一定要注意，在孩子睡前不哄、不拍、不抱、不摇，更不要让他吃东西、叼奶头。到该睡的时候，把孩子放到床上让他自己睡。

如果宝宝在睡眠周期之间醒来，妈妈不要立刻起、哄、拍或与他玩耍，这样很容易形成宝宝每夜必醒的习惯。只要不是喂奶时间，可轻拍宝宝或轻唱催眠曲，不要开灯，让夜醒的宝宝尽快入睡。在后半夜，如果宝宝睡得很香，也不哭闹，可以不喂奶。随着宝宝月龄的增长，逐渐过渡到夜间不换尿布、不喂奶。如果妈妈总是不分昼夜地护理宝宝，那么宝宝也就会养成不分昼夜的生活习惯。

❋ 宝宝睡不安怎么办

宝宝睡不安要先找原因，对症解决，一般可能是缺钙或不舒服造成的。

缺钙是导致宝宝睡觉不安稳的首要因素之一，缺钙、血钙降低，引起大脑植物性神经兴奋性增高，导致宝宝夜醒、夜惊、夜间烦躁不安，睡不安稳。解决方案就是给宝宝补钙和维生素D并多晒太阳。

另外，热、冷、饥饿、口渴、尿湿、腹胀等因素也会导致宝宝睡觉不安。细心的妈妈观察一下，对症处理，就会解决问题。

稍大点的宝宝睡眠不安也可能与白天过度兴奋或紧张、日常生活的变化有关。如出门、睡眠规律改变、搬新屋、有新的保姆和陌生人来。比如老的保姆走了会引起婴儿晚上睡眠不安。经常更换抚养人也会使宝宝睡眠障碍的发生率明显升高。白天睡得太多也可影响晚上的睡眠。

❋ 宝宝睡偏头怎样纠正

两个月以内的宝宝，经常会出现睡偏头，要么宝宝的左侧睡偏了，要么宝宝的右侧睡偏了，严重的会影响宝宝的外观形象。

形成偏头的原因：

❶ 自然分娩的妈妈在生宝宝的过程中，由于宝宝胎头过大，或生产的过程用力过早没有力气生了，医生使用外力帮助妈妈生产。例如，使用真空吸引、使用产钳等方法，若使用不当，很容易形成血肿。宝宝出生后由于疼，不愿意向血肿那边睡，睡久了就会形成偏头。

❷ 出生后宝宝的囟门没有闭合，头骨比较软，不注意睡姿很容易出现偏头。

❸ 由于遗传原因，宝宝出生后头骨就不对称，宝宝习惯于向一侧偏睡造成偏头。

❹ 妈妈孕期营养不良，也可能引起宝宝头骨畸形导致的偏头。

纠正方法：

❶ 将宝宝偏头相对严重的一侧垫高，可以使用毛巾，使宝宝头部不会再向这侧偏。

❷ 若宝宝头偏得不严重，可以使用0~3个月宝宝专用的定型枕头，妈妈也可以自己给宝宝做一个适合纠正宝宝偏头的枕头。

❸ 母乳喂养的妈妈可以变换喂养姿势，

尽量在宝宝没有睡偏的那侧躺着喂奶。喂奶时可以抱起来喂，排出空气后，让宝宝仰睡，并用毛巾垫高睡偏的一侧。

④ 妈妈与宝宝聊天时尽量让宝宝头偏向于没有睡偏的那一侧。

⑤ 若宝宝头偏向左侧，就经常给宝宝左侧颈部按摩。

在调整睡偏头形时，妈妈一定要有耐心，每天坚持花时间帮宝宝调整睡姿，3个月左右就会看到效果。

❋ 怎样给宝宝把大小便

宝宝满月前后，妈妈就可给宝宝把大小便，这样可使宝宝的胃肠活动具有规律性，膀胱储存功能及括约肌收缩功能明显增强。

给宝宝把大小便时要注意以下要点：

① 注意观察宝宝的生活规律，一般在睡醒及吃奶后及时把，不要把得过勤，造成尿频。

② 把的姿势要正确，使宝宝的头和背部靠在大人身上，而大人的身体不要挺直。

③ 同时给予其他条件刺激，如"嘘嘘"声诱导把尿，"嗯嗯"声促使其大便。

④ 刚开始时宝宝不一定配合，每次把的时间不要过长，当宝宝打挺表示不愿意让把便时，应马上放下，停止训练，以免使宝宝疲劳。

只要定时加以训练，宝宝就能形成定时排便的习惯。给宝宝把便既能培养宝宝与大人的合作，又能训练膀胱容量扩大，锻炼膀胱括约肌应有的功能，还能密切母婴关系，是一种良好习惯和能力的训练。

❋ 怎样给宝宝穿衣服

宝宝的身体很柔软，四肢还大多是屈曲状，所以妈妈给宝宝穿衣服时可能会遇到困难，不过掌握要点后，给宝宝穿衣服其实并不难。给宝宝穿衣服的方法如下：

① 在给宝宝穿、脱衣服时，可先给宝宝一些预先的信号，先抚摸他的皮肤，和他轻轻地说话，如告诉他："宝宝，我们来穿上衣服，好不好！"使

他心情愉快，身体放松。

❷ 把宝宝放在一个平面上，确信尿布是干净的，如有必要，应更换尿布。

❸ 穿汗衫时先把衣服弄成一圈并用两拇指在衣服的颈部拉撑一下。把它套过宝宝的头，同时要把宝宝的头稍微抬起。把右衣袖口弄宽并轻轻地把宝宝的手臂穿过去；另一侧也这样做。

❹ 穿纽扣连衣裤先把连衣裤纽扣展开，平放备穿用。抱起宝宝放在连衣裤上面。把右袖弄成圆形，通过宝宝的拳头，把他的手臂带出来。当妈妈这样做的时候，把袖子提直；另一侧做法相同。把宝宝的右腿放进连衣裤底部，另一侧做法相同。

❋ 宝宝的衣物要单独清洗、消毒

宝宝抵抗力相对较低，容易受细菌侵扰而感染疾病，所以妈妈要特别注意，宝宝的生活用品都要单独使用，单独清洗和消毒。如果是内衣和外衣同洗，也要先洗内衣，再洗外衣，并且注意不要同时将它们浸泡在一起。

清洗宝宝的衣物应用婴儿或儿童专用的洗衣液或洗涤用品，包括洗衣皂、柔顺剂等。注意洗涤成分中不要含有磷、铝、荧光增白剂等有害物质。用洗衣液洗净之后，要用清水冲到没有泡泡产生为止。因为衣物清洁剂容易让化学物质残留在衣物上，造成衣物纤维残留洗衣精、漂白水、柔软剂等成分，对于皮肤较敏感的宝宝来说，很容易引起接触性皮肤炎。建议在冲洗衣物的时候，多冲洗几次，让衣服几乎不再产生泡泡，才算冲洗干净。

另外，宝宝衣服洗好后用开水烫一下，一方面是为了避免白色衣物变黄，另一方面又起到了去奶味和杀菌的作用，还可以恢复衣物的柔软度，但必须是在衣物质量允许的情况下才行。有条件的可以放到有阳光处晒干。

 小贴士

衣服上沾上了奶渍千万不可用热水清洗，因为牛乳中的蛋白质遇热凝固的特性，会让衣物上的奶渍更难脱落，应选用冷水洗。

科学喂养

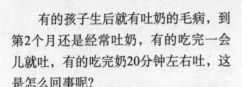

❋ 宝宝常吐奶怎么办

有的孩子生后就有吐奶的毛病，到第2个月还是经常吐奶，有的吃完一会儿就吐，有的吃完奶20分钟左右吐，这是怎么回事呢？

原来，人的胃有两个口，上口叫贲门，下口叫幽门。贲门和食管相连接，幽门和十二指肠相连接。小儿在生长中，贲门括约肌发育较松弛，而幽门括约肌容易痉挛。孩子吐出的奶呈豆腐脑状，这是奶蛋白在胃酸作用下形成乳块的结果。

对常常吐奶的孩子要少喂一些，喂奶以后要多抱一会儿，抱的姿势是使婴儿上半身直立，趴在大人肩上，然后用手轻轻拍打孩子背部，直到孩子打嗝将胃内所含空气排出为止。这时轻轻把孩子放在床上，枕部高一些，向右侧卧，这样可以减少吐奶。吐奶是生理现象，不必特别处理，随着年龄的增长，身体不断发育，会自行缓解。

如果吐奶频繁且呈喷射状，吐出的奶除了乳块还伴有黄绿色液体及其他东西，一定不可忽视，要及时到医院检查。

❋ 夜间给宝宝喂奶要注意什么

夜晚是睡觉的时间，妈妈在半梦半醒之间给宝宝喂奶很容易发生意外，所以妈妈晚上给宝宝喂奶时要注意以下几点：

保持坐姿喂奶：

建议妈妈应该像白天一样坐起来喂奶。喂奶时，光线不要太暗，要能够清晰地看到宝宝皮肤颜色；喂奶后仍要竖立抱，并轻轻拍背，待打嗝后再放下。观察一会儿，如宝宝安稳入睡，就保留暗一些的光线，以便宝宝溢乳时及时发现。

延长喂奶间隔时间：

如果宝宝在夜间熟睡不醒，就要

尽量少地惊动他，把喂奶的间隔时间延长一下。一般说来，新生儿期的宝宝，一夜喂2次奶就可以了。另外，在喂奶过程中应注意，要让宝宝安静地吃奶，避免受惊吓，也不要在宝宝吃奶时与之戏闹，以防止呛咳。每次喂完奶后应将宝宝抱直，轻拍宝宝背部使宝宝打出嗝来，以防止溢奶。

不要让宝宝叼着奶头睡觉：

有些妈妈为了避免宝宝哭闹影响自己的休息，就让宝宝叼着奶头睡觉，或者一听见宝宝哭就立即把奶头塞到宝宝的嘴里，这样就会影响宝宝的睡眠，也不能让宝宝养成良好的吃奶习惯，而且还有可能在妈妈睡熟后，乳房压住宝宝的鼻孔，造成宝宝窒息死亡。

✳ 给人工喂养宝宝合理安排喂奶

人工喂养的孩子，原来吃稀释奶的，现在可以喂全奶了，根据孩子的食欲情况定奶量。一般全天奶量在500~750毫升，按每天喂6次计算，每次喂75~125毫升。孩子的活动量不同，每个孩子的食量也不同，这要根据每个孩子的具体情况确定，不能强求一致。

人工喂养的孩子与母乳喂养的孩子不同，不要孩子一哭就以为是饿了，马上喂奶，要养成按时喂养的好习惯。妈妈平时要注意孩子的大便情况、体重增长情况、孩子的精神状态等。

每日喂奶的时间可以安排在早晨5：00，上午9：00，中午13：00，下午17：00，晚上21：00，夜间1：00。白天在两次喂奶中间，应加喂蔬菜水、鲜果汁水，每次25~50毫升。

孩子一般从生后第15天，开始服用鱼肝油和钙片。浓鱼肝油滴剂每次1~2滴，每天3次。钙片每次1~2片，每天3次。

✳ 给人工喂养宝宝制作蔬果汁

为了给人工喂养的宝宝补足营养，白天在两次喂奶中间，应加喂蔬菜水、鲜果汁水，每次25~50毫升。给孩子饮用果汁、菜汁时，开始时量要小，加水要多，孩子适应之后，逐渐增加浓度。

果汁与菜水的制作：

蔬菜水和果汁水是给孩子增加维生素C的主要食品。由于各种乳品中维生素C的含量都不多，即便鲜牛奶，在煮沸过程中，所含的维生素损耗也很大，所剩无几，奶粉类食品更不必说了，所以菜水与鲜果汁水就成了给婴儿补充体内所需的维生素的最好食品。

鲜果汁制作方法：

如果家里有压果汁机的话，可将橘子、广柑等水果洗净去皮，加工后去渣，加水和少量白糖，放入奶瓶中喂孩子。

番茄汁制作方法：

将熟透的番茄洗净，放在开水中烫一下，去皮切碎，用干净的纱布包好，用力挤压，使鲜汁流出，加少许白糖和水，放入奶瓶中喂孩子喝。

菜水制作方法：

取少许新鲜蔬菜，如菠菜、油菜、胡萝卜、白菜等，洗净切碎，放入小锅中，放少量水煮沸，再煮3～5分钟，菠菜可少煮一会儿，胡萝卜可多煮一会儿，放置到不烫手时，将汁倒出，加少量白糖，放入奶瓶给孩子食用。

小贴士

不能用市售的鲜橘汁、果子汁等代替家制的果汁、菜水给孩子饮用，市售的饮料或多或少都含有食品添加剂，不适宜婴儿饮用，且大多数市售饮料大多并不是果子原汁，而是配制而成，不能为婴儿补充维生素，即使含有少量原汁，反复消毒加工后维生素也所剩无几。

乳头皲裂时怎样哺乳

妈妈在喂养宝宝时姿势不正确，宝宝吃奶时间过长，乳汁经常浸渍乳头等，很容易导致乳头皲裂。妈妈乳头皲裂时，应暂停用乳头喂奶。妈妈洗干净手后，用手将乳汁挤出来再喂宝宝。这样可以减少宝宝再次对皲裂乳头的刺激，同时也可以减轻妈妈的疼痛。

注意预防乳头皲裂：

❶哺乳时应尽量让婴儿吸吮住大部分乳晕，因为乳晕下面是乳汁集中之处。宝宝吃奶省力，也能达到保护乳头的作用，是预防乳头皲裂最有效的方法。

❷每次喂奶时间以不超过20分钟为好，如果乳头无限制地被浸泡在婴儿口腔中，易扭伤乳头皮肤，而且婴儿口腔中也有细菌，可通过破损的皮肤导致乳房感染。

❸喂奶完毕，一定要待婴儿口腔放松乳头后，才将乳头轻轻拉出，硬拉乳头会易导致乳头皮肤破损。

小贴士

妈妈每次把奶挤出后，留一滴乳汁在乳头上，让其自然干燥，这样有利于皮肤的愈合。如果妈妈乳头一周都没有愈合，妈妈可以去医院看看，在医生指导下用一些软膏涂在乳头皲裂处。

智 能 提 升

❀ 让宝宝更熟悉爸爸妈妈

　　宝宝经历了一个月的成长，视觉和听觉都有一定提高，对妈妈的声音和气味都非常熟悉了。爸爸妈妈可早一点教宝宝学习认识自己，认识越早对促进宝宝大脑发育就越好。

　　爸爸妈妈如何教宝宝早点认识自己呢？

❶ 宝宝出生后，可以在宝宝床头两边挂上妈妈和爸爸的黑白照片，每周轮换一次，可以强化宝宝记住爸爸妈妈的脸，训练宝宝的视觉。

❷ 每天面带微笑地看宝宝的脸，让宝宝注视到妈妈的脸，然后，妈妈在宝宝眼前慢慢移动自己的脸，训练宝宝的追视能力。

❸ 每天宝宝醒来、换尿布、入睡时，应与宝宝多聊聊天，让宝宝多熟悉爸爸妈妈的声音，训练宝宝的听觉能力，宝宝听到妈妈的声音就会寻找，而且会超前说话。

❀ 给宝宝听音乐

　　在宝宝出生后，妈妈选择适合宝宝入睡前听的音乐，不仅能引导宝宝轻松入睡，而且也能刺激宝宝的大脑发育，使其更聪明和更快乐地成长。

　　给宝宝听音乐的注意事项：

❶ 选择一些轻松、欢快、节奏慢的曲子，这类曲子可以刺激宝宝的听觉神经，宝宝的身心会更健康。

❷ 妈妈哼几句歌词，配些形体动作，对宝宝都会产生一些影响，使其快乐成长。

❸ 妈妈给宝宝播放一些音乐作为背景音乐，妈妈可以用聊天的方式和宝宝说话。背景音乐可以潜移默化地刺激宝宝的听觉神经，时间久了，宝宝就会轻松地融入充满音

乐的世界里。

❹ 妈妈给宝宝听音乐要适量，每天上午、下午清醒时各1次，入睡前1次即可，每次时间10～15分钟。

❀ 古典音乐对宝宝也是一种享受

妈妈给宝宝选择音乐时不要只选择自己喜欢听的，这样会限制宝宝的音乐空间。有研究表明，对于宝宝来说，听古典音乐同样是一种愉快的享受。

据有关研究人员的报告说，大脑中有很多与学习相关的联结点，古典音乐就可以激发这些联结点。听古典音乐的婴儿长大后，会变得更聪明，而且数学也学得好。

研究人员认为，古典音乐的复杂性及其特有模式，有利于宝宝认知能力的培养，也有助于帮助他们随着年龄的增长而学习有关数学、科学和语言方面的知识。听古典音乐还可以让宝宝的语言能力得到锻炼，因为音乐的节奏、音调和反复性能增强宝宝的语言表达能力。听古典名家的曲子能够激发人的创造性和理性思维能力，婴儿身处其中，对时间和空间的感受也更强烈。

但并不是所有的节奏都适合宝宝，应采用一些安宁的乐曲。安宁的古典音乐演奏出来的柔和旋律有助于使哭闹不止的宝宝平静下来。

❀ 爱笑的宝宝更聪明

爱笑的宝宝，长大后大多比较聪明。聪明婴儿对外界事物发笑的年龄比一般婴儿要早，笑的次数也更多。

从宝宝的发育进程看，一般3个月左右时，只要醒着，一看到家人熟悉的面孔或新奇的画片与玩具时，宝宝就会高兴地笑起来，嘴里"啊啊"地直叫，又抢胳膊又蹬腿，可谓手舞足蹈。另外，当吃饱睡足、精神状态良好时，尽管无外界刺激，宝宝也会自动发出微笑。前一种笑称为天真快乐效应，后一种称为无人自笑。

天真快乐效应，是婴儿与人交往的第一步，在精神发育方面是一次飞跃，对大脑发育是一种良性刺激，被誉为"智慧的一缕曙光"。至于无人自笑，则是婴儿在生理需要方面获得满足后的心理反应，这两种笑均有益于大脑的发育。因此，爸爸妈妈多与宝宝接触，并用欢乐的表情、语言以及玩具等激发宝宝的天真快乐效应，同时注重喂养，使其吃饱睡足，促使其早笑、多笑，这是智力开发的一大妙招。

❋ 给宝宝多一点抚摸

婴儿喜欢妈妈的抚摸，抚摸使宝宝感到与妈妈的亲密，体味到妈妈的爱意。妈妈的抚摸可以让宝宝有安全感。在宝宝情绪不佳时，妈妈的温柔抚摸可以让宝宝安静。

在宝宝吃饱或睡醒以后，妈妈可以坐在婴儿床边，用手抚摸宝宝的胸、背、四肢，同时与宝宝说笑。宝宝哭闹时，可以将他抱起来，把宝宝的头贴在妈妈的左胸前，一边让宝宝听到妈妈心跳的声音，一边按顺序抚摸头部、小手和小脚。

抚摸前，一定要洗手。平时，隔着衣服紧抱宝宝时，也可以轻拍和抚摸。通过抚摸可以让父母了解宝宝的身体，同时，也能使父母增强对宝宝的爱意，放松自己。

❋ 逗引宝宝发音

和宝宝的"对话"可以尽早开始，由于它充满了情趣又富于教导的意义，所以应该是任何年龄的宝宝都经常玩的一种游戏。

妈妈用亲切温柔的声音，面对着宝宝，使他能看得见口型，试着对他发单个韵母a（啊）、o（喔）、u（呜）、e（鹅）的音，然后耐心地等待宝宝发出声音。一旦他发出任何声音，妈妈都要对他笑，并重复他发出的声音。

在宝宝精神愉快的状态下，妈妈可以拿一些带响、能动、鲜红色的玩具，边摇晃边逗他玩，或与他说话，或用手胳肢胸脯，他将报以愉快的应答——微笑，这样可以促进宝宝发音器官的协调发展，让宝宝尽快发音。

妈妈在宝宝面前走过时，要轻轻抚摩或亲吻宝宝的鼻子或脸蛋，并笑着对他说"宝宝，笑一个"，也可用语言或带响的玩具引逗宝宝，或轻轻挠他的肚皮，引起他挥手蹬脚，甚至咿咿呀呀发声，或发出"咯咯"的笑声。

☕ 小贴士

也许宝宝还不能跟着发音，但是妈妈不能因为宝宝还不会就放弃引逗宝宝发音的练习。妈妈的声音已经在宝宝的脑子里留下了记忆，只要妈妈坚持引逗宝宝，宝宝很快就能学会跟着妈妈发音。

❁ 亲子游戏推荐

◎看妈妈

妈妈叫着孩子的名字，跟他说着话走向小床，看孩子是否注视自己。也可以在小床边与孩子说话，让孩子注视妈妈，再慢慢离开，看孩子是否用眼睛追逐。

目的：训练视觉和听力。

◎找一找

妈妈拿小拨浪鼓跟孩子玩，然后拿着玩具走到孩子看不见的地方，摇响玩具，孩子会转头去找。

目的：发展感知能力。

◎抓一抓

妈妈将几件新鲜玩具放在孩子面前，一开始他抓起一个，掉下，再抓起一个，以后，他可以两只手，一手拿一个。这时妈妈再给他一个，看他怎么办。

目的：练习抓握。

◎俯卧抬头

孩子仰卧，把孩子的左腿放在右腿上，妈妈手托孩子腰部，使孩子转身，成俯卧。将玩具放在孩子眼前，引逗他抬头片刻，再翻过身来。然后把孩子的右腿放在左腿上，往左翻。

目的：练习翻身和俯卧抬头。

疾病防治

❋ 注意预防臀红

臀红在医学上称为尿布疹或臀部红斑，是婴儿常见的皮肤病。此病主要是由于尿布不清洁，上面沾有大小便、汗水及未洗净的洗衣粉、肥皂等，刺激孩子皮肤而引起的。腹泻的孩子常可见到此症。开始可见到臀部红嫩，继而出现红色的小皮疹，严重的可致皮肤破溃，呈片状，可蔓延到会阴及大腿内侧。男婴可见睾丸部受侵。

爸爸妈妈要注意预防孩子发生臀红，一定要做好清洁卫生工作：

❶ 大小便后及时更换尿布，尤其在大便后，要用温水洗净皮肤。

❷ 不要使用橡皮布、塑料布直接接触孩子的皮肤，这会致使尿液不能及时蒸发。

❸ 每次便后，忌用热水和肥皂洗臀部，应用温水冲洗后轻轻擦干，擦些滑石粉或油膏。

❹ 如果发生了臀红，每次换尿布后，需在损伤局部涂上紫草油或鞣酸软膏，也可在中药店买松花粉扑上。

❋ 防止宝宝斗鸡眼

平常要把宝宝的玩具悬挂在围栏的周围，并经常更换玩具的位置，挂玩具不要挂得太近，使宝宝看得很累，最好常抱宝宝到窗前或户外看远的东西，防止宝宝发展成斜视。

大多数父母经常喜欢在宝宝的床栏

中间系一根绳，上面悬挂一些可爱的小玩具，逗引宝宝追着看。如果经常这样做，就会使宝宝的眼睛较长时间地向中间旋转，有可能发展成内斜视，俗称斗鸡眼。

❀ 宝宝盗汗怎么处理

宝宝盗汗多表现为入睡后头部、脖子、躯干全有汗，出汗后睡不安稳、手脚乱动、哭闹不停。盗汗的原因有多种，妈妈需要区别对待。

小贴士

爱出汗的宝宝，很容易踢开被子着凉，妈妈要给宝宝勤擦汗和换衣服，避免宝宝感冒。

盗汗原因见下表：

缺　　钙	夜间经常哭闹、盗汗、睡眠不好还有枕秃等，这时妈妈最好带宝宝去医院查一下微量元素，若是缺钙，可以按照医嘱补充维生素D和钙剂
生理性出汗	出汗多，但精神好，喜欢吃奶，生长发育正常，这是正常的，不用治疗，随着月龄的增加，宝宝出汗会逐渐减少
神经系统发育不完善	汗腺分泌的交感神经在宝宝入睡后有时会兴奋，刺激汗腺分泌
新陈代谢快	手脚经常乱动，睡着了也有手动脚踹现象，加快了出汗
睡前吃奶	入睡后机体会产生大量的热，宝宝通过皮肤排热也会出汗
其　　他	宝宝衣服穿得过多、被子盖得太严、房间温度过高等，也会引起出汗

❀ 宝宝腹泻怎么办

婴儿腹泻是宝宝常见病，多发生在夏、秋两季，主要症状是宝宝大便次数明显增多，大便中有奶瓣子的蛋花汤便，有时还略微有点绿，严重时还会发热、呕吐、不爱吃奶、手脚发凉。饮食、天气、卫生是最容易引起腹泻的原因。

腹泻常见原因:

① 宝宝每次喝奶过多、过少，不定时地喂养，过早地添加淀粉食物，更换奶粉品牌，都可能导致消化功能紊乱。

② 天气突然变冷，腹部因保暖不好着凉引起的腹泻。

③ 天气炎热，宝宝饮水量比较少，皮肤蒸发的水多，喂奶量过多，也会引起腹泻。

④ 奶瓶、奶嘴等常用的器具消毒不好，有可能导致细菌感染引起腹泻。

腹泻的解决方法:

① 因饮食和天气原因引起的腹泻，妈妈不要给宝宝使用抗生素，只要适当地调整喂奶量，注意保暖、多喂水，停止喂食不适合宝宝吃的食物，一般就会自愈。

② 因细菌感染引起的腹泻，妈妈要把喂养宝宝的奶瓶、奶嘴、奶锅等在沸水中煮30分钟，将细菌杀死，消毒干净，每次喂奶都要使用消毒好的奶瓶，妈妈每次喂奶要洗手。

宝宝腹泻时，肚子会不舒服，有的会胀气，妈妈可以用手逆时针轻揉宝宝腹部，排出肚里的空气，缓解疼痛。

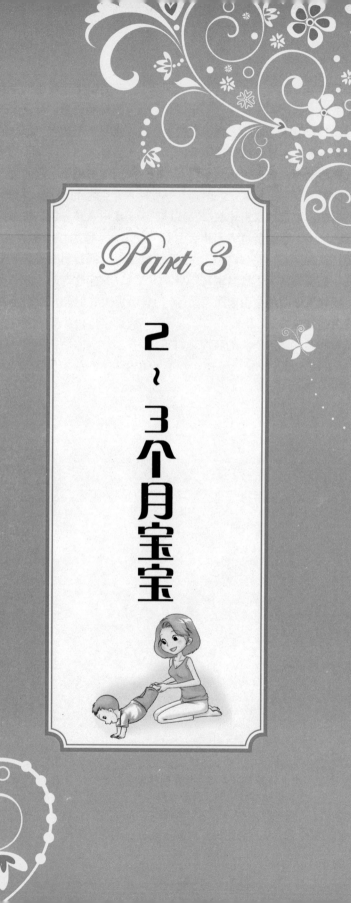

Part 3

2～3个月宝宝

生 长 发 育

❀ 宝宝的生理发育

宝宝的最初3个月是体格发育最快的时期，反映宝宝体格发育最常见、最重要的指标就是宝宝的体重和身高。

宝宝的生理发育表		
生理发育	标 准 值	备 注
体　重	男婴平均体重6.7千克（5.2~8.3千克） 女婴平均体重6.2千克（4.8~7.6千克） 正常宝宝平均每天增重25~30克。当宝宝患有消化不良、腹泻等疾病时，仅仅几天就可表现出体重下降	体重是反映小儿近期营养状况最灵敏的指标 观察宝宝体重增长的趋势，即可了解他近期的营养状况
身　长	男婴平均身长62.4厘米（57.6~67.2厘米） 女婴平均身长61.1厘米（56.9~65.2厘米） 坐高：男孩坐高平均40.00厘米，女孩坐高平均39.05厘米 宝宝的身长受种族、遗传、环境等因素的影响较明显，但受营养因素的影响短期内不明显，一般需要半年以上才能反映出来	身长是反映小儿远期营养状况的指标 由于宝宝的体重增长比身长增长快，所以宝宝看上去胖乎乎的
头　围	男婴头围平均39.84厘米 女婴头围平均38.67厘米	头围的增长相对较胸围增长得慢
胸　围	男婴胸围平均40.10厘米 女婴胸围平均38.76厘米	由于胸部器官发育较快，因此胸围也增长较快，此时，胸围的实际值开始达到或超过头围
运动能力	3个月的宝宝，头能够随自己的意愿转来转去，眼睛随着头的转动而左顾右盼 大人扶着宝宝的腋下和髋部时，宝宝能够坐着	扶着腋下把宝宝立起来，他就会举起一条腿迈一步，再举另一条腿迈一步，这是一种原始反射

续表

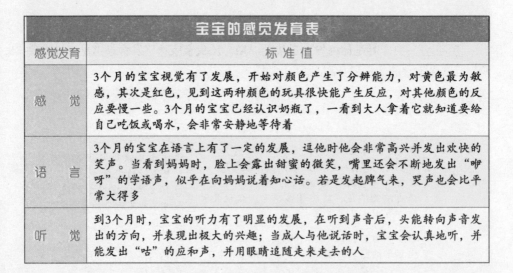

宝宝的生理发育表		
生理发育	标 准 值	备 注
睡 眠	第三个月的宝宝比上个月睡眠时间要短些，一天一般在18个小时左右	白天宝宝一般睡3～4觉，每觉睡1.5～2.0小时，夜晚睡10～12小时，白天睡醒一觉后可以持续活动1.5～2.0小时

❄ 宝宝的感觉发育

宝宝的感觉发育表	
感觉发育	标 准 值
感 觉	3个月的宝宝视觉有了发展，开始对颜色产生了分辨能力，对黄色最为敏感，其次是红色，见到这两种颜色的玩具很快能产生反应，对其他颜色的反应要慢一些。3个月的宝宝已经认识奶瓶了，一看到大人拿着它就知道要给自己吃饭或喝水，会非常安静地等待着
语 言	3个月的宝宝在语言上有了一定的发展，逗他时他会非常高兴并发出欢快的笑声。当看到妈妈时，脸上会露出甜蜜的微笑，嘴里还会不断地发出"咿呀"的学语声，似乎在向妈妈说着知心话。若是发起脾气来，哭声也会比平常大得多
听 觉	到3个月时，宝宝的听力有了明显的发展，在听到声音后，头能转向声音发出的方向，并表现出极大的兴趣；当成人与他说话时，宝宝会认真地听，并能发出"咕"的应和声，并用眼睛追随走来走去的人

❄ 宝宝的心理发育

第3个月的宝宝喜欢听柔和的声音。会看自己的小手，能用眼睛追踪物体的移动，会有声有色地笑，表现出天真快乐的反应。对外界的好奇心与反应不断增长，开始用咿呀的发音与你对话。

第3个月的宝宝脑细胞的发育正处在突发生长期的第二个高峰的前期，不但要有足够的母乳喂养，也要给予视、听、触觉神经系统的训练。每日生活逐渐规律化，如每天给予俯卧，抬头训练20～30分钟。宝宝睡觉的位置应有意识地变换几次。可让宝宝追视移动物，用触摸、抓握玩具的方法逗引发育，可做婴儿体操等活动。

这个时期的宝宝最需要人来陪伴，

当他睡醒后，最喜欢有人在他身边照料他、逗引他、爱抚他，与他交谈、玩耍，这时他才会感到安全、舒适和愉快。

总之，父母的身影、声音、目光、微笑、抚爱和接触，都会对宝宝的心理造成很大影响，对宝宝未来的身心发育，建立自信、勇敢、坚毅、开朗、豁达、富有责任感和同情心的优良性格，会起到很好的作用。

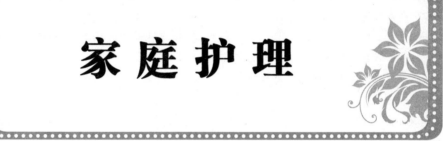

家 庭 护 理

❋ 怎样去除头皮乳痂

有些婴儿的头皮上糊有一层东西，特别是囟门部位。这是婴儿期常见的头皮乳痂。乳痂可以在子宫内形成，但每个新生儿生下来时，接生人员会将新生儿身上的分泌物洗掉，一般乳痂要在出生后几个星期才出现。

形成乳痂的原因有多种。在正常情况下，婴儿头皮上的自然分泌液可能凝结起来，形成乳痂。这种正常的分泌物经过清洗，本来不会成为问题，但如果给孩子洗头时不敢触及囟门部位，它会越积越厚，形成黄褐色鳞状物，覆盖在整个头皮上，像顶肮脏的小帽子。

如何消除孩子的乳痂：

每次给孩子洗澡时都要给孩子洗头，特别注意囟门部位的卫生，当然也要注意安全。最好用稀质的植物油去除乳痂。方法是用棉絮蘸油，轻轻地蘸湿婴儿的头皮。停一会儿后，用婴儿皂轻轻地给婴儿洗头。

千万注意，洗头时只能用手掌，不能用手指。不能用粗制的成人皂，如果找不到适合的油，使用任何一种作用缓和、便于冲洗的洗发乳都可。方法与用油洗相同，必须坚持每天洗一次，直至乳痂完全消除为止。

父母患有湿疹或头垢多者，他们的婴儿往往易患乳痂。如果孩子的乳痂不易洗除或像是患有其他皮肤病时，应请医生诊治。

怎样选择宝宝的洗发水

普通洗发水、肥皂，如果没有特别标明，不能给婴儿使用，婴儿只能用合格的婴儿洗发水。一般来说，尽量选用名牌产品，但不管用什么洗发水，洗完都必须充分地冲洗干净，不要有一点残留。

宝宝的头皮很薄，很嫩，很容易吸收一些涂抹在肌肤上的渗入性的物质。

宝宝头大身子小，头部皮肤占整个体表皮肤的面积大，相对来说，渗入性的物质吸收得多，因此，婴儿洗发水中的成分，比如酸碱度、刺激性、色泽、香精、泡沫等方面，都有严格的要求，要针对婴儿头皮的特点，尽量减少化学物质的吸收。

> **小贴士**
>
> 夏季，很多妈妈早晚都给宝宝冲凉，每次都用洗发水，这样做对宝宝不好。新生儿大部分时候只需要用清水洗头发就行了，3个月的宝宝头发很油腻时，可适量用洗发水。

宝宝需要用护肤品吗

需不需要用护肤品要根据宝宝的皮肤情况来决定。一般来说，如果是夏天，宝宝皮肤比较水润的话，无须用护肤品，每天用温开水给宝宝擦洗即可。尤其是刚出生的宝宝，皮肤比较娇嫩，对环境的适应也还处于过渡时期，加上市面上所销售的护肤品并不是像宣传所说的那样无刺激、无伤害的，所以，能不用尽量不用。

但是，有的宝宝天生属于干性皮肤，加上如果是冬天的话，空气很干燥，宝宝皮肤容易脱皮、干裂，这时就有必要给宝宝涂抹一些护肤品了，并注意保持房间的空气湿度，避免空气干燥。

怎样为干性皮肤的宝宝选择适合的护肤品：

❶ 一定要选用宝宝专用的护肤品。注意选择那些不含香料、酒精、无刺激、能很好保护皮肤水分平衡的润肤霜。

❷ 因为妈妈和宝宝时常接触，所以建议妈妈也使用宝宝润肤霜比较好。

❸ 护肤品的牌子不宜经常换，这样宝宝的皮肤就不用对不同的护肤品反复做调整了。

❹ 使用润肤霜要根据季节。寒冷的秋冬季节空气干燥，加之要带宝宝到户外晒太阳，洗澡后和外出前应及时给宝宝涂抹护肤霜或润肤油。

❺ 为了防止皮肤干燥，可选用儿童霜、甘油等宝宝专用护肤品。

❻ 如果宝宝嘴唇比较干裂，妈妈可先用湿热的小毛巾敷在嘴唇上，让嘴唇充分吸收水分，然后涂抹润唇油（婴儿专用），同时要注意让宝宝多喝水。

❀ 怎样给宝宝用爽身粉

洗完澡后在宝宝身上用些爽身粉，可使宝宝身体滑腻清爽，十分舒适，不过爽身粉毕竟是化学制品，一定要使用正确的方法：

❶ 涂抹爽身粉时要谨慎，勿使爽身粉乱飞。使用时对全身轻轻扑撒（用粉扑或纱布包上棉花），尤其扑撒重点部位，如臀部、腋下、腿窝、颈下等。

扑粉时需将皱褶处拉开扑撒，防止将粉扑在眼、耳、口中。

❷ 每次用量不宜过多。天气热时，许多父母发现宝宝流汗的时候，就为宝宝扑爽身粉。这是不正确的。爽身粉中含有滑石粉，婴儿少量吸入尚可由气管的自卫机能排除；如吸入过多，滑石粉会将气管表层的分泌物吸干，破坏气管纤毛的功能，甚至导致气管阻塞。而且，一旦发生问题，目前尚无对症治疗方法，只能使用类固醇药物来减轻症状。

❸ 不要与成人用的混同。婴儿使用的爽身粉（夏季可用痱子粉）不要与成人用的混同，宜选购专供儿童使用的爽身粉。

💗 小贴士

妈妈在爽身粉使用后应该将盒盖盖紧并妥善收好，不要让小孩当成玩具。

❀ 宝宝被蚊子咬了怎么处理

一般的处理方法主要是止痒，可外涂虫咬水、复方炉甘石洗剂，也可用市售的止痒清凉油等外涂药物，或涂一点点花露水也行，但要注意花露水需用水稀释一下。因为成人花露水中刺激性成分浓度较高，不宜直接抹在宝宝皮肤上，在使用前应先用5倍的水稀释。如果条件允许，选择宝宝专用的花露水更好些。

如果宝宝皮肤上被叮咬的地方过多，症状较重或有继发感染，最好尽快送宝宝去医院就诊，可遵医嘱内服抗生素消炎，同时及时清洗并消毒被叮咬的部位，适量涂抹红霉素软膏。

怎样防蚊：

蚊香毒性虽不大，但由于婴幼儿的新陈代谢旺盛，皮肤的吸收能力也强，使用蚊香对宝宝身体健康有碍，最好不要用。如果一定要用，尽量放在通风好的地方，切忌长时间使用。

宝宝房间绝对禁止喷洒杀虫剂。妈妈可以在暖气罩、卫生间角落等房间死角定期喷洒杀虫剂，但要在宝宝不在的时候喷洒，并注意通风。

考虑到宝宝的健康，妈妈最好采用蚊帐来防蚊虫。

 小贴士

巧妙地利用植物来防蚊：把橘子皮、柳橙皮晾干后包在丝袜中放在墙角，散发出来的气味既防蚊又使空气清新。

科学喂养

❋ 如何判断宝宝的营养状况

判断孩子营养状况有许多方法，考普氏指数是用孩子身长和体重来判断的一种方法。这个指数是用体重除以身长的平方再乘以10得出来的，其公式为：

考普氏指数＝体重（克）÷［身长（厘米）×身长（厘米）］×10

例如某3个月婴儿体重为6000克，身长为62厘米，则考普氏指数为：

6000÷（62×62）×10≈16

根据考普氏指数判断标准，指数达22以上则表示孩子太胖，20~22时为稍胖，18~20为优良，15~18为正常，13~15为瘦，10~13为营养失调，10以下则表示营养重度失调。

❋ 宝宝体重增长缓慢怎么喂

体重偏低是指宝宝的体重增长值小于相应月龄正常增长的最低值，前后两个月龄增加量相减为零或为负值，说明宝宝体重增长缓慢。宝宝体重增长缓慢有许多原因，大多数是由喂养不当引起的。

宝宝体重增长缓慢的原因：

❶宝宝每次喂奶量过多，次数过多，加重胃肠负担引起腹泻。

❷母乳喂养的妈妈经常吃凉的食物，人工喂养喂的奶和水温度比较低。

❸宝宝处于厌食期，不愿意吃配方奶，引起暂时性食欲下降、体重不增加现象。

❹宝宝的奶瓶、奶嘴消毒不干净导致细菌感染，引起腹泻。

❺给宝宝频繁地换配方奶的品牌，宝宝胃肠不适应，引起腹泻。

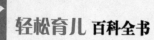
体重增长缓慢的宝宝喂养方法：

❶ 人工喂养的宝宝要按顿喂养，减少喂养量和喂养次数或延长两次喂奶的时间间隔，让宝宝的消化道适当休息和恢复。

❷ 母乳喂养的妈妈的饮食要清淡，喂奶前喝一杯温开水。按顿喂养宝宝，让宝宝的消化道有充足的时间休息恢复。

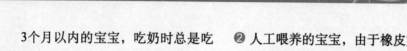

❀ 宝宝总是吃吃停停是怎么回事

3个月以内的宝宝，吃奶时总是吃吃停停，吃不到三五分钟，就睡着了；睡眠时间又不长，半小时、1小时又醒了。这是怎么回事呢？

❶ 妈妈乳量不够，宝宝吃吃睡睡，睡睡吃吃。妈妈奶量不足，给宝宝喂奶时要用手轻挤乳房，帮助乳汁分泌，宝宝吸吮就不大费力气了。两侧乳房轮流哺乳，每次15~20分钟。也可以先喂母乳，然后再补充代乳品（如配方奶）。

❷ 人工喂养的宝宝，由于橡皮奶头过硬或奶洞过小，宝宝吸吮时用力过度，容易疲劳，吃着吃着就累了，一累就睡，睡一会儿还饿。确定奶嘴洞口大小适中的方法，一般是把奶瓶倒过来，奶液能一滴一滴迅速流出。另外，喂奶时要让奶液充满奶嘴，不要一半是奶液一半是空气，这样容易使宝宝吸进空气，引起打嗝，同时造成吸吮疲劳。

❀ 宝宝吃奶不积极怎么办

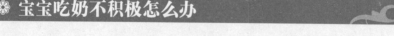

有的宝宝吃得少，好像从来不饿，对奶也不亲，给奶就漫不经心地吃一会儿，不给奶吃也不哭闹，没有吃奶的愿望。对这样的宝宝，妈妈可缩短喂奶时间，一旦宝宝把乳头吐出来，把头转过去，就不要再给宝宝吃了，过两三个小时再给宝宝吃，这样每天摄入的奶量总量并不少，足以供给宝宝每天的营养需求。

小贴士

无论母乳喂养还是人工喂养，婴儿吃奶后能安稳睡上2~3个小时，说明吃奶正常。如果母乳不足，宝宝吃吃睡睡，妈妈可轻捏宝宝耳垂或轻弹足心，叫醒喂奶。

妈妈注意：

给宝宝喂奶时，妈妈要选择安静、无外界干扰的地方。妈妈在喂奶时也不要逗宝宝，让宝宝安静地吃。

❀ 宝宝不是吃得越多越好

两三个月的宝宝，胃的容量很小，吃得太多会增加胃的负担，引起消化不良，这样宝宝会很不舒服。所以，不要不限量地喂宝宝，妈妈给宝宝喂养时要注意宝宝的体重不要超过本月龄体重最大限值，因为这样很可能导致宝宝成为肥胖儿。

在宝宝生长的过程中，应该按照宝宝的实际营养需要喂养宝宝，而不是宝宝想吃妈妈就喂。宝宝每天吃入糖和脂肪随配方奶的喂养量的增加而成倍增加，过多的热量，宝宝不能通过活动消耗尽，就转为脂肪堆积起来，宝宝会变成一个小胖子。

宝宝吃入过量的配方奶，导致蛋白质和矿物质过量，过多的矿物质不能被宝宝吸收，而是通过肾脏排出。两三个月的宝宝肾的发育功能很不完善，这样会增加肾的负担。

宝宝每天吃过量的食物，有过多的食物不能完全消化吸收，很容易引起消化系统的功能紊乱，宝宝会发生腹泻、呕吐等疾病。

妈妈要注意，宝宝将来无论吃什么食物，都不要过多吃，要适量，过量很可能导致宝宝厌食。

智能提升

❋ 带宝宝去游泳

一般宝宝出生后，不论顺产或剖宫产，48小时后就可以下水游泳。这是宝宝与生俱来的本领。宝宝一出生，医院往往会组织宝宝游泳。出院后，只要有时间，都可以带宝宝到泳池洗澡或游泳。

游泳的诸多好处：

❶ 婴儿经常游泳，可以提高呼吸系统的功能。

❷ 婴儿游泳可消耗过多的脂肪，利用全身各部位的肌肉，使体形匀称、健美。

❸ 婴儿游泳的过程中也会提高大脑的功能，让宝宝的大脑对外界环境的反应能力提高，智力发育好。

❹ 婴儿经常游泳可使心肌发达，新陈代谢旺盛，心跳比同龄婴儿慢且有力，这就为承担更大的体力负荷准备了条件。

❺ 游泳还可以提高宝宝耐寒和抗病的免疫能力。

带宝宝游泳要注意的问题：

❶ 首先必须经过体格检查，曾患过某种疾病的宝宝，必须经过医生的认可，方可参加游泳。

❷ 看宝宝是否吃饱，通常要在宝宝吃奶后半小时到1小时左右才可游泳。

❸ 水温要在36℃～38℃。月龄小的宝宝水温高一些，月龄大的宝宝水温低一些。

❹ 宝宝游泳应在大澡盆或游泳池内进行，要由大人带着一起下水。开始扶住宝宝腋下在水中上下浮动，也可以让宝宝平卧在水中而露出头部。宝宝习惯后，可以托住他的头和身体在水中移动前进，让四肢自由划动。让宝宝入水时有一个适应的过程，千万不可直接放入水中，避免惊吓宝宝。

❺ 在宝宝游泳时，妈妈不能离开宝宝半臂之内，不能暂时丢下宝宝去接电话、开门、关火等，如果必须去，一定把宝宝用浴巾包好抱在手里，以防止意外发生。

❻ 在每次游泳前，应做好辅助器材的准备工作。辅助器材包括充气背带，泡沫塑料制作的浮具，一些能在水上漂浮的、色彩鲜明的儿童玩具。用游泳圈的话，注意泳圈的型号和宝宝是否匹配，泳圈的内径要稍稍大于宝宝的颈圈。给宝宝套圈时动作要轻柔，入水时动作要缓慢。

❼ 宝宝游泳最多每星期2次，每次15分钟左右就好了。泳池里的水一定要坚持换新的，特别是不能用有味道的水。如果泳池有塑胶味，那就在里面放点水浸泡几天，等味道消失了再给宝宝用。

❽ 宝宝出水上岸后，妈妈应该用大浴巾包裹他的身体，然后迅速擦干全身，穿上衣服，衣服可稍稍多穿一些，以利保暖。

❾ 宝宝游泳后，妈妈应观察其身体反应，如有不适或生病，应及时减少游泳时间，或暂时中止游泳。

❁ 练习宝宝的协调能力

孩子从三四个月时起，就会试着抓东西。这时可每日将他抱在怀里，用玩具或食物逗引他伸手抓。不要把东西放在他抓不着的地方，只要能抓到手，游戏的目的就达到了。孩子把东西抓到后要让他玩一会儿，然后慢慢从他手中拿出，再让他伸手抓。如果他不放手，就多让他玩一会儿。也可以在儿童床上悬挂两件玩具，使孩子躺在床上伸手抓。要注意玩具要常变换，使孩子感到新鲜，还要注意绳子不可太长，以免缠绕在孩子手臂上。

孩子大一点，能俯卧或能挺胸坐在妈妈怀里时，可把玩具放在他伸手能抓到的地方，让他主动抓来玩。然后把玩具换个地方，让他转头、转身去找。每当孩子抓到玩具后，他会很高兴，妈妈要用语言、微笑、爱抚鼓励他。这一小小的成功，对大人来说算不得什么，但对孩子来说，是了不起的大事，是长了一个很大的本领，他自己也会很高兴。

这个游戏，可训练孩子手眼协调能力。他去抓东西，是他会使用手去探索周围事物的第一步。还可以锻炼孩子的头、颈、上肢的活动能力，特别是手的动作。

玩这个游戏，要注意以下问题：

❶ 让孩子抓的东西一定要清洁卫生，因为孩子抓到手后，常常会放在手里玩一会儿，或是放在嘴里啃。玩具或物品还要安全，不要是小颗粒、小球，以免孩子咽下去；不要有锐利的尖；要无毒无害。

❷ 让孩子抓的东西要常变换，多种多样，这样会使他提高感知能力，如硬、软、光滑可增加触觉，颜色、形状、大小可训练视觉，水果、点心可增加他的嗅觉，有声音、有音乐的玩具可训练听觉等。

❀ 和咿呀学语的宝宝对话

3个月的婴儿会咯咯地发笑，高兴的时候还会自发地"咿"呀"啊"呀地"讲话"，这时作为妈妈要同样"咿"呀"啊"呀地去应答他，和他"对话"，可使其情绪得到充分的激发。也可以在宝宝情绪愉快时，用愉快的口气和表情，让宝宝发出"呢"、"啊"声，或"咯咯"的笑声。一逗引宝宝主动发声，你就要富有感情地称赞他，亲热地抚摩以示鼓励，并与他你一言、我一语地"对话"，诱导宝宝出声搭话。

这样不仅是对婴儿最初的发音训练，而且也是母子情感交流的好方式。在婴儿以后的成长过程中，父母应一直坚持与婴儿"对话"，积极应答他发出的各种声音。有条件的话，爸爸妈妈可以用普通话和外语交替着与婴儿说话。不过要注意宝宝的感觉，如果他失去了兴趣或是有点疲倦就要停止，让他休息。

❀ 教宝宝进一步认识家人

随着头部运动自控能力的加强，婴儿的视觉注意力得到更大的发展，能够有目的地看某些物像。婴儿更喜欢看妈妈，也喜欢看玩具和食物，尤其喜欢奶瓶。对新鲜物像能够保持更长时间的注视，注视后进行辨别差异的能力不断增强。对看到的东西记忆比较清晰了，开始认识爸爸妈妈和周围亲人的脸，能够识别爸爸妈妈的表情好坏，能够认识玩具。如果爸爸妈妈从宝宝的视线中消失，宝宝会用眼睛去找，这就说明宝宝已经有了短时的、对看到物像的记忆能力。

爸爸妈妈要抓住这个阶段，对婴儿的视觉潜能进行开发。可以告诉宝宝哪个是爸爸，哪个是妈妈，哪个是爷爷，哪个是奶奶……经过一段时间的教认，宝宝的脑海里就会留下每个家人的印象，时间长了，自然就认识自己家的人了。

❀ 教宝宝辨别颜色

3个月的婴儿的颜色视觉能力已经接近成人了，对某些颜色情有独钟，如最喜欢黄色，其次是红色、绿色、橙色和蓝色。在训练婴儿的颜色辨别能力时，要以这几种颜色为首选，依次训练宝宝的色觉能力。

妈妈可以给婴儿看一些色彩鲜艳的卡通画片，通过这种方法来让宝宝接触不同的颜色，并且边看边给婴儿介绍。

首先抽出一张画有一朵红花的画片，然后握住宝宝的小手指，指点着画片模仿宝宝的一问一答：

"这是什么呀？"

"红花。"

"红花下面是什么？"

"绿叶。"

"红花有几个花瓣呀？"

握住婴儿的手指一瓣一瓣地点："一瓣，两瓣，三瓣。知道啦，红花有三个小花瓣。"

这时的小宝宝虽然还不会说话，但他会高兴地咯咯笑起来，自己用小手指在画片上点来点去，嘴里咿咿呀呀的，模仿刚才妈妈教的动作。当宝宝模仿妈妈的动作指点画片时，妈妈一定要对宝宝的"说话"做出反应，表扬他、称赞他，和他一起说。

❀ 教宝宝学侧翻身

俗话说，三翻六坐，也就是说，宝宝在3个月左右可以从仰卧到侧卧，能做90°的侧翻身了。妈妈若在这时间训练宝宝练习侧翻身，对宝宝四肢神经和肌肉的发育十分有利。

练习侧翻身的方法：

❶ 仰卧时侧翻身：妈妈可以让宝宝仰躺在一个大床上，用一个能吸引宝宝注意力的玩具逗宝宝。当宝宝看到玩具想抓时，妈妈可以将玩具沿着宝宝视线向左或右轻轻移动一点，宝宝的头也会跟着转，伸手去抓时上身也跟着转。多逗几次，宝宝就会很快翻过来。

❷ 侧卧时侧翻身：妈妈在一侧逗宝宝，若宝宝朝左侧躺着，妈妈可以把宝宝的右腿放到左腿上，再将宝宝的左手放在胸腹之间。妈妈一只手保护宝宝颈部，另一只手轻推宝宝的背部，再用玩具逗，宝宝就会翻过去了。

❸ 俯卧时侧翻身：宝宝侧卧和仰卧翻身都练习好了，妈妈可以帮宝宝练习俯卧翻身。妈妈可以将宝宝翻成俯卧姿势，让宝宝爬着玩一会儿，练习一下抬头。妈妈用一只手插到宝宝胸下部，帮助宝宝从俯卧的姿势翻成侧卧姿势，妈妈注意一定不要伤到宝宝。

❀ 亲子游戏推荐

◎用脚蹬

将一块厚纸板式三合板用松紧带系在小床栏上，将板触到孩子脚底，让孩子用脚蹬。蹬后板弹回，触到孩子腿脚，他会再蹬。

目的：锻炼腿部运动。

◎会踢球了

把一个球挂在大床上，妈妈抱着孩子坐在一边，把住孩子的脚，轻轻地使他的脚碰球，两条腿换着踢。反复以后，孩子就能主动伸出脚去踢球了。

目的：练习腿的动作。

◎荡起来

把孩子放在毛巾被上，爸爸妈妈拉住毛巾被四角，将孩子抬起离床面20厘米，轻轻来回摇荡。爸爸将孩子抱在怀里，坐在秋千上，由妈妈轻轻地小幅推动。

目的：训练平衡能力。

◎学倒立

孩子俯卧，抓住他的双踝慢慢提起来，孩子会用双臂支撑，呈倒立姿势，片刻轻轻放下。

目的：训练上臂。

注意：此游戏动作要轻柔，以孩子用力为主适可而止，不要猛地拉住孩子的腿倒过来。

疾病防治

❀ 防治宝宝身上长痱子

宝宝皮肤娇嫩，往往很容易生痱子，父母一定要特别注意。痱子初起时是一个针尖大小的红色丘疹，突出于皮肤，圆形或尖形。月份较大的宝宝会用手去抓痒，皮肤常常被抓破，发生继发皮肤感染，最终形成疖肿或疮。

防治痱子的方法主要有：

❶ 经常用温水洗澡，浴后擦干，扑撒痱子粉。痱子粉要扑撒均匀，不要过厚。不能用肥皂和热水烫洗痱子。出汗时不能用冷水擦浴。如出现痱疖时，不可再用痱子粉，可改用0.1%的升汞酒精。

❷ 宝宝衣着应宽大通风，保持皮肤干燥，对肥胖儿、高热的宝宝，以及体质虚弱多汗的宝宝，要多洗温水澡，加强护理。

❸ 痛痒时应防止搔抓，可将宝宝的指甲

剪短，也可采用止痒、敛汗、消炎的药物（最好咨询医生后使用），以防继发感染引起痱疖。

❹ 患痱子严重的宝宝尽量减少外出活动，尤其是要避开强紫外线的时候，比如最好是早上八九点钟以前出去，或者下午四五点钟出去比较好一些。

❺ 宝宝应避免吃、喝过热的食品，以免出汗太多。如果宝宝因缺钙而引起多汗，应在医生的指导下服用维生素D制剂、钙剂。

❻ 在暑伏季节，宝宝的活动场所及居室要通风，并要采取适当的方法降温。宝宝睡觉时要常换姿势，出汗多时要及时擦去。

如果痱子没来得及处理好，出现了脓肿，妈妈不要自行擦药膏，应及时去医院诊治。

❀ 如何给宝宝测体温

宝宝发热时，妈妈想给宝宝测一下体温，一般选择腋下，既方便，又安全。给宝宝测量体温的方法如下：

❶ 测体温前，妈妈要将事先准备好的温度计的温度甩到35℃以下，方法是右手拇指和食指握住温度计的上端，手腕向下、向外甩动几下。

❷ 将温度计斜插在宝宝腋下，若宝宝有汗，应将汗擦干再测体温，腋下测5分钟，测后水银柱的高度就是腋下的实际温度。

❸ 看温度计时，眼睛与表上的刻度要保持同高度。

宝宝正常体温范围：36℃～37℃，超过37℃为发热，38℃以下低热，38℃～39℃中热，39℃以上为高热。

宝宝若是哭闹、喂奶、衣服过厚、室温过高都会使体温升高，会达到37.5℃，甚至38℃；宝宝饥饿，环境温度低（20℃以下），衣服穿得薄、包裹薄都会使宝宝体温下降。

每次测量体温后要用75%酒精棉球消毒，以便下次使用。若宝宝体温一直过低也要带宝宝看医生。

❀ 宝宝流口水要紧吗

3个月以下的孩子，中枢神经系统和唾液腺发育未成熟，唾液分泌量很少。孩子到3～4个月的时候，中枢神经系统与唾液腺均趋向于成熟，唾液分泌逐渐增多，再加上孩子到3～4个月时已长出了牙，对口腔神经产生刺激，使唾液分泌更加多了。

3个月的宝宝还不会吞咽口水，多余的口水就会顺着嘴角流出来，这就是流口水，这是正常现象，有利于将来宝宝吃淀粉食品的消化和吸收。

但是口水偏酸性，含有一些消化酶，宝宝的皮肤比较嫩，当口水流到嘴角、下颌、脖子时，皮肤很容易发红和溃烂，会刺激宝宝得湿疹或其他皮肤疾病。宝宝皮肤发炎阶段一定要保持皮肤清洁，干燥清爽。

流口水护理注意事项：

1 宝宝口水流出来了，妈妈用干净、柔软的小毛巾轻轻地吸干流出来的口水，每次使过的小毛巾，妈妈应该清洗干净后，用沸水消毒，在阳光下晒干后再使用。

2 宝宝口水流过的地方妈妈要经常用温开水清洗，涂上护肤霜，以保护局部皮肤。

3 妈妈不要使用湿巾擦拭宝宝的口水，避免里面的香精再次刺激宝宝的皮肤。

4 妈妈可以给宝宝戴个围嘴，口水弄湿后要及时清洗干净。

5 宝宝的上衣、被子、枕头会经常被口水弄湿，湿后妈妈要勤洗勤晒。

6 也可以带宝宝去医院，按医嘱给宝宝涂一些药膏，涂上药膏时妈妈要看着宝宝的手，别碰到药膏，避免吃手时吃入嘴里。

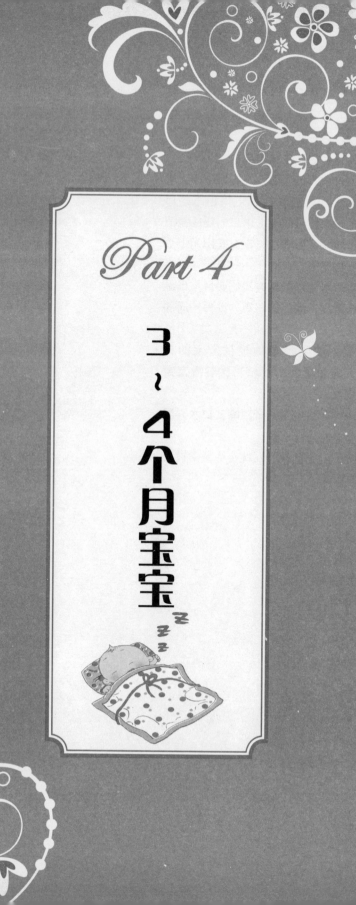

Part 4

3~4个月宝宝

生长发育

❀ 宝宝的生理发育

第4个月的宝宝仍然发育较快，这是宝宝智能发育的一个关键时期。

宝宝的生理发育表		
生理发育	标准值	备注
体重	男婴的平均体重为7.4千克（6.8~9.0千克）女婴的平均体重为6.8千克（5.3~8.3千克）	宝宝在这一阶段仍然发育得很快
身长	男婴的平均身长为64.5厘米（59.7~69.3厘米），女婴的平均身长为63.1厘米（58.5~67.7厘米）坐高：男婴坐高平均约41.69厘米，女婴坐高平均约40.44厘米	宝宝的身长增长速度开始稍缓于前3个月，此期仍是身长的增长缓于体重的增长
头围	男婴平均头围约41.25厘米女婴平均头围约39.90厘米在宝宝4个月时，其头围与胸围大致相等	头围的增长是有规律的，头围过小或过大，都要请医生检查
胸围	男婴平均胸围约41.75厘米女婴平均胸围约40.10厘米	宝宝的胸围增长速度较头围增长速度快
运动能力	3个多月的宝宝，头能够随自己的意愿转来转去，眼睛随着头的转动而左顾右盼。大人扶着宝宝的腋下和髋部时，宝宝能够坐着。让宝宝趴在床上时，他的头已经可以稳稳当当地抬起，下颌和肩部可以离开桌面，前半身可以由两臂支撑起	抬头，就是在宝宝仰卧时，用双手抓住宝宝的两只手腕，轻轻拉起，在宝宝上身拉起的同时，宝宝的颈部撑着头，使头也跟着抬了起来
其他	宝宝的后囟和骨缝正在长合，前囟大小约1.5厘米×2.5厘米。部分宝宝开始萌出第一颗乳牙。皮下脂肪继续堆积，使小宝宝看上去肉乎乎的	

❀ 宝宝的感觉发育

4个月的宝宝对周围的事物有较大的兴趣，喜欢和别人一起玩耍。能识别自己的妈妈和面庞熟悉的人以及经常玩的玩具。

宝宝的感觉发育表	
感觉发育	标 准 值
动 作	做动作的姿势较以前熟练了，而且能够呈对称性；抱起时，他的头能稳稳地竖起来；俯卧时，能把头抬起和肩胛成90°角；手的活动范围也扩大了，宝宝的两手能在胸前握在一起，经常把手放在眼前，这只手拿那只手玩，那只手拿这只手玩，或有滋有味地看自己的手，这是4个月大宝宝动作发育的标志
听 觉	能集中注意力倾听音乐，并且对柔和动听的音乐声表示出愉快的情绪，而对强烈的声音表示出不快。听到声音能较快转头，能区分父母的声音，听见妈妈说话的声音就高兴起来，并且开始发出一些声音，似乎是对成人的回答。叫他的名字已有应答的表示，能欣赏玩具发出的声音
视 觉	3个半月的宝宝已能任意调节双眼的焦距，可以随意观察视野内的物体，不但很喜欢看附近小巧的物体，而且会很有技巧而迅速地在物体的表面从这一点仔细看到另一点，这个时期，宝宝已变得精于观察了
语 言	4个月的宝宝在语言发育和感情交流上进步较快。高兴时，他会大声笑，声音清脆悦耳。当有人与他讲话时，他会发出"咯咯"、"咕咕"的声音，好像在跟妈妈对话。此时宝宝的唾液腺正在发育，经常有口水流出嘴外，还出现把手指放在嘴里吸吮

❀ 宝宝的心理发育

3个多月的孩子喜欢从不同的角度玩自己的小手，喜欢用手触摸玩具，并且喜欢把玩具放在口里像试探着什么。能够用咕咕噜噜的语言与父母交谈，有声有色地说得还挺热闹。会听自己的声音。对妈妈显示出格外的偏爱，离不开。

此时，要多进行亲子交谈，如跟孩子说说笑笑，给孩子唱歌，或用玩具逗引，让他主动发音。

家 庭 护 理

❀ 给宝宝选择合适的枕头

宝宝长到3个月后开始学习抬头，脊柱就不再是直的了，脊柱颈段开始出现生理弯曲，同时随着躯体的发育，肩部也逐渐增宽。为了维持睡眠时的生理弯曲，保持身体舒适，就需要给宝宝用枕头了。

怎样给宝宝选择合适的枕头：

❶ 枕头的软硬度

宝宝的枕头软硬度要合适。过硬易造成扁头、偏脸等畸形，还会把枕部的一圈头发磨掉而出现枕秃；过松而大的枕头，会使月龄较小的宝宝出现窒息的危险。

小贴士

枕芯一般不易清洗，所以要定期晾晒，最好每周晒一次。而且要经常挪动枕芯内的填充物，使之保持松软、均匀。最好每年更换一次枕芯。

❷ 枕芯的选择

枕芯的质地应柔软、轻便、透气、吸湿性好，可选择灯芯草、荞麦皮、蒲绒等材料填充，也可用茶叶、绿豆皮、晚蚕沙、竹菇、菊花、决明子等填充。塑料泡沫枕芯透气性差，最好不用。

❸ 枕头的高度

宝宝的枕头过高或过低，都会影响呼吸通畅和颈部的血液循环，导致睡眠质量不佳。宝宝在3～4个月时可枕1厘米高的枕头，以后可根据宝宝不断地发育，逐渐调整枕头的高度。

❹ 枕头的大小和形状

宽度与头长相等。枕头与头部接触的位置应尽量做成与头颅后部相似的形状。

❺ 枕套的选择

枕套最好用柔软的白色或浅色棉布制作，易吸湿透气。一般推荐使用纯苎麻，它在凉爽止汗、透气散热、吸湿排湿等方面效果最好。

❀ 宝宝耳垢需要清理吗

一般情况下，只要宝宝耳朵不痛、不痒，听力好，不必人工清除耳垢。在说话、吃东西或打喷嚏时，随着下颌的活动，耳道内的片状耳垢便会慢慢松动脱落，而不知不觉地被排出。

但若发现宝宝耳垢较多，堵塞在耳道内，并影响了宝宝的听力，父母可以考虑为宝宝清理耳垢，否则堵塞的耳垢会压迫鼓膜，引起耳痛、耳鸣，甚至眩晕。一旦耳内进水，耳垢被湿化膨胀，刺激外耳道皮肤，还容易引起外耳道炎症。

如果你认为宝宝耳朵里有耳垢堆积，可以在宝宝例行体检时请医生看看。医生会告诉你问题是否严重，并通过用温热的液体冲洗宝宝的耳道，安全地清除耳垢。这种方法可使耳垢松动，并自行排出耳道。医生还可能用塑料小工具（耳匙、刮匙）清理顽固的耳垢，这样做不会造成任何伤害。如果宝宝总是耳垢过多，医生就会告诉你简单的冲洗方法，你可在家里自己为宝宝清除耳垢。

在给宝宝清理耳垢时要特别注意，不要把任何东西（包括棉签）伸到宝宝的耳道里挖耳垢，这样容易发生意外事故。耳垢会因人们的咀嚼动作和不断地说话，被移送到外耳道的外口附近，妈妈可以用棉签将其卷出来。若是比较坚硬的耳垢，可滴少许苏打水或耳垢水将其泡松，再慢慢地取出。

 小贴士

有的宝宝鼻涕多，但他不会自己擤鼻涕，妈妈为他擤鼻涕时要轻快，擤完一个鼻孔，再擤另一个鼻孔。两个鼻孔一齐擤，孩子又不会用力，容易损伤耳内鼓膜。

❀ 培养宝宝健康的睡眠习惯

宝宝在这个阶段，睡眠时间明显减少。每天的睡眠时间为14～15小时，晚上占9～10小时，妈妈给宝宝喂一次奶就可以，后半夜可以睡一个大觉。

宝宝知道白天和黑夜了，妈妈可以每天晚上让宝宝7：30～8：30之间上床，这个时间有利于宝宝入睡。

早晨可以让宝宝醒得早些，可在6：00~7：00之间。若宝宝睡过了，比平时多，妈妈可以轻揉宝宝脚心，弄醒宝宝，这样有利于宝宝建立每天的生物钟。

白天的睡眠时间可以上午1次，下午2次，每次1~2个小时。

❀ 培养宝宝的排便习惯

3个月以上的婴儿要大便时，会有一些表现，如眼发直、扭腿、小嘴用力、发出声音等。妈妈发现后，就可把大便。

6个月以后，大多孩子一天只排一次大便，就可训练孩子坐在便盆上大便，妈妈在后边扶着他。但孩子坐盆的时间不能太长，最多5分钟。如果5分钟没有排便，抱起来过一会儿再说。不要让孩子坐在便盆上玩或吃东西。他不排便也不要呵斥他。

孩子6个月以后也可以训练坐盆排小便。养成习惯后，孩子如果有尿，他会表示要排尿。

❀ 宝宝什么时候晒太阳最好

每天应安排一定的时间把宝宝抱到户外晒太阳。冬季一般以上午9~10时、下午4~5时为宜。冬季太阳比较温和，适合多在户外晒晒太阳。

带宝宝出去晒太阳要给宝宝用防晒霜。要选择没有香料、没有色素、对皮肤没有刺激的儿童专用物理防晒霜。防晒系数以15为最佳，因为防晒系数越

☕ 小贴士

有的妈妈将宝宝关在屋里，隔着玻璃晒太阳，其实，这种做法是不可取的。宝宝体内的维生素D除来自食物外，主要靠紫外线照射皮肤时体内产生而得。而玻璃能阻挡紫外线的通过，因此，晒太阳要尽量使皮肤直接与阳光接触，不要隔着玻璃晒太阳。

高，给宝宝皮肤造成的负担越重。给宝宝用防晒霜时，应在外出之前15～30分钟涂用，这样才能充分发挥防晒效果。而且在户外活动时，每隔2～3小时就要重新涂抹一次。

宝宝晒太阳时间可逐渐延长，可由十几分钟逐渐增加至1小时，最好晒一会儿到阴凉处休息一会儿。

❀ 婴儿早期肥胖怎么办

胖孩子不一定是健康的，胖孩子容易感冒，也爱长湿疹。小婴儿达到什么程度算胖呢？自出生到3个月时，体重最好只增加3千克。

母乳喂养的孩子70%不太胖，而人工喂养的孩子大约70%是胖的。

肥胖的婴儿动作缓慢，不爱活动且越不爱活动长得越胖。

胖孩子不要早站，也不要早走路，因为他太重，影响腿的发育。但要让他多运动，特别是腿部运动。

❶ 将小婴儿仰卧，哄他做踢腿的动作和游戏。

❷ 要逗引孩子多爬，因为肚子胖，他可能不喜欢爬，但要做各种游戏帮他学爬。

❸ 经常让婴儿翻身。

❹ 坚持做日光浴和空气浴。

❺ 扶孩子腋下立着抱，将腿放在大人膝上，让他在膝上跳，锻炼双腿。

❻ 做游戏的时候不包尿布，使他有轻松感，更喜欢游戏和锻炼。

科 学 喂 养

❀ 准备为宝宝添加辅食

4个月的宝宝除了吃奶以外，要逐渐增加半流质的食物，为以后吃固体食物作准备。如果妈妈发觉宝宝体重不再增加，吃完奶后还意犹未尽，这可能就是该添加固体食物的时候了。

4~6个月的宝宝在行为上和生理上，会发出准备学习进食技巧的信号。在这个阶段可添加辅食，这标志着宝宝的成长迈上一个新台阶。接触新的口感和味道之时，刺激宝宝学习在嘴里移动食物。

通常宝宝在出生4~6个月后要添加辅食，那是因为宝宝在4~6个月大的时候，唾液分泌和胃肠道消化酶的分泌明显多了，消化能力比以前强，胃容量也日渐增大，有能力消化吸收奶以外的其他食品。

另外，尽管母乳、牛奶等乳制品仍是这个年龄宝宝的最佳食物，但它们所含的营养素已不能完全满足宝宝生长发育的需要，因此，父母要在宝宝4~6个月大的时候，开始给他添加乳制品外的辅食。

❀ 添加辅食的原则

❶ 由一种到多种的原则。开始时不要几种食物一起加，应先试加一种，让宝宝从口感到胃肠道功能都逐渐适应后再加第二种。如宝宝拒绝食入就不要勉强，可过一天再试，三五次后婴儿一般就接受了。

❷ 由少到多的原则。添加辅食应从少量开始，待婴儿愿意接受，大便也正常后，才可再增加量。如果婴儿出现大便异常，应暂停辅食，待大便正常后，再以原量或小量开始试喂。

❸ 由稀到稠的原则。食品应从汁到泥，

由果蔬类到肉类。如从果蔬汁到果蔬泥再到碎菜碎果，由米汤到稀粥再到稠粥。

④ 应使用小匙添加，而不要放在奶瓶中吸吮，这样也为孩子断奶以后的进食打下良好的基础。

⑤ 孩子患病时，应暂缓添加，以免加重其胃肠道的负担。

⑥ 喂辅食时，要锻炼孩子逐步适应使用餐具，为以后独立使用餐具做好准备。一般6个月的婴儿就可以自己拿勺往嘴里放，7个月就可以用杯子或碗喝水了。

⑦ 家长在喂婴儿辅食时，要有耐心，还要想办法让孩子对食物产生兴趣。

⑧ 最好给孩子添加专门为其制作的食品，即不要只是简单地把大人的饭做得软烂一些给宝宝食用。因为孩子的肝脏、肾脏还很娇嫩，功能还没有发育完善，咀嚼、吞咽功能也不够强。他们的食物以尽量少加盐，甚至不加盐为原则，以免增加孩子肝、肾的负担。给孩子的食物颗粒尽量小，以免噎住或卡住喉咙。

❀ 添加辅食的顺序

月　　龄	添加的辅食	供给的营养素
1～3个月	鲜果汁 青菜水 鱼肝油制剂	维生素A、维生素C、维生素D和矿物质
4～6个月	米糊、乳儿糕、宝宝乐、烂粥、蛋黄、鱼泥、豆腐、动物血、菜泥、水果泥	补充热量、动植物蛋白质、维生素、矿物质
7～9个月	烂糊面、烤馒头片、饼干、鱼、蛋、肝泥、肉末	增加热能，训练咀嚼，动物蛋白质、铁、锌、维生素A、B族维生素
10～12个月	稠粥、软饭、面包、馒头、挂面、碎菜、碎肉、油、豆制品	热能、B族维生素、矿物质、蛋白质、纤维素

❀ 要有给宝宝补铁的意识

　　这个时期应该有意识地给宝宝补铁了。因为宝宝从母体中得到的铁只能供宝宝出生后的4个月使用，4个月之后，宝宝体内的铁储备已消耗完，而母乳或牛奶中的铁又不能满足宝宝的需求，此时如果不添加含铁食物，宝宝就容易患小球性贫血。

　　补铁切不可盲目乱补，要掌握合理的补铁方法才不至于影响宝宝的健康：

❶ 及时、合理添加辅食。宝宝长到3个

月之后，对营养、能量的需要增加了，乳制品已不能满足其生长发育的需要，应合理添加辅食。4个月开始添加辅食是最适当的时机，蛋黄就含有丰富的铁。5个月以上鱼泥、菜泥、米粉、豆腐、烂粥等含铁丰富的辅食可以逐渐增加。

❷ 注意铁的吸收率。食物中的铁分为两种，一种是吸收率高的血红素铁，存在于动物性食物中；另一种是非血红素铁，存在于植物性食物中，吸收率低。为了补铁，应选择动物性辅食如瘦肉、肝脏、鱼类中含的铁吸收率在10%～20%，而米、面等食物中铁的

吸收率只有1%～3%，但大豆中铁含量高，吸收率也较高。

❸ 补充维生素C以促进铁的吸收。吃补铁食品时要注意同时补充含维生素C高的新鲜水果和蔬菜，如猕猴桃、柑橘、新鲜菜泥等，有促进铁的吸收的作用。

✿ 如何给宝宝添加蛋黄

　　3～4个月的孩子应该添加含铁较丰富，又能被婴儿消化吸收的食品，鸡蛋黄是最适合的食品之一。开始时将鸡蛋煮熟，取1/4蛋黄用开水或米汤调成糊状，用小匙喂，以锻炼婴儿用匙进食的能力。婴儿食后无腹泻等不适后，再逐渐增加蛋黄的量，半岁后便可食用整个蛋黄了。

　　人工喂养的婴儿，最好在第2个月开始加蛋黄，可将1/8个蛋黄加少许牛

奶调为糊状，然后将一天的奶量倒入调好的糊中，搅拌均匀。煮沸后，再用文火煮5～10分钟，分次给孩子食用。如婴儿无不良反应，可逐渐增加一些蛋黄的量，直至加到1个蛋黄为止。应当注意的是，奶煮熟后放凉，要存入冰箱中，每次食用时都要煮开，以免孩子食入变质的牛奶引起不良的后果。另外，不要随意增加蛋黄的食用量。

> 💭 **小贴士**
>
> 　　宝宝贫血多为营养性的，容易通过饮食营养来预防和治疗，中度以上的贫血在用药物治疗的同时也要配合饮食治疗，重度贫血需要药物治疗时应在医生指导下进行。

❋ 本月宝宝推荐辅食

蛋黄泥

取鸡蛋放入冷水中微火煮沸，剥去壳，取出蛋黄，加开水少许用汤匙捣烂调成糊状即可。把蛋黄泥混入牛奶、米汤、菜水中调和喂吃。

猪肝泥

将生猪肝去筋切成碎末，加少许酱油泡一会儿。在锅中放少量水煮开，将肝末放入煮5分钟即可（还可用油炒熟）。混入牛奶、菜水、米汤内调和喂吃。

菜泥

蔬菜种类很多，可交替给孩子食用。如胡萝卜、土豆、白薯等，可将它们洗净后，用锅蒸熟或用水煮软，碾成细泥状喂婴儿。菜类可选用白菜心、油菜、菠菜等，把菜洗净后，切成细末，再用少许植物油炒熟即可食用。

应该注意的是，菠菜中含草酸较多，草酸容易与钙质结合形成草酸钙，不能被人体所吸收。所以在制作菠菜时，要先将洗净的菠菜用水烫一下，再放入冷水中浸泡15分钟，切成细末，放在炉火上继续煮2～3分钟才可食用。这样便可去掉菠菜中大部分草酸，减少草酸与人体中钙的结合。

不论给孩子食用何种蔬菜，都要注意既要新鲜，又要多样。初始时要少量，从一小匙开始，逐渐增多，同时注意观察孩子身体是否适应，如出现呕吐和腹泻的情况，要立即停止食用，找出原因。

在各种蔬菜中，胡萝卜是小儿最理想的食物，胡萝卜营养丰富，是合成人体内维生素A的主要来源。要知道，人体如果缺了维生素A，眼睛发育会出现障碍，易患夜盲症并伴有皮肤粗糙等病变。

❋ 宝宝辅食黑名单

❶ **蛋清**：鸡蛋清中的蛋白分子较小，有时能通过肠壁直接进入婴儿血液中，使婴儿机体对异体蛋白分子产生过敏反应，导致湿疹、荨麻疹等疾病。蛋清要等到宝宝满1岁才能食用。

❷ **有毛的水果**：表面有茸毛的水果中含有大量的大分子物质，婴幼儿肠胃透

析能力差，无法消化这些物质，很容易造成过敏反应，如水蜜桃、杏等。

❸ **矿泉水**：宝宝消化系统发育尚不完全，过滤功能差，矿泉水中矿物质含量过高，容易造成渗透压增高，增加肾脏负担。

❹ **含有大量草酸的蔬菜**：菠菜、韭菜、苋菜等蔬菜含有大量草酸，在人体内不易吸收，并且会影响食物中钙的吸收，可导致儿童骨骼、牙齿发育不良。

❺ **豆类**：豆类含有能致甲状腺肿的因子，宝宝处于生长发育时期更易受损害。此外，豆类较难煮熟透，容易引起过敏和中毒反应。

❻ **零食**：在宝宝添加辅食的初级阶段，不应该给宝宝吃零食，特别是含有添加剂及色素的零食。

智能提升

✿ 给宝宝选择合适的玩具

玩具是宝宝的玩具，一定要宝宝喜欢才行。宝宝的智力发育、性格、兴趣爱好不同，喜爱的玩具也不同。以下仅供做一般性参考。

新生儿：八音盒，会动、带响声的玩具；

3个月：颜色鲜艳，能发声的玩具；

4个月：用手捏时，便会发出响声、

 小贴士

给宝宝选择玩具要注意：色彩要鲜艳，色块大，不乱；无毒、无污染；玩具上尽量少有小装饰物，如果玩具上有眼睛，应是不易摘下来的那种；易于清洗、消毒。

会叫的塑料玩具；

5个月：让宝宝能抓在手里的玩具；

6个月：长毛绒玩具，宝宝能拿住即可，不要太大；

8个月：图片，镜子；

10个月：积木，简单的插接玩具；

12个月：拖拉玩具；

13个月：汽车，球；

24个月：玩水和玩沙土的玩具，画画用的文具；

24～26个月：模仿玩具。

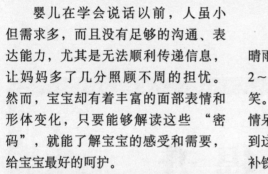

❀ 读懂宝宝的形体语言

婴儿在学会说话以前，人虽小但需求多，而且没有足够的沟通、表达能力，尤其是无法顺利传递信息，让妈妈多了几分照顾不周的担忧。然而，宝宝却有着丰富的面部表情和形体变化，只要能够解读这些"密码"，就能了解宝宝的感受和需要，给宝宝最好的呵护。

表情：懒洋洋。解读：我吃饱了。

妈妈最怕宝宝饿着，但过量喂食显然也不是好事。怎么才能判断宝宝已经吃饱了呢？其实也很简单。当宝宝把奶头或奶瓶推开，头转一边，一副浑身松弛的样子，多半已经吃饱，不要再勉强宝宝吃。

动作：喊叫。解读：烦恼。

不到1岁的宝宝，在嘈杂的环境中很容易受到干扰，但苦于口不能言，只好用尖叫、哭闹表达自己的烦恼。家人可以带宝宝去安静的地方散步，或是给点好玩的东西让宝宝安静下来。同时，也要做好榜样，再怎么烦恼和生气也不要在家里高声喧哗、吵闹，宝宝的学习能力可是惊人的哟。

表情：严肃。解读：缺铁。

宝宝的笑脸，是营养均衡状态的晴雨表。从发育进程看，一般在出生后2～3个月便能在父母的逗引下露出微笑。有些宝宝笑得很少，小脸严肃，表情呆板，多半因体内缺铁造成。如果遇到这种情况，最好连续一个星期给宝宝补铁，很快，宝宝严肃的表情会逐步消失，代之以灿烂的笑容。

表情：笑。解读：兴奋、愉快。

当宝宝感觉舒适、安全的时候，就会露出笑容，同时还会双眼发光，兴奋卖力地舞动小手和小脚。这表示很开心，是妈妈最愿意看到的表情，也是最容易读懂的表情。这个时候，不要吝啬自己的笑容，充满爱心的回应，会让宝宝更安心，笑得更灿烂。

表情：爱答不理。解读：我想睡觉。

玩着玩着，宝宝的眼神变得发散，不像刚开始那么灵活而有神，对外界的反应也不太专注，还时不时打哈欠，头转向一边，不太理睬妈妈，这表示困了。这时就不要再逗宝宝玩，要给宝宝安静而舒适的睡眠环境。

表情：瘪嘴。解读：有了需求。

宝宝瘪起小嘴，好像受了委屈，这是要开哭的先兆。有经验的父母会知道宝宝是用这种方式来表达要求，至于宝宝是饿了要吃奶，或尿布湿了要人换，或寂寞了要人逗，得根据具体情况来判断。

表情：小脸通红。解读：大便前兆。

判断宝宝大便的时机，可减少父母的工作量。如果看到宝宝先是眉筋突暴，然后脸部发红，而且目光发呆，是明显的内急反应，赶紧准备给宝宝排大便。

表情：吮手指、吐气泡。解读：别理我。

多数宝宝在吃饱、穿暖、尿布干净而没有睡意的时候，会自得其乐地玩弄自己的嘴唇、舌头，比方说吮手指、吐气泡什么的。也许这时宝宝更愿意独自玩耍，不愿意别人打扰。

动作：乱咬东西。解读：长牙难受。

宝宝到了长牙期，会把乱七八糟的东西塞进嘴巴，乱咬乱啃，不给就闹。长牙那种又痒又痛的感觉很难忍受，抓到什么咬什么，是宝宝逃避难受的方式。千万别把玻璃制品之类或锋利的器具放在宝宝的手边，避免伤害宝宝。可以给宝宝吃一些饼干，这些食品可以帮助宝宝长牙，也很安全。

表情：眼神无光。解读：疾病先兆。

健康的宝宝眼神总是明亮有神、转动自如的。若发现宝宝眼神黯然呆滞、无光少神，很可能是身体不适的征兆，也许已患病。最好带宝宝去医院看看，千万不要迟疑。

表情：撅嘴、咧嘴。解读：要排尿。

每次小便之前，宝宝通常会出现咧嘴或是上唇紧含下唇的表情。出现这种表情的时候，最好把一把小便，或检查尿布是不是应该换了。

动作：吮吸。解读：饿了。

喂哺过一段时间以后，宝宝小脸转向妈妈，小手抓住妈妈不放。用手指一碰面颊或嘴角，便马上把头转过来，张开小嘴做出寻找食物的样子，嘴里还做着吸吮的动作，这说明宝宝饿了，赶紧给宝宝喂吃的吧。

❀ 教宝宝听音找物

婴儿想做游戏、想玩时，是进步的最佳时机。只要时机成熟，每个婴儿都会踏上成长的这一步。和宝宝做游戏时，最重要的是玩宝宝想玩的游戏。同一种游戏玩过几次后，视宝宝的能力提高游戏的难度。

❶ 呼喊名字：4个月时，宝宝能分辨不同声音，听得出身旁人的声音，能分辨出爸爸、妈妈或录音机中自己的声音。对妈妈的声音尤其敏感，只要妈妈一出声，头就会转向声音的方向。这时候，可在宝宝看不到的地方发出声音，通过玩寻找声音来源的游戏，训练听力。婴儿听见

自己的名字时，要比听见其他声音要敏感，除了在身边叫宝宝的名字外，还可以在远一点的地方叫，训练宝宝的自我意识。

❷ 看镜子：婴儿已经懂得镜子中的人是自己。妈妈可以拉着宝宝的小手摸镜子，一边说："咦，什么都没有，这是镜子啊。"用镜子跟宝宝玩捉迷藏，或拉着小手、小脚摇晃，可以增进宝宝的自我意识。

❸ 声音在哪里：让宝宝听闹钟、门铃、电话、电视机等声音，并且找声音的来源。妈妈要边找边说："咦，

那是什么声音？"找到以后要告诉宝宝"这是电话"。

游戏：拨浪鼓，咚咚咚

拿一个拨浪鼓，在距离婴儿前方30厘米处摇动，当婴儿注意到鼓响时，对他说："宝宝，看拨浪鼓在这儿。"让宝宝的眼睛盯着鼓，张开手想抓鼓。休息片刻，在宝宝的后方，让他看不到你的脸，拿这个拨浪鼓摇动，稍停一会儿再问："拨浪鼓在哪里呢?"再分别将拨浪鼓慢慢移到婴儿能看到的左、右方摇动。

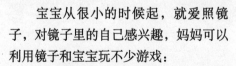

❈ 带宝宝到室外交小朋友

宝宝4个月了，爸爸妈妈应经常把婴儿抱到室外，让宝宝观看其他小朋友玩耍。天气过冷或过热不宜外出时，可抱着宝宝到有婴儿的邻居家串门儿，或请邻居的小孩儿来家里玩儿。婴儿看其

他小朋友玩耍时，父母应不断地和他说话："看，这是小哥哥(小姐姐)，他们在踢球（跳皮筋）玩呢。"这样会尽早地让宝宝接触到与他年龄相近的小朋友，可促进其良好的同伴关系的发展。

❈ 对着镜子做游戏

宝宝从很小的时候起，就爱照镜子，对镜子里的自己感兴趣，妈妈可以利用镜子和宝宝玩不少游戏：

❶ 首先是从镜子里让宝宝认识自己，唤起自我意识。宝宝4～5个月时妈妈就可以给宝宝照镜子，一边指点着宝宝本人和镜子里的宝宝说"这是宝宝"，也让宝宝认识妈妈和镜子里的妈妈，反复教宝宝这样玩，宝宝就能

逐渐认识自己。

❷ 从镜子里认识自己身体的各部分。7～8个月起可以做这个游戏，妈妈抱着宝宝坐在大镜子前，点点宝宝的鼻子，再指指镜子中的小鼻子说"这是宝宝的鼻子"，还可以把着宝宝的小手去摸自己的鼻子，再摸妈妈的鼻子。通过游戏反复这样做，宝宝就能认识自己的鼻子和别人的鼻子，听到

"鼻子在哪里"的问话，就会去指自己的鼻子。这样下去再认识眼睛、耳朵、嘴巴、头发、小手、小脚等，慢慢地就能认识身体各部分。玩的时候可以编一个简短儿歌配合着念，也可以做不同的动作如眨一眨眼睛、拉一拉小耳朵、张一张小嘴巴、拍拍小手等。

❸ 宝宝会爬、会坐后，就可与宝宝玩爬过枕头和被子搭成的小山，爬到镜子前。可以在镜子前玩拍气球、塑料球，看它上下飘动，会十分有趣。宝宝穿了新衣服、戴了顶新帽子，也可抱到镜前玩一会儿，做脱、穿、戴的动作。

对镜游戏既能帮助宝宝增强自我意识，区分他人、他物，进一步认识周围事物，又能锻炼宝宝身躯、四肢的活动和协调能力。

❀ 看彩色的图画认识事物

当孩子视觉发展以后，彩色图片对他有足够的吸引力，妈妈可以通过图片教他认识事物。开始时可将孩子抱在怀里给他看一些简单的画。这些画色彩要简单明快，画中的物要大而清楚，比如画上只是一只猫、一条鱼、一个杯子。

在看图片时，妈妈要告诉孩子图片上东西的名称，告诉他图片上主要的颜色，并可就图片的内容编个儿歌、小故事说给孩子听。如果是小动物，就学着动物的声音叫几声，"小猫喵喵喵"，"小狗汪汪汪"，"小鸭嘎嘎嘎"，增加游戏的乐趣。也可讲解图片，"小猴吃桃，猴子最爱吃水果，小猴淘气，爱上树"等。不要担心孩子听不懂，慢慢他会明白的。

妈妈跟孩子一起看图可教会他不少东西，图片中的内容可由简单到复杂，一张图片中可有多种物品和动物，帮助孩子认识世界。看画也是训练语言发展的手段，妈妈边看边说，让孩子听着各种不同的声音，他也慢慢学着发声。家长应了解，小婴儿注意力集中时间很短，孩子显得不爱玩了，不要勉强。

❊ 宝宝哭泣时抱一抱

婴儿哭泣的时候，最好要抱一抱，因为宝宝的哭泣就是在向妈妈传达自己的需求。这个时候，如果因为喂奶的时间还没到，有的妈妈觉得让宝宝哭一下，可以培养宝宝的独立性，过一会儿宝宝就不哭了。这样一来，宝宝会不知道用什么方法来向外界传递自己的心情，也无法学习忍耐，容易形成自闭的性格。

婴儿哭的时候抱一抱，具有非常的意义。婴儿会因为立刻被抱起来而感受到妈妈的爱，同时享受心灵的滋润。婴儿会因为立刻被抱起来，而使得对呼吸有帮助的特定反射神经进行作用，因此呼吸起来会更顺畅。这两项都与语言的发展有密不可分的关系。

婴幼儿大脑发育不够完善，当受到惊吓、委屈或不满意时，就会哭。

哭，可以使宝宝内心中的不良情绪发泄出去，通过哭，能调整人的情感，因此，哭是对宝宝健康有益的。

有的父母在宝宝哭的时候，强行制止，或者对宝宝进行恐吓，让宝宝愣生生地把哭憋回去，这样做会使宝宝的精神受到压抑，心情憋闷。长期下去，会造成精神委靡不振，影响到健康。

宝宝哭时，最好顺其自然。宝宝哭过以后，情绪就能稳定，很快就能嬉笑如常。俗话说："婴儿脸，六月天"，就是指宝宝情绪变化调整快的意思。

❊ 亲子游戏推荐

◎ 抓一个

将各种玩具放在桌子上，妈妈抱孩子看，然后让他伸手去抓，抓到什么妈妈就说这个玩具的名字，然后跟他一起玩这个玩具。

目的：训练手抓能力与手眼协调。

◎ 节奏感训练

放一曲轻柔舒缓的音乐，妈妈把孩子抱在怀里，嘴里哼着，按节拍迈着舞步前后旋转。

目的：发展听觉和节奏感。

◎ 外面真奇妙

把宝宝抱到户外，让他看眼前的景物，妈妈反复地跟他说话，讲周围的事物，每次2～3分钟。

目的：发展视觉，开阔眼界。

◎ 看口型

妈妈向孩子发出"啊"、"喔"的声音，并让孩子看到妈妈的口型，孩子有时也会模仿，做出相应的口型，逐渐发出声音。

目的：促进语言发展。

◎ 藏猫猫，找声源

妈妈将自己藏在窗帘后面，大声说："妈妈哪儿去了?妈妈不见了。"让婴儿顺妈妈的声音寻找。妈妈藏的时间不要太长，否则婴儿就会不安、啼哭。

目的：锻炼寻找声源能力。

疾病防治

❋ 预防上呼吸道感染

上呼吸道感染的概念几乎包括鼻腔、咽喉与鼻腔间的通道以及两条通向肺脏的主要通道(支气管)所受到感染的任何传染性疾病。病毒或细菌可能引起这类感染，也就是我们常说的感冒。

任何年龄都可能感染此病。3个月以下的婴儿感染率较低，3～6个月之间比率上升。开始学步的宝宝、学龄前的宝宝发病率较高。在5岁时，呼吸道感染率较低。与大些的宝宝相比，婴儿和小孩对呼吸道感染的反应更强烈。症状包括：

❶ 发烧，体温达39.4℃～40.5℃，这常常被看作是感染的第一体征，感染较轻也这样。

❷ 倦怠并烦躁，或者是欣快并活动过强。

❸ 呕吐。

❹ 腹泻，通常不厉害，但也可能变得严重。

❺ 鼻内肿胀引起鼻塞，会影响呼吸和进食。

❻ 流清鼻涕或浓鼻涕。

❼ 咳嗽。

❽ 咽喉疼痛。

如果宝宝有了上呼吸道感染症状，当他睡觉时，在他的卧室里，使用一个冷雾加湿器。洗澡间里的淋浴器喷出的暖雾也能奏效。多给他喝些水，这样就不会脱水了。在把他放进小床之前，把床头抬高，这样的状态最适合他呼吸。如果儿科医生说可以，就使用一些非处方的药物。如布洛芬或扑热息痛。如果宝宝呼吸困难，同时还要吃奶，可以用球形注入器或含盐滴鼻液清洗鼻中分泌物。

预防的要点：

❶ 注意营养，坚持母乳喂养。

❷ 加强锻炼，经常进行户外活动。

❸ 保持室内空气新鲜，尽量避免接触患有呼吸道感染的病人。

❹ 按计划免疫程序及时进行预防接种。

❺ 发现早期肺炎症状，应及时治疗，防止病情加重。

✿ 宝宝咳嗽不能乱吃药

咳嗽是人体自身的一种保护性反射，可以将呼吸道内的病菌和痰液咳出体外，有清洁呼吸道并保持呼吸道通畅的作用，3岁以下的宝宝咳嗽反射能力比较弱，痰不易咳出，吃药会阻止痰液咳出，继而发生细菌感染，引起其他疾病的发生。

不同的疾病引起咳嗽的声音是不同的，妈妈可以听咳嗽声音判断宝宝是什么病：

普通感冒	咳嗽时有稀白痰，低热、打喷嚏、流涕、鼻塞等
流　感	有时干咳有时有痰，流涕，高热，有干、湿音
喉　炎	声音沙哑，咳嗽有孔声
哮　喘	咳嗽时有气喘，多为夜间，遇到冷空气、运动、花粉会加重
支气管炎	初干咳，少痰，后期痰多，早上起来易咳嗽等
百日咳	初期与感冒很难区别，1周后出现阵发性痉挛咳嗽，伴有鸡鸣样回音
肺　炎	阵发性咳嗽、气急、精神状态不好，发热、呕吐等

宝宝早上起来咳嗽几声妈妈不要太紧张，可以将宝宝翻身或用手轻轻拍宝宝的背，有利于痰液咳出，清理干净。

如果宝宝咳嗽时，还有其他明显症状，如发热、有痰、血常规检查白细胞增多等症状，妈妈应该在医生指导下给宝宝用药。生病期间，宝宝需要多喝水、多休息，不要出去见凉风。

✿ 宝宝添加辅食后预防腹泻

宝宝消化功能不成熟，发育又快，所需的热量和营养物质多，一旦喂养不当，就容易造成腹泻，俗称拉肚子。特别是一直适应吃母乳或配方奶的宝宝，突然进食奶之外的食物，特别容易出现腹泻的症状。

宝宝腹泻的预防措施：

❶ 注意饮食卫生：食品应新鲜、清洁，凡变质的食物均不可喂养宝宝，食具也必须注意消毒。

❷ 添加辅食应掌握正确的顺序与原则：前文已经重点提到，妈妈可做参考。

❸ 增强体质：平时应加强户外活动，提高对自然环境的适应能力，注意宝宝体格锻炼，增强体质，提高机体抵抗力，避免感染各种疾病。

❹ 避免不良刺激：宝宝日常生活中应防止过度疲劳、惊吓或精神过度紧张。

❺ 夏季卫生及护理：宝宝的衣着，应随气温的升降而减增，避免过热，夜晚睡觉要避免腹部受凉。夏季应多喂水，避免饮食过量或食用脂肪多的食

物。经常进行温水浴。

⑥合理应用抗生素：避免长期滥用广谱

抗生素，以免肠道菌群失调，招致耐药菌繁殖引起肠炎。

 小贴士

如果宝宝还不到3个月，他一拉肚子就要立刻带他去看医生。如果宝宝已经过了3个月，在拉肚子的同时还有下列情况时才需要去医院：

❶大便为稀水样便或蛋花汤样，每次量较多，且一天为十几次。

❷呕吐。

❸有脱水迹象，比如嘴唇干燥，6～8小时甚至更长时间内无尿。

❹大便带血或有黑便。

❺发高烧，体温在38℃以上。

❻不愿意吃东西。

❀ 小儿生理性腹泻的护理

生理性腹泻主要有如下两方面的异常表现：

一是排便次数，轻者每天4～6次，重者达每天10次以上。

二是大便的性状，稀便、蛋花汤样便、水样便、黏液便或黏脓血便，并且患儿常伴有呕吐、发热、烦躁不安、精神不安等症状。

一旦宝宝得了生理性腹泻，护理上的要点为：

❶腹泻的宝宝首先应卧床休息，勤洗臀部，防止臀红，注意个人卫生和环境卫生，防止交叉感染。

❷腹泻的宝宝因大量丢失水分，需遵医嘱喝一些口服补液盐。如果喝后呕吐，可停10分钟后再喂服；如果宝宝出现眼睑水肿，就要停用口服补液盐，改用白开水，不要喝饮料

或糖水。这样既可以预防脱水，又可以纠正轻、中度脱水。

❸腹泻大多存在营养障碍问题，喂母乳的宝宝腹泻后，还要继续母乳喂养；人工喂养者，要合理调整饮食，6个月以上的宝宝，可喂食稠粥、面条，加些熟植物油、蔬菜、肉末、鱼末，但量要从少到多，适应一种食品后再加另一种。

小贴士

宝宝腹泻时不要乱用抗生素，应在医生的指导下，按时喂各种药物。如果经过以上治疗和护理后，患儿腹泻次数增加、频繁呕吐、不能正常饮食、发热等，应送往医院诊治。

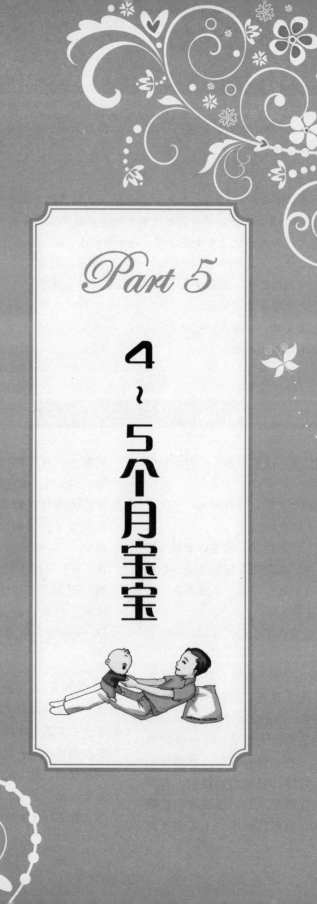

Part 5

4～5个月宝宝

生 长 发 育

❀ 宝宝的生理发育

这个月宝宝的身长、体重等的增长速度也渐渐较出生的前3个月缓慢下来。

宝宝的生理发育表		
生理发育	标 准 值	备　注
体　重	男婴的平均体重为7.8千克（6.1～9.5千克） 女婴的平均体重为7.2千克（5.6～8.8千克）	这个月的宝宝体重比上月平均增重400克，平均每天增重15克
身　长	男婴的平均身长为66.3厘米（59.7～69.3厘米） 女婴的平均身长为64.8厘米（60.4～69.2厘米） 坐高：男婴约42.72厘米，女婴约41.56厘米	这个月的宝宝较上个月平均增长1.7～1.8厘米
头　围	男婴平均头围约42.30厘米 女婴平均头围约41.20厘米	较上个月平均增长0.6～0.8厘米
胸　围	男婴平均胸围约42.68厘米 女婴平均胸围约41.60厘米	较上个月平均增长0.7～0.88厘米
牙　齿	有的宝宝已长出1～2颗门牙	
睡　眠	宝宝睡眠时间每日在16～17个小时，白天睡3觉，每次睡2.0～2.5小时，夜间睡10个小时左右	
其　他	5个月宝宝的前囟仍然没有闭合，少数宝宝开始长出下门牙，宝宝的皮下脂肪增多，正常宝宝的腹部脂肪厚度在1厘米以上	此期宝宝的体形更加丰满、匀称和健壮，头部在全身所占的比例缓慢下降

❀ 宝宝的感觉发育

宝宝的感觉发育表	
感觉发育	标 准 值
动 作	5个月的宝宝体重已是出生时的2倍。口水流得更多了，在微笑时垂涎不断。如果让他仰卧在床上，他可以自如地变为俯卧位。坐位时背挺得很直。当大人扶助宝宝站立时，能直立。在床上处于俯卧位时很想往前爬，但由于腹部还不能抬高，所以爬行受到一定限制 5个月的宝宝会用一只手够自己想要的玩具，并能抓住玩具，但准确度还不够，往往一个动作需反复好几次。洗澡时很听话，并且还会打水玩 5个月的宝宝有个特点，就是不厌其烦地重复某一动作，经常故意把手中的东西扔在地上，捡起来又扔，可重复20多次。他还常把一件物体拉到身边，推开，再拉回，反复动作
视 觉	从宝宝的眼光里，已流露出见到父母时的亲密神情。如给宝宝做鬼脸，他就会哭；逗他、跟他讲话，他不但会高兴得笑出声来，还会等待着下一个动作。这个时期，宝宝揣度对方的想法、动作的智慧发达起来了。发育早的宝宝已开始认人
听 觉	5个月宝宝的听觉已很发达，对悦耳的声音和嘈杂的刺激已能做出不同反应。妈妈轻声地跟他讲话，他就会显出高兴的神态

❀ 宝宝的心理发育

5个多月的宝宝睡眠明显减少了，玩的时候多了。如果大人用双手扶着宝宝的腋下，宝宝就能站直了，放下时能独立坐一会儿。大部分宝宝会熟练翻身，扶着双手站立时，能将臀和膝关节略微弯曲，做蹬跳动作。宝宝会很熟练地将东西从一手传到另一手，伸手的动作明显增多，只要在眼前的东西，不管是什么伸手就一把去抓，有时两手同时抓，还会把物体从一只手换到另一只手玩弄。并有目地向前移动身体抓取他要但够不到的东西。

这时候的宝宝，情绪变化特别快，刚才还哭得极其投入，转眼间又笑得忘乎所以。高兴时，能发出欢叫声、尖叫声，当哭叫时，会发出"m、m、m"的声音。

宝宝的心智已经有了明显的发展。他会向陌生人表示礼貌和友好的微笑，他不再以单一的哭泣方式来表达自己的不满，而是会以撅嘴或扔东西等方式来发泄。对于镜中的自己，他会用自己的小手去拍打，还会用手指向窗外，来向大人表示他想到外面玩耍的意愿。

家 庭 护 理

❀ 如何给宝宝吹风扇和空调

夏天比较闷热，使用电风扇或空调可以散热、通风，以达到凉爽、舒适的目的。由于年龄小的孩子体温调节中枢尚不完善，所以婴儿既怕热也怕冷。给宝宝吹电扇或用空调一定要注意方法。

正常使用电扇、空调的方法：

❶ 电风扇要安置在离宝宝远一些的地方，千万不能直接对着宝宝吹，应选择适当的地方放置风扇，使空气流通，室温降低，并达到散热的目的。

❷ 给宝宝吹风扇的时间不能太长，风量也不能太大。

❸ 在宝宝吃饭睡觉时绝对不能直接对着风扇吹。

❹ 如果使用空调，则空调的温度不要调得太低，以室温26℃为宜；室内外温差不宜过大，比室外低3℃~5℃为佳。另外，夜间气温低，应及时调整空调温度。

❺ 由于空调房间内的空气较干燥，应及时给宝宝补充水分，并加强对干燥皮肤的护理。

❻ 每天至少为宝宝测量一次体温。

❼ 定时给房间通风，至少早晚各一次，每次10~20分钟。大人应避免在室内吸烟。如宝宝是过敏体质或呼吸系统有问题，可在室内装空气净化机，以改善空气质量。

❽ 空调的除湿功能要充分利用，它不会使室温降得过低，又可使人感到很舒适。

❾ 出入空调房，要随时给宝宝增减衣服。

❿ 不要让宝宝整天都待在空调房间里，每天清晨和黄昏室外气温较低时，最好带宝宝到户外活动，可让宝宝呼吸新鲜空气，进行日光浴，加强身体的适应能力。

❋ 夏天宝宝能睡凉席吗

小宝宝是否可以睡凉席，妈妈应视当地的气候和宝宝体质状况灵活掌握。如果宝宝睡凉席后出现腹泻、肠胃不适等症状，就不要让宝宝睡在凉席上了。另外，不管天气有多热，晚上睡觉都要记得帮宝宝盖好小肚子。

如果天气太热，妈妈可以让宝宝睡凉席，只是需要注意以下几个原则：

❶ 竹席或麻将席太凉了，不太适合宝宝使用。如果要使用，最好在上面垫一层棉布薄被单或毛巾。草席质地较柔软，但容易生螨虫，其本身也是过敏源，也不适合宝宝使用。亚麻、竹棉或麦秸等凉席，质地松软，吸水性能较好，易清洗，且凉爽程度适中，比较适合宝宝使用。

❷ 使用前应查看一下凉席表面是不是光滑无刺，如果有刺，应把席子表面用纱布包好，以防划伤宝宝的皮肤，纱布要经常换洗。

❸ 要注意凉席的清洁卫生。使用前一定要用开水擦洗凉席，然后放在阳光下暴晒，以防宝宝皮肤过敏。凉席被尿湿后要及时清洗，保持干燥。如果宝宝出现皮肤过敏现象，要立即弃用凉席，必要时找医生诊治。

❹ 天气转凉后，要及时撤掉凉席，以免宝宝受凉。

❋ 宝宝可以看电视吗

很多人对宝宝看电视这一观点持反对意见，怕对宝宝的视力有不良影响。其实只要方法正确，是可以适当地让宝宝看看电视的，而且看电视还是有很多好处的，可以发展宝宝的感知能力，培养注意力，防止怯生。5个月时，宝宝已有了一定的专注力，而且对图像、声音特别感兴趣，这时，不妨让宝宝看看电视。

宝宝看电视须注意：

距离：妈妈把宝宝抱到距离电视约2米远的地方，以保护宝宝视力。

时间：每天在固定的时间内让宝宝看电视，让宝宝看上4～5分钟电视，最多不要超过10分钟。看的同时，妈妈可用简单的语言对宝宝解释电视画面的内容。

音量：每次看电视可选择1～2个内

 小贴士

等到宝宝慢慢长大，可能会比较迷恋电视节目，妈妈要从小就养成宝宝定时定位看电视的好习惯，不要一味迁就宝宝或把电视当保姆，这对宝宝的生长发育是非常有影响的。

容，声音不应过大，不应过于强烈，以使宝宝产生愉快情绪，而且不疲劳。

节目：有选择性地让宝宝看一些电视节目，比如《七巧板》、《动画城》、《动物世界》等。宝宝也许对这些内容不理解，但是丰富的色彩、活泼的形象却极易吸引宝宝的注意，有的宝宝很容易表现出极强的专注力。不要让宝宝看战斗、恐怖电视，以免影响宝宝的心理与情绪。

❀ 防止宝宝吞食异物

父母要当心微小物品对宝宝的伤害，因为，这类小东西放进嘴里后，极易掉进气管而出现堵塞乃至窒息，从而导致小儿脑缺氧、脑细胞破坏，甚至死亡。

要特别留心的异物有：

❶ 地面上是否掉有小物品，如扣子、大头针、曲别针、手表电池、气球、豆粒、糖丸、硬币等。

❷ 当吃有核的水果时，如枣、山楂、橘子等，要特别当心，应先把核取出后再喂食。

❸ 应对玩具进行仔细检查，看看玩具的零部件，如眼睛、小珠子等有无松动或掉下来的可能。

宝宝吞食异物怎么办：

当发现宝宝吃了什么东西或有些不太正常时，妈妈可以用一只手捏住宝宝的腮部，另一只手伸进他的嘴里，把东西掏出来；若发现已将东西吞下去时，可刺激他的咽部，促使宝宝呕吐，把吞下去的东西吐出来；假如宝宝翻白眼，就赶紧把宝宝双腿提起来，脚在上，头朝下，拍他的背部，促使其将物品吐出；或者在宝宝背后和心口窝的下面，用双手往心口窝方向用力挤压。注意用力应适当，不能过硬、过猛，这样就会在宝宝使劲憋气的同时，把吞下去的东西吐出来。

如果经过一番努力没能将宝宝吞进去的异物弄出，妈妈要赶紧送宝宝去医院。另外，最好弄清楚宝宝吞进去的是什么，以便给医生节省检查的时间。

❀ 正确地让宝宝使用婴儿车

5个月的孩子会坐了，可以经常坐在婴儿车里出去玩。把宝宝放在车子里，既能练坐，又能让宝宝自己玩耍，妈妈还可以放心地去干其他事，不需要寸步不离地守在宝宝身旁。妈妈给宝宝使用婴儿车时要注意正确的使用方法：

❶ 5个月以内的宝宝还不能坐稳，比较适合选用坐卧两用的婴儿车，再大一点功能可以稍微简单点。

❷ 使用前进行安全检查，如车内的螺母、螺钉是否松动，躺椅部分是否灵活可用，轮闸是否灵活有效等。

❸ 宝宝坐车时一定要系好腰部安全带，腰部安全带的长短、大小应根据宝宝的体格及舒适度进行调整，松紧度以放入大人四指为宜，调节部位的尾端最好能剩出3厘米长。

❹ 车筐以外的地方，不要悬挂物品，以免一不留神掉下来砸到宝宝。

❺ 宝宝坐在车上时，妈妈不得随意离开。非要离开一下或转身时，必须固定轮闸，确认不会移动后才能离开。

❻ 切不可在宝宝坐车时，连人带车一起提起。正确做法应该是一手抱宝宝，一手拎车子。

❼ 不要抬起前轮单独使用后轮推行，容易造成后车架弯曲、断裂。不要在楼梯、电梯或有高低差异的地方使用婴儿车。

❽ 推车散步时，如果宝宝睡着了，要让宝宝躺下来，以免使腰部的负担过重。

❾ 不要长时间让宝宝坐在车里，任何一种姿势，时间长了都会造成宝宝发育中的肌肉负荷过重。正确的方法应该是让宝宝坐一会儿，然后妈妈抱一会儿，交替进行。

❿ 注意尽量走平坦的路，不要太颠簸。

科学喂养

❀ 本月宝宝喂养要点

4个多月的孩子除了吃奶以外，要逐渐增加半流质的食物，为以后吃固体食物做准备。婴儿随着年龄增长，胃里分泌的消化酶类增多，可以食用一些淀粉类半流质食物，先从1~2匙开始，以后逐渐增加，孩子不爱吃就不要喂，千万不能勉强。加大米粥等食物的那一餐，可以停喂一次婴儿米粉。

4个多月的孩子容易出现贫血，因此要在辅食中注意增补含铁量高的食物，例如蛋黄中铁的含量就较高，可以在牛奶中加上蛋黄搅拌均匀，煮沸以后食用。

为补充体内维生素C的需要，除了继续给孩子吃水果汁和新鲜蔬菜水以外，还可以做一些菜泥和水果泥喂孩子。在添加辅食的过程中，要注意孩子的大便是否正常以及有没有不适应的情况，每次添加的量不宜过多，使孩子的消化系统逐渐适应。

喂养时间可在上午6：00、10：00，下午14：00、18：00，晚上22：00，夜间可以不喂，在两次喂食之间加喂一次鲜水果汁、水等。钙片一天可喂3次，每次2片。鱼肝油一天喂2次，每次2~3滴。

❀ 添加辅食应注意的问题

❶ 孩子吃惯了奶，有时对一种新的食物不接受。妈妈费劲儿做的辅食，他不张嘴吃。遇到这种情况不要勉强，不吃就下回换一种食物再喂。

❷ 对于孩子的饮食不要死按书本，不要太教条。每个孩子之间有不同，吃多吃少，吃哪种食物还要根据孩子的食欲和爱好灵活掌握。

❸ 给孩子添加食物一定要讲究卫生，原料要新鲜，现做现吃，吃剩的不

要再吃。

④ 不要把大人的剩饭菜煮烂了给孩子当辅食。

⑤ 孩子吃某种食物腹泻，可停止添加。

⑥ 孩子吃西红柿、西瓜、胡萝卜后大便可能会有红色，或吃青菜有绿色，这

是正常的。在做辅食时可做得再细些。

⑦ 孩子如果出现湿疹，可能是对某种蛋白质过敏。

⑧ 孩子的主食仍然是乳。

❀ 本月宝宝推荐辅食

青菜粥

大米2小匙，水120毫升，过滤青菜心1小匙（可选菠菜、油菜、白菜等）。把米洗干净，加适量水泡1～2小时，然后用微火煮40～50分钟，加入过滤的青菜心，再煮10分钟左右即可。

汤粥

把2小匙大米洗干净放在锅内泡30分钟，然后加肉汤或鱼汤120毫升煮，开锅后再用微火煮40～50分钟即可。

奶蜜粥

用1/3杯牛奶、1/4个蛋黄放入锅内均匀混合，再加入1小匙面粉，边煮边搅拌，开锅后微火煮至黏稠状为止，停火后加1/2小匙的蜂蜜即可。

番茄通心面

把切碎的通心面3大匙和肉汤5大匙一起放入锅内，用火煮片刻，然后加入番茄酱1大匙煮至通心面变软为止。

❀ 不宜给宝宝吃的食物

① 小粒食品。孩子咀嚼能力差，舌的运动也不协调。小粒食品极易误吸进气

管，造成危险。如花生米、玉米花、黄豆、榛子仁等都不宜给孩子吃，即

> 💗 **小贴士**
>
> 4个多月的孩子食入量差别较大。此时仍希望能坚持纯母乳喂养，如果人工喂养，一般的孩子每餐150毫升就能够吃饱了，而有的生长发育快的孩子，食奶量就明显多于同龄儿童，一次吃200毫升还不一定够，有的还要加米粉等。当孩子能吃一些粥时，可将奶量减少一些，但是这么大的孩子还是应该以奶为主要食品。

使有大人看着也最好不吃。

❷ 带骨的肉食。不要给孩子吃排骨，排骨的骨渣易刺伤口腔黏膜，或卡在喉头。吃鱼最好吃海鱼，家长把刺挑净，压成鱼泥给孩子吃。吃虾要把皮剥净。

❸ 少吃不易消化吸收的食物。如竹笋、炒黄豆、生萝卜、白薯等。

❹ 不吃太咸的食物。如咸菜、咸蛋等，

孩子的饭菜宜清淡。

❺ 不吃太过油腻的食物。如肥肉、油炸食品等。

❻ 不吃不卫生的食品。特别是街头小摊的食物。

❼ 不吃辛辣刺激性食品。如酒精饮料、咖啡、可乐、浓茶及各种饮料，还有辣椒、大蒜等。

❈ 水果不能代替蔬菜

每天吃点蔬菜的目的是摄入维生素和矿物质，但是在添加辅食的过程中，有的妈妈看见宝宝不喜欢吃蔬菜而喜欢吃水果，于是就用水果代替蔬菜喂食宝宝，这是极不恰当的。

水果不能代替蔬菜，虽然水果中的维生素量不少，足以能代替蔬菜，然而水果中钙、铁、钾等矿物质的含量却很少。此外，蔬菜中含纤维素多，纤维素可以刺激肠蠕动，防止便秘，减少肠对人体内毒素的吸收。再有，蔬菜和水果

含的糖分存在明显的区别，蔬菜所含的糖分以多糖为主，进入人体内不会使人体血糖骤增，而水果所含的糖类多数是单糖或双糖，短时间内大量吃水果，对宝宝的健康不利。吃过多的水果会导致宝宝膳食的不平衡，有的宝宝多吃水果还会腹泻或容易发胖。

新鲜蔬菜宝宝天天吃、顿顿吃最好，尤其是大便较干燥的宝宝，更要多吃新鲜蔬菜。

❈ 为宝宝准备餐具

宝宝要开始吃辅食了，还要学着自己吃饭，为宝宝准备一些餐具是必要的，而且宝宝餐具有可爱的图案、鲜艳的颜色，可以促进宝宝的食欲。

❶ 购买婴儿餐具两套，不同形状、色泽、花色，更替使用，让宝宝有新鲜感。

 小贴士

最好购买专门为宝宝制作辅食的工具，妈妈可以根据需要购买一些必要的辅食制作工具，会给你制作带来方便，比如食物研磨机、榨汁机、过滤碗、小锅等。

❷ 最好购买有标准容量的婴儿餐具，以便清楚辅食喂养量。

❸ 最好购买底部有吸盘的餐具，以免宝宝弄翻餐具。

❹ 购买能够放在微波炉中加热及能够放在冰箱中冷冻的餐具，这样可以加热食物，如果宝宝没有吃完，可临时封起来，放在冰箱冷藏室中（储存时间不超过7小时），等到下顿加热后再喂。餐具最好有封盖和气孔，方便冷藏和加热。当然，宝宝每次吃不了多少，妈妈少做一点，吃不完给其他人吃掉，最好还是不要留到下顿给宝宝吃。

❺ 购买宝宝可以抓握、带有把手的杯子。防漏饮水杯可让宝宝练习自己喝水。

❻ 购买有弯度的小勺，宝宝容易把食物送到口中。

智 能 提 升

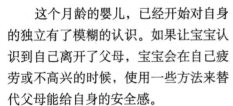

❀ 给宝宝一件安慰品

这个月龄的婴儿，已经开始对自身的独立有了模糊的认识。如果让宝宝认识到自己离开了父母，宝宝会在自己疲劳或不高兴的时候，使用一些方法来替代父母能给自身的安全感。

例如，抚弄一个可以拥抱或抓在手里的玩具、毛巾、毯子、一块手帕、一只奶瓶或一只橡皮奶嘴，也可能吸吮手指头或橡皮奶嘴。通过这些安慰品，可以让宝宝在不放弃独立性的前提下获得快乐和安全感。吸吮手指头或橡皮奶嘴，或者在婴儿床上喝奶瓶，都会让宝宝感受到在父母怀抱里吸吮母乳或吃奶的快乐。抚弄一个可以抱着或抓在手里的玩具、毯子、毛巾等，可以让宝宝勾起自己被包裹着喂奶时，轻轻抚弄妈妈的衣服或毯子时的美好感觉。

在宝宝热切地依恋某一个玩具或一块毛巾时，可能会时时都要抓在手里，会把这件东西抓得越来越脏，甚至变得破烂不堪，但宝宝一般总是会强烈地反对洗涤自己的这件东西，而且完全拒绝替换。如果发现这件东西丢失，宝宝会变得非常沮丧，有可能连续几个小时不能入睡。

宝宝已经形成对一件习惯性安慰品的依恋感后，试图制止这种依恋是不公正的，也不可能做到。最好的办法是在宝宝晚上睡着以后悄悄地拿去洗净晒干，尽可能保持颜色、形状不要有太大的改变。一件安慰品的气味对有些婴儿来说，可能很重要，如果能有两个同样的东西给婴儿替换当然最好。

婴儿依恋自己喜欢和习惯的安慰品并没有什么害处。一般在婴儿长到2~5岁的某一个时候，就可能自然戒掉这个习惯，只有少数宝宝会保持更长的时间。在宝宝长成大男孩或大女孩时，只需要父母明智地提醒一下就行了。

❋ 培养宝宝独自玩的习惯

有些宝宝在5个月以后，只要妈妈一走开，马上就会哭闹起来，如果整天抱着、背着、哄着，会使宝宝变成溺爱型，不利于身心健康发育。因此，培养宝宝独自玩的习惯也很重要。如果妈妈一不在身边就哭，可以试着先让宝宝在能看到妈妈的地方自己玩，然后逐渐拉长、拉远距离。慢慢地，宝宝就能够在床上或者家中安全的地方单独自己玩上半小时左右。

溺爱过度的宝宝，任性、爱撒娇、很难自制，只要身旁一没有人就不高兴，大吵大闹，哭闹不止，这样对宝宝成人以后的心理和人格都不利。因此，培养宝宝的自制力和忍耐力，也是育儿过程中的一大重点，及早培养宝宝自己玩的能力，是一项很重要的事。

❋ 宝宝吃手指有特别的意义

婴儿喜欢吃手指头、咬东西，并不代表婴儿一定是想吃东西，吃手指头或咬东西，是婴儿想通过自己的能力，了解自己和对外部世界积极探索的表现。这种动作的出现，说明婴儿支配自己行动的能力有了很大的提高。

宝宝要用自己的力量，把物体送到嘴里，是很不容易的。就这么一个简单的动作，标志着宝宝能用手、口动作互相协调的智力发育水平，而且对稳定宝宝自身情绪能起到一定的作用。在宝宝饿了、疲劳了、生气了的时候，吮吸自己的手指头，会使情绪稳定下来。因此，要充分认识到宝宝吃手指头、咬东西的意义，不要强行制止宝宝的行为，只要宝宝不把手弄破，在不影响安全的情况下，尽管让宝宝去吃，否则，会妨碍宝宝手眼协调能力和抓握能力的发展，打击宝宝特有的自信心。

吃手指

吃手指头和见什么都往嘴里送的行为，在整个婴儿时期是一个过程性的阶段，一般到8~9个月以后，宝宝就不再吃手指或见什么咬什么了，如果宝宝长到这个月龄还爱吃手指，就要注意帮助宝宝纠正。此外，宝宝吃手指头或见什么咬什么的时候，要注意卫生，保持宝宝小手的清洁，玩具也要经常清洗和消毒，保持干净。注意过硬的、锐利的东西或小物件如纽扣、别针、豆粒之类的东西不能让宝宝有机会抓到喂进嘴里，防止发生意外。

❀ 适当引导宝宝探索

5个月的宝宝既可爱又淘气，同时具有很强的探索精神，父母只要助他一臂之力，他就能学会更多的新本领，变得更加聪明、活泼。

比如，我们可以用相似的玩具教宝宝不同的玩法，示范的时候，可以让玩具发出不同以往的声响，宝宝便可以学习到新的东西，这可刺激宝宝用不同的方式去玩这个玩具。

再比如，当宝宝自发地玩着手上的东西时，他可能遇到一个难题，比如他的手眼协调能力不足，这时，我们就应该帮助、引导宝宝如何去玩，不过也可以先给宝宝一点时间，让他自己琢磨，然后再帮助他。慢慢地，宝宝就会学会我们教他的动作了。

❀ 帮助宝宝坐着玩

孩子5个月时，可让他靠在妈妈身上，或背坐在大沙发上玩。开始时，他坐不了一会儿就会倒下，慢慢地坐的时间长了，能放手稳坐十来分钟，就可以训练他自己独坐着玩了。当然，如果独坐在沙发上，要有人在旁边看着，孩子

歪倒时把他扶好，注意不要摔下去。坐得更稳当些以后，可以将孩子放在地毯上，让他拉着妈妈的手慢慢坐起，注意不是妈妈用力拉他，用力过猛会导致孩子上肢关节脱臼。

孩子靠坐在妈妈怀里，可用新鲜玩具逗引他，让他伸手拿不到，使上身随着抬高，不再靠在妈妈身上，然后把玩具给他。能坐以后，让他两只手拿玩具，或拍手，训练坐的平衡。还要训练他点头、摇头，这样可逐渐帮他坐稳。

这个游戏，可训练孩子的躯干肌肉，使背胸、腰肌发育，支撑整个上身。人要学会坐，必须保持体位平衡，这要有中枢神经系统的调节才能做到，孩子能独坐后才能使两手活动更加自由，从而促进手的进一步发育和手眼协调的发展。两手活动的增加，使孩子的许多想法得以实现，又促进了脑的发育，孩子独立行动的本领与意识都增强了。

❈ 丰富宝宝的环境

父母应尽可能提供不同的物品、不同的景象，任宝宝看，任宝宝玩，要避免让宝宝一天超过六七个小时自己玩或待在床上。要经常抱起宝宝在室内走一走、看一看，一边看，一边告诉宝宝各种物体的名称——这是桌子、沙发、电视机……或者让宝宝坐在小车里，到户外散散步，看看飞过的小鸟，院子里的绿树、鲜花等，逐渐帮助宝宝在语言和实物之间建立最初的联系，同时帮助宝宝开阔眼界、丰富知识。

❈ 用吻回报宝宝的微笑

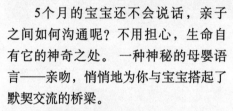

5个月的宝宝还不会说话，亲子之间如何沟通呢？不用担心，生命自有它的神奇之处。 一种神秘的母婴语言——亲吻，悄悄地为你与宝宝搭起了默契交流的桥梁。

亲吻对宝宝的作用：

发展感、知觉：2岁之前，妈妈经常亲吻宝宝的腹部、手指和脚趾等，能刺激宝宝的触觉发育，也是让宝宝认识自己身体不同部位的好方法。

获得安全感：经常能享受到妈妈亲吻的宝宝比较有安全感，也会以相似的亲密行为去回馈妈妈乃至生命中重要的其他人，所以心理学家说："正是妈妈的第一个吻，教会了宝宝如何去爱。"

和妈妈对话：在亲吻时，妈妈是温柔的、细心的，同时，妈妈还会轻晃、抚摸、和宝宝说话，宝宝则做出是否喜欢、舒适的反应。于是，还不会用语言沟通的宝宝，与妈妈建立起了一种新的对话方式。

亲吻对妈妈的作用：

亲吻不仅对宝宝好处多多，对妈妈们也必不可少，胜过良药：

止痛剂：亲吻诱发人体分泌一种名为安多芬的激素类物质，具有良好的止痛作用，有利于妈妈的产后恢复。

安慰剂：新手妈妈容易紧张不安，和宝宝的亲密接触可以催发减压的荷尔蒙，调整紧张、焦虑的情绪，让妈妈身体放松，心情愉快。

保健品：经常亲吻宝宝，妈妈不用吃补品。因为亲吻能促进血液循环，增加肺活量，让人精神焕发，充满旺盛的生命力。

所以，当宝宝开心微笑时，妈妈不妨适当亲吻一下宝宝，以增进母子间的情感交流。

亲子游戏推荐

◎ 怎么响

给孩子买一个八音盒玩具，妈妈抱着孩子舒服、安静地听，反复几次，孩子就知道启动开关就能响。

目的：培养欣赏能力。

◎ 指鼻子

孩子坐在妈妈膝盖上，妈妈念歌谣：宝宝的小鼻子，一边一个红苹果，两只黑眼睛，上边是大脑门。妈妈念到什么，要求孩子在自己脸上指什么。

◎ 手指游戏

妈妈抱着孩子，妈妈念歌谣：老大扛猎枪，老二打灰狼，老三去炖肉，老四吃得香，可怜小老五，只能喝点汤。妈妈念到哪个手指，就让孩子伸出哪个手指。

◎ 听听自己说什么

把孩子"咿咿"、"啊啊"的声音录下来，在孩子高兴时放给他听。

目的：促进孩子发声的兴趣。

◎ 拍拍打打

将色彩鲜艳、能发声的玩具挂在孩子胸上方伸手能抓到的地方，使孩子拍打、抓握。玩完后摘下来，下次玩时再挂上。

目的：发展触觉与手眼协调能力。

◎ 骑大马

让孩子坐在妈妈腿上，妈妈颠动腿部，一边颠一边念歌谣：骑大马，呱嗒嗒，一跑跑到外婆家，见了外婆问声好，外婆对我笑哈哈。

目的：训练语感。

◎ 找玩具

把孩子放在他的小床上，妈妈当着他的面藏一件玩具，比如藏在枕头下、被子里，然后让孩子找出来。也可同时藏两三件，让他都找出来。

目的：训练理解能力。

疾 病 防 治

❋ 不能用茶水喂药

茶是中国人最喜欢喝的饮料，具有提神、助消化和防癌等作用。尽管茶水有这些优点，但是不宜用茶水给孩子喂药。这是因为茶叶里含有鞣质，鞣质略带酸性，遇到某些药物，可引起化学变化，改变药性或发生沉淀，影响药物吸收，产生不良反应，所以说不能用茶水给孩子喂药。

❋ 怎样给宝宝喂药

宝宝服药不同于成年人，其吞咽能力差，而且味觉特别灵敏，对苦涩的药物往往拒绝服用，或者服后即吐，很难与大人配合。这个时候，千万不可强行给宝宝灌药，而应该找到正确的方法，熟悉宝宝的脾气，以顺利喂药。

喂药时最好抱起宝宝，取半卧位，防止药物呛入气管内。

如果宝宝不愿吃药，可以扶住宝宝头部，用拇指和食指轻轻地捏住宝宝双颊，使宝宝的嘴张开，用小匙紧贴嘴角，压住舌面，药液就会慢慢从舌边流入，直至宝宝吞咽药液后再把匙从嘴边取走。

如果宝宝一直是又哭又闹，不肯吃药，可以采取灌药的方法。爸爸用手将宝宝的头固定，妈妈左手轻捏住宝宝的下巴，右手拿一个小匙，沿着宝宝的嘴角灌入，待其完全咽下后，固定的手才能放开。

灌药时不要从嘴中间沿着舌头往里灌，因为舌尖是味觉最敏感的地方，宝宝易拒绝下咽，哭闹时容易呛着。也不要捏着鼻子灌药，这样容易引起窒息。

❀ 注意小儿中耳炎

由于新生儿的咽鼓管位置低，且直、短、粗，患上呼吸道炎症时，细菌容易经此通道蔓延扩散到中耳，引起中耳炎。此外分娩时羊水及出生后奶汁等也可经外耳道流入中耳，引起感染。

急性中耳炎的主要表现为发热、耳痛及流脓，所以当宝宝突然出现烦躁不安、哭闹、发热时，应先检查一下双侧耳朵，看有没有触痛或牵拉痛。

当宝宝入睡碰到其耳朵时突然醒来哭闹，或喂奶时患侧耳朵朝下受压时，患儿啼哭不肯吃奶，则说明耳道疼痛，父母应想到患中耳炎的可能，并及时送宝宝到医院检查。否则等到耳朵流脓时才发现，说明鼓膜已穿孔，治疗不及时会影响听力，造成终生遗憾。

❀ 警觉小儿肠套叠

肠套叠发生的年龄大都在5个月至1岁半，80%的病例都在1岁以内，尤以5～9个月大最常发生，男婴比女婴多。腹痛、呕吐和果酱般血便是此病最明显的症状。

肠套叠是小儿常见的腹部急症之一，是指某段肠管凹陷入其远端的肠管，像收起单眼望远镜一样。

当肠道前后相套，造成部分阻塞时，婴儿就开始产生阵发性腹部绞痛，显得躁动不安、双腿屈曲、阵发性啼哭，并常合并呕吐。当阵发性疼痛过后，婴儿显得倦怠、苍白及出冷汗。

此时父母若没警觉，或医师也没检查出来，几小时后，婴儿开始解出果酱般的血便，这是因为肠管套牢后，肠壁出血混着肠黏液所造成的血便，此时若再不及时送医，很容易造成肠坏死，甚至腹膜炎。

因此，当宝宝出现阵发性腹痛，躁动不安、呕吐甚至果酱般血便等典型症状时，父母就应提高警觉，及早请医师做正确的诊断，以不开刀的方式将套叠的肠子复原。如果延误病情，常需手术治疗甚至需切除部分肠子。

Part 6

5～6个月宝宝

生 长 发 育

🌸 宝宝的生理发育

宝宝已经5个月了，妈妈和爸爸对这一阶段的宝宝生理发育也应心中有数。

宝宝的生理发育表

生理发育	标 准 值	备 注
体 重	男婴的平均体重为8.4千克（6.5~10.3千克）女婴的平均体重为7.8千克（6.0~9.6千克）	宝宝体重增长速度已经放缓，每天约增加20克，由于个体因素的差异，有的宝宝胖些，有的宝宝瘦些，只要宝宝健康，精神状况良好，即使瘦些，宝宝也是正常的
身 长	男婴的平均身长为68.6厘米（62.7~73.8厘米）；女婴的平均身长为67.0厘米（62.0~72.0厘米）坐高：男婴坐高平均约为43.57厘米，女婴坐高平均约为42.30厘米	6个月的宝宝较5个月的宝宝平均增长2.2~2.3厘米
头 围	男婴的平均头围43.10厘米女婴的平均头围41.90厘米	6个月的宝宝头围较5个月的宝宝平均增长1.0~1.1厘米
胸 围	男婴的平均胸围43.40厘米女婴的平均胸围42.05厘米	6个月宝宝的胸围平均比5个月的宝宝增长0.9~1.0厘米
运动能力	随着视觉和运动能力的发展，宝宝不仅能看周围的物体，而且会把看到的东西准确地抓到手	大多数宝宝还不会用手指拿东西，只能用手掌和手指一起大把抓
其 他	多数6个月的宝宝已经开始出现下切牙（门牙），此时宝宝的腹部脂肪厚度在1厘米以上。头部占全身的比例缓缓下降，下半身比上半身长得快，宝宝的身材逐渐变得匀称、丰满	长出乳牙的数目，可根据公式：月龄减（4~6）＝出牙数来进行推测。如6个月的宝宝，出牙数应是6减（4~6）＝（2~0），也就是6个月的宝宝未出牙或已开始出2颗乳牙

❀ 宝宝的感觉发育

感觉发育	标准值
动 作	6个月的宝宝已经会翻身了。如果扶着他，能够站得很直，并且喜欢在扶立时跳跃。把玩具等物品放在宝宝面前，他会伸手去拿，并塞入自己口中。6个月的宝宝已经开始会坐，但还坐得不太好
语 言	6个月的宝宝可以和妈妈对话，两人可以无内容地一应一和地交谈几分钟。他自己独处时，可以大声地发出简单的声音，如"妈"、"大"、"爸"等
听 力	6个月的宝宝其听力比以前更灵敏了，能够分辨不同的声音，特别是熟人和陌生人的声音。如果具备一定的环境条件并经过一定的训练，还可以分辨出动物不同的声音来
视 力	6个月的宝宝其视力发育有了很大的进步，凡是他双眼所能见到的物体，他都要仔细地瞧一瞧（不过，这些物体到他身体的距离须在90厘米以内）

（宝宝的感觉发育表）

❀ 宝宝的心理发育

5个多月的宝宝睡眠明显减少了，玩的时候多了。如果大人用双手扶着宝宝的腋下，宝宝就能站直了。6个月的宝宝可以用手去抓悬吊的玩具，会用双手各握一个玩具。如果你叫他的名字，他会看着你笑。他在仰卧的时候，双脚会不停地踢蹬。

这时的宝宝喜欢和人玩藏猫猫、摇铃铛，还喜欢看电视、照镜子，会对着镜子里的人笑。还会用东西对敲。宝宝的生活丰富了许多。

家长可以每天陪着宝宝看周围世界丰富多彩的事物，可以随机地看到什么就对他介绍什么，干什么就讲什么。如电灯会发光、照明，音响会唱歌、讲故事等。各种玩具的名称都可以告诉宝宝，让他看、摸。这样坚持下去，每天5～6次。开始宝宝学习认一样东西需要15～20天，学认第二样东西需12～16天，以后就越来越快了。注意不要性急，要一样一样地教，还要根据宝宝的兴趣去教。这样，5个半月时宝宝就会认识一件物品，6个半月时就会认识2～3件物品了。

家庭护理

❀ 冬季不要给宝宝穿太多

宝宝正在不断地适应环境，如果穿得多、盖得厚，宝宝对环境的适应力和对疾病的抵抗力会降低。穿得多，宝宝一旦活动便会出汗不止，衣服被汗液湿透，反而会因此着凉。穿得多，不利于宝宝四肢活动，阻碍运动能力的发展。

判断宝宝穿得多少是否合适，可经常摸摸他的小手和小脚，只要不冰凉就说明他们的身体是暖和的。冬季可以给宝宝穿一件薄的小棉服。棉服既挡风又保暖，要比多穿几件厚衣服御寒，而且活动灵巧方便。而厚外衣没有更多的吸收容纳暖空气的空间，挡风还可以，但御寒、保暖就比小棉服差多了。

另外，冬季要保持室内湿度和温度，室内温度不要太高，保持在18℃～22℃。如果与室外温差过大，当宝宝到户外时，呼吸道就不能抵御冷空气的刺激；温度过高，就不容易保持适宜的湿度。

❀ 冬天宝宝房间要注意加湿

冬季气候普遍干燥，且很多家庭会用空调或暖气片保暖，使得室内又热又燥，室内湿度较低。湿度过低，大大降低了呼吸道纤毛运动功能，呼吸道抵御病菌的能力下降，这不是用药物可以解决的。所以妈妈要特别注意保持室内湿度，可使用加湿器，使室内湿度达到40%～50%。

加湿器使用方便，加湿效果也比较好，但要做到科学使用加湿器，最重要的一点就是定期清理、每天换水，最好一周清洗一次，否则加湿器中的霉菌等微生物会随着水雾进入空气中，再进入我们的呼吸道中，加湿器肺炎就是这么产生的。

另外，妈妈还可通过洒水、放置水

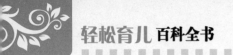

盆等方式来给室内加湿。干燥的季节在居室地上洒上点水，晚上睡觉的时候可以在卧室放一盆凉水，这样暖气不会把空气中的水分给蒸发掉。

在屋子里养花草，也可以增加空气湿度。推荐花木：吊兰、富贵竹、百合、蓬莱蕉、绿萝、菊花。但有些花草则应避免放在卧室，如兰花香气会引起失眠，含羞草有可能引起脱发，紫荆花花粉会引发哮喘和加重咳嗽，夜来香可引起头晕目眩，百合花

香气能引起失眠，月季花香气令人郁闷，夹竹桃分泌的乳白色液体会令人中毒，松柏芳香令人食欲不振，绣球花易至人过敏，郁金香花朵会引起人脱发等。

 小贴士

空气湿度也不是越高越好，冬季人体感觉比较舒适的湿度是40%～50%，如空气湿度太高，人会感到胸闷、呼吸困难。

❀ 乳牙萌出前的口腔保健

小儿在6个月左右开始长牙。乳牙萌出前几天宝宝可能会有一些异常的表现，如哭闹、口涎增多、喜欢咬手指和硬的东西、睡眠不好、食欲减退等，有的还有低热、轻度腹泻、局部牙龈充血、肿大。一般来说，以上现象持续3～4天，乳牙就穿破牙龈萌出了。

这个时期的口腔保健主要由妈妈来完成，在喂奶以后和晚上睡觉以前，妈妈用纱布蘸温水轻轻地擦洗孩子的口腔

黏膜、牙龈和舌面，除去附着在这些部位的乳凝块，达到清洁口腔的目的。当然，妈妈在为孩子做这种口腔擦洗前应该认真地洗手，长的指甲应剪短，擦洗的时候动作要轻柔，不能损伤小儿的口腔黏膜。这种哺乳外的口内刺激，可以使妈妈对孩子口腔内乳牙萌出的情况有及时的了解，对小儿的牙龈形态有所认识，同时也可以增强小儿大脑的感受性。

❀ 如何护理宝宝的乳牙

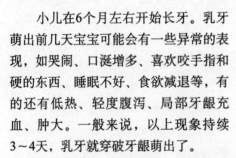

虽然宝宝以后还会有换牙期，但在长牙期不给宝宝进行牙齿保健护理，宝宝会很容易得龋齿。龋齿会影响宝宝的食欲和身体健康，会给宝宝带来痛苦。

护理宝宝的乳牙要做好以下几点：

❶ 每次给宝宝喂养食物后，再喂几口白开水，以便把残留食物冲洗干净。如有必要，妈妈可戴上指套或用棉签等清除食物残渣。

❷入睡前不要让宝宝含着奶头吃奶，因为乳汁沾在牙齿上，经细菌发酵易造成龋齿。睡前可以给宝宝喂少量牛奶，不要加糖。

❸牙齿萌出前后，妈妈就应早晚各一次帮宝宝清洁口腔，用消毒棉裹在洗干净的手指上伸入宝宝口中清洁，或用棉签浸湿以后抹洗宝宝的口腔及牙齿上，还可以用淡茶水给宝宝漱口。

❹经常带宝宝到户外活动，晒晒太阳，

这不仅可以提升宝宝的免疫力，还有利于促进钙质的吸收。注意纠正宝宝的一些不良习惯，如舐舌、口呼吸、偏侧咀嚼、吸空奶头等。

❺发现宝宝有出牙迹象，如爱咬人时，可以给些硬的食物如面包、饼干，让他去啃，夏天还可以给冰棒让他去咬，冰凉的食物止痒的效果更好。

❻刚长出的牙还不能吃饭，因此不能给孩子硬食，但咬起妈妈的乳头来还是很厉害，妈妈不要让孩子含着乳头睡觉。

 小贴士

宝宝萌牙后，应经常请医生检查，一旦发现龋齿要及时修补，不要认为反正乳齿将来会被恒齿替代而不处理。

❀ 允许并鼓励宝宝磨牙床

6个月的孩子抓到物品后，喜欢放在嘴里啃，这能为他日后自己进食打下基础。妈妈要鼓励他，不要见他往嘴里放以为不卫生就呵斥他，而要积极为他创造条件：经常给他把手洗干净，给他一些饼干、水果片、馒头干，这些食物可以帮他摩擦牙床。

孩子有了这种爱好以后，妈妈要检查一下他的用品和玩具：

❶婴儿玩具要经常刷洗，保持卫生。

❷拿开涂漆的木玩具。

❸不让孩子玩涂漆的、有锐边的铁玩具，如小铲、汽车等。

❹给婴儿买软硬不同的、不同质地的玩具。

❺不要让他拿到直径2厘米以下的小物品，以免将小物品塞入口内。

❀ 让宝宝远离危险的器具

这个月龄的宝宝，玩具一般都是哗啦棒、小鼓、不倒翁、布艺动物、塑胶

玩具等。

但是，比较麻烦的事情是，宝宝如

果一旦在这个阶段学会了爬，能在房间里到处爬行时，对父母准备的玩具就不感兴趣了。相反，宝宝会喜欢玩日常用的工具，会很高兴地玩茶杯、匙子、台灯、电源开关、门把手、抽屉的拉手、电视机开关、收音机等，因为活动的范围广了，会促使宝宝认识周围更多的事物。

这时候，正是利用玩具来诱使宝宝爬行和站立的好机会，应当充分利用宝宝感兴趣的一切东西。

不要把易产生危险的器具当成玩具让宝宝玩，不管宝宝有多好奇、多想玩，也不能让宝宝玩打火机、笔、水壶、药瓶、热水瓶、加热器、电源开关等，类似的器件要作为禁止宝宝碰到的物品收拾起来，放在宝宝不可能拿到的地方。

如果宝宝想去摸热水器、水壶时，即使里面的水凉了，也要制止，告诉宝宝："不许碰！"同时拿走。电视机、收音机之类并非玩具，更不能让宝宝碰。

如果育儿室很宽敞，可以在这个月给宝宝买学步车或室内滑梯，但一定要把房间每一个角落都收拾得干干净净，使宝宝即使摔着头部也不会撞伤。

大约从这个月龄开始，宝宝会对电视渐渐感兴趣。但是，认为想通过电视让宝宝学习语言的想法却是错误的。语言是人与人之间的交流工具，宝宝只有在和妈妈的联系之中才可能学会语言，让宝宝听电视学语言是无济于事的。

科学喂养

本月宝宝喂养要点

5个多月的孩子，由于活动量增加，热量的需求也随之增加，以前认为只吃母乳或牛奶远不能满足孩子生长发育的需要，现在认为纯母乳喂养可以满足孩子生长发育的需要。

如果必须人工喂养，6个月的孩子主食喂养仍以乳类为主，牛奶每次可吃到200毫升，除了加些糕干粉、米粉、健儿粉类外，还可将蛋黄加到1个，在大便正常的情况下，粥和菜泥都可以增加一点，可以用水果泥来代替果汁。已经长牙的婴儿，可以试着吃一点饼干，锻炼咀嚼能力，促进牙齿和颌骨的发育。

本月在辅食上还可以增加一些鱼类，如平鱼、黄鱼、鲅鱼等，此类鱼肉多、刺少，便于加工成肉糜。鱼肉含磷脂、蛋白质很高，并且细嫩、易消化，适合婴儿发育的营养需要，但一定要选购新鲜的鱼。

在喂养时间上，仍可按上月的安排进行。只是在辅食添加种类与量上略多一些。鱼肝油每次仍吃2滴，每天3次，钙片每次2片，每天2～3次。

宝宝出牙期注意补钙

宝宝出牙期间，妈妈要注意宝宝的营养均衡，同时也要给宝宝多增加含钙高的食物，或母乳喂养宝宝的妈妈可以补充钙剂。

一般来说，食物补钙比药物补钙更安全，宝宝只要正常饮食，不会引起补钙过量。如喝配方奶的宝宝不需要单独补钙。补钙最重要的是补维生素D，促进钙吸收和沉积、最安全的方式就是让婴幼儿多晒太阳。

每天妈妈带宝宝晒太阳1个小时左右，宝宝就不用补维生素D了，但不要让阳光直射宝宝眼睛。

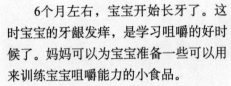
为宝宝准备磨牙小食品

6个月左右，宝宝开始长牙了。这时宝宝的牙龈发痒，是学习咀嚼的好时候了。妈妈可以为宝宝准备一些可以用来训练宝宝咀嚼能力的小食品。

磨牙小食品可以促进宝宝牙龈、牙齿健康发育，适合宝宝的磨牙小食品有：

❶ 柔韧的条形地瓜干。这是寻常可见的小食品，正好适合宝宝的小嘴巴咬，价格又便宜。买上一袋，任他咬咬扔扔也不觉可惜。如果妈妈觉得宝宝特别小，地瓜干又太硬，怕伤害宝宝的牙床，可以在米饭煮熟后，把地瓜干撒在米饭上闷一闷，地瓜干就会变得又香又软。

❷ 手指饼干或其他长条形饼干。此时宝宝已经很愿意自己拿着东西啃，手指饼干既可以满足宝宝咬的欲望，又可以让他练习自己拿着东西吃。有时，他还会很乐意拿着往妈妈嘴里塞，表示一下亲昵。要注意的是，不要选择口味太重的饼干，以免破坏宝宝的味觉培养。

❸ 新鲜水果条、蔬菜条。新鲜的黄瓜、苹果切成小长条，又清凉又脆甜，还能补充维生素的摄取。

> 💗 小贴士
>
> 宝宝出牙时流口水，多为暂时的口水增多，妈妈要及时擦干流出的口水，还要给宝宝戴个围嘴。

用勺子喂宝宝吃东西

随着辅食越来越丰富，从原来的流质食物慢慢过渡到半流质，再过渡到固体食物，例如鸡蛋羹、土豆泥等，这些不能放在奶瓶里喂宝宝，这时就需要用汤匙喂宝宝，这也是为日后能顺利断奶打下基础。

在用汤匙喂宝宝时，要注意几个要点：

❶ 喂宝宝时一定要有耐心，有的宝宝对这种新的喂养方式一开始很不适应，只要嘴唇一碰到汤匙就表现出很大的抗拒，不肯张嘴或不肯把食物吞下去，所以从一开始父母要有耐心哄宝宝，一次不行就哄第二次，两次不行就哄第三次，直到宝宝接受、习惯为止。

❷ 在一开始用汤匙喂宝宝时，最好给宝宝喂食一些新鲜、味美、宝宝较喜欢吃的食物，宝宝一看到自己喜欢吃的食物就会兴奋，就会减少对汤匙的

排斥情绪。

❸ 在开始用汤匙喂宝宝吃东西时，最好不

要只是喂宝宝吃固体食物，可在吃奶以前先试着用汤匙喂些流质食物和汤水。

 小贴士

为了让宝宝喜欢上汤匙，妈妈可以在宝宝4~5个月时，给宝宝一件新的玩具——汤匙，在注意安全的前提下让宝宝多点机会玩汤匙。

❀ 各种调味料适宜什么时候添加

油

刚出生到1岁以前的宝宝都可以不用食油，即使添加辅食，也最好只用水煮或清蒸方式，到了1岁以后可以给宝宝添加少量油调味。比如，给宝宝做汤时放一点点芝麻油。到了1岁半左右，宝宝开始尝试着吃种类更多的正餐时，可以用营养高的花生油或核桃油为宝宝炒菜。

盐

6个月内的宝宝，饮食以清淡为主，辅食没必要添加食盐。6个月后，每天给宝宝喂一两次加盐的辅食就可以了。而3岁以下的宝宝每日食盐用量不超过2克就够了。膳食钠的来源除食盐外还包括酱油、咸菜、味精等高钠食品。

糖

人工喂养的宝宝及4个月后的宝宝可少量添加，不宜过多。如果在辅食中添加过多的糖，一方面会导致宝宝养成爱吃甜食的坏习惯，同时，糖会给宝宝提供过多的热量，导致宝宝对别的食物的摄取量相应减少，胃口也变差。吃糖还容易形成龋齿和引发肥胖。

醋

1岁以前不宜给宝宝食醋。1岁以后，宝宝可以逐渐少量地吃醋。特别是夏季，宝宝出汗较多，胃酸也相应减少，而且汗液中还会丢失相当的锌，使宝宝食欲减退。如果在烹调时加些醋，可增加宝宝胃酸的浓度，能起生津开胃、帮助食物消化的作用。

 小贴士

市面上有很多零食都含有过多的调味料，建议妈妈控制宝宝吃零食的量。尤其是一些垃圾小食品，对宝宝的生长发育有百害而无一利，要严格禁止宝宝食用。

智能提升

❀ 让宝宝在玩中学东西

0~6个月，是大脑发育的关键时期，在此期间对宝宝进行大运动、精细动作、适应能力、语言和社交行为训练是很有必要的，也是进行早期智力开发的重要手段。这些训练大都能借助宝宝喜爱的玩具来完成。

❶ 拨浪鼓类玩具：宝宝的听觉系统在5个月时就基本发育完善，6个月的宝宝对声音最敏感，会发出声音的玩具对此阶段宝宝最具吸引力。应该借此加强对宝宝听力的训练。玩具若能再加上可以啃咬的功能就更好，如小龟牙胶等。

❷ 大卡片：0~6个月阶段，宝宝对色彩也是比较敏感的，大都喜欢颜色鲜艳的物品，而大卡片就是宝宝最早、最容易接触的物品，如水果、蔬菜类用鲜艳的色彩画在卡片上，作为玩具放在周围。这类卡片有助于视觉的发育，也有助于宝宝认识和辨别这些物体。

❸ 发光、发声和活动玩具：4~6个月的宝宝，更加喜欢新奇的带点刺激性的玩具，不仅是颜色、声音，对玩具的形象、动作也有要求。这时候能爬行的上发条或电动大青虫就可以满足宝宝的好奇心，同时也可以更好地促进宝宝的大脑发育。

❹ 积木类玩具：这种玩具通常能在宝宝用手抓和把玩的过程中，训练宝宝手指的灵敏度和身体的协调性，也是进行精细运动训练的好方法，有助于促进宝宝小脑的发育。

❀ 培养宝宝不怕生

6个月以前的孩子不认生，这是因为婴儿还不能分辨人。只要是在他身边的人，对他友好的人，谁抱他都可以。过了6个月孩子就认人了，他对妈妈更加依恋，不喜欢陌生人抱他，也不喜欢陌生的环境，他知道怕人，见生人对他有威胁，他会哭，这就是怕生。

怕生，又称陌生反应，这种反应在正常宝宝的发育过程中，并非是必须经历的过程。宝宝是否害怕陌生人，或者说过早地产生恐惧感，受宝宝天生的性情影响。

有些宝宝特别地喜欢接近新鲜事物，并且可以很快地适应新变化。这类宝宝很可能就不会显示出陌生反应，而有些宝宝要做到这一点很难。这当然并不是宝宝的过错或者说宝宝有什么问题。因为这些宝宝天生对新事物退缩，必须要经过一段时间去适应变化。这些宝宝可能对陌生人有很强烈的反应，并且会以哭喊来表达。多数宝宝会对陌生人流露出小心谨慎的表情。

怕生可以通过训练来改变：

陌生反应阶段的出现，是宝宝自我意识增强的表现，可以通过训练让宝宝逐渐形成与人沟通，适应新事物、新环境的能力。

研究表明，怕生的程度和持续时间与教养方式有关。在这以前的几个月里，经常让婴儿看电视、逛大街、上公园，到客人家去，和自己的洋娃娃玩，听收音机里的人讲话，经常在他面前摆弄新奇的玩具，可减轻怕生的程度；或者说，婴儿熟悉的大人越多，而且习惯于体验新奇的视听刺激，那么，怯生的程度就越轻，时间也就越短。

❀ 让宝宝慢慢接近生人

来客人时，妈妈抱着宝宝去迎接客人，暂时不让客人接近宝宝，让宝宝有机会观察客人的说话和举止。适应一会儿后，妈妈再抱宝宝接近客人，这时只让客人同妈妈对话，偶尔看宝宝笑笑，不接触宝宝，使宝宝放松。告别时只要求宝宝表示"再见"，客人并不接触宝宝。第二或第三次再见面时，客人可拿个小玩具递给宝宝，如果宝宝表示高兴，客人把手伸向宝宝，看宝宝是否愿意让客人抱一会儿。如果客人也带着自己的小婴儿，就可抱着小婴儿与你的婴儿接触，这会受到他的欢迎。客人抱宝宝时，妈妈一定不要离开，使宝宝感到可以随时回到妈妈怀抱。有过这种经历，宝宝慢慢就会从躲避到接受生人，而且还会把妈妈当成依靠，和妈妈更加亲近。

❀ 逗引宝宝翻身

翻身使孩子随意变动体位，扩大了视野，促进了智力的发展。帮助孩子早日学会翻身，对他的发育是十分有益的。孩子会翻身后，必须把他放在有床栏的床上，以防摔伤。

在床上或在地毯上、户外铺上席子，让他仰卧。妈妈用一个新鲜的玩具，逗引孩子注意，让他伸手去抓。然后将玩具放在孩子一侧，跟他说："看它跑了，跑到这边来了。"孩子的眼盯着玩具，头也会转过去，他会伸出上臂去抓玩具，抓不到他会努力，妈妈可帮助他侧身，他再一努力，可变为俯卧。

孩子翻过身来，虽然他得到妈妈一点帮助，但终究是成功了。这时要将玩具给他玩，高兴地拥抱他、亲亲他，夸赞他说："你真棒!"孩子会感觉到他做了一件让你高兴的事，他也会愉快，发出声音表示高兴。玩这个游戏可将玩具放在孩子左侧或右侧，使他练习向两侧翻身。

玩这个游戏，可训练孩子翻身，仰卧、俯卧互换姿势，这是学爬的第一步，是动作发育的重要过程。翻身可促进头、颈、上肢、下肢各部分肌肉发育，训练动作协调和平衡。俯卧使宝宝看到了另一片天地，扩大了孩子的视野，促进了脑的发育。

❀ 训练宝宝往前爬

孩子6个月以后可以经常训练他爬。把孩子放在地毯上，收拾好周围的用品，收好地上的插座等危险品。把孩子喜欢的玩具放在他够不着的地方，但不能太远，他要想拿，往前移动即能拿到。孩子必须先翻身俯卧，然后伸手够。开始时，孩子肚皮贴地往前移，前肢后肢都用不上力。妈妈这时用手推着他的脚，鼓励他用力向前。渐渐地，孩子会用上肢支撑身体，用下肢使劲儿蹬，协调地向前爬行了。学爬是一个过程，妈妈要很有耐心地每日跟他玩一会儿，孩子可逐渐熟练起来。

孩子会爬以后，便扩大了他活动

的范围，不再是妈妈把他放在哪儿就待在哪儿了。妈妈可以把孩子的玩具藏在身后，逗引孩子爬过来寻找，对他说：

"它哪儿去了，它躲在哪儿宝宝都能把它找出来。"当孩子把玩具找出来后会非常高兴。爬的游戏可从易到难，从近到远，变换玩具和方法，给孩子带来愉快的感受。

与婴儿玩游戏，不要担心重复，反复玩一个游戏孩子才能学会本领，他不会烦。

这个游戏是对孩子爬行的训练，爬行比坐更能扩大孩子的认识世界的范围，因此爬是独立行走前助长脑发育十分重要的阶段，家长应该重视。爬行可训练身体和四肢肌肉动作，并通过脑的指挥，协调向前爬行、后退和移动。爬着寻找玩具使孩子意识到东西看不到但可以找到，这是他认识物质的一个起点。

❋ 逐步学说话

语言是人们交往的工具，是智力活动的武器。言语是人们运用语言的过程，是在交往中学会的。中国人学外语困难，因为不常听，更不常用。小孩子说话是先听懂才会说，先模仿才发音。早会说话早聪明。

宝宝在乳儿期已有学话的心愿，开始积极交往，但学话有个过程：

出生时，为了得到足够的氧气，用力呼吸，气流冲向声门、声带和口腔，就发出哭声，但这不是语言。两三个月，吃饱睡醒时，便快活地发出"a——a——"、"e——e——"、"m——m——"，像在说什么，特别是有人在旁边，更常常喜欢发这些音，这是他的需要得到满足以后的表现，也不是语言。

四五个月开始用声音招引别人的注意，但还不能理解词汇。当听到成人说话时，虽然转过头来，但还听不懂在说什么。

六七个月逐渐理解一些简单的词义，如烫、拿、吃、香等与自身有直接利害关系的单音词。成人说话时，他努力看着你的面容、口型动作，随之做些口腔动作模仿，但只是唇舌动，还发不好音，模仿多了，听得多了，就会"冒话"。因此，成人说话时要尽力让孩子看清口型，有意引导他模仿。孩子在模仿语音时情绪很高兴，应保护这种积极性。

💟 小贴士

这个月龄的宝宝，小嘴总不会闲着，会经常大声对着别人叫"爸——爸"、"妈——妈"，这是在练习发音，他可能还没有把爸爸和妈妈与自己联系起来，千万不要错怪宝宝，或者因此而不愉快。

❈ 亲子游戏推荐

◎搭积木

给孩子积木，引导他叠起来，看他能叠多高。

目的：练习手的精细动作。

◎五个小朋友

妈妈做5个小纸卷，在一头用彩笔画上小动物、植物等，然后把纸卷套在孩子手指上。妈妈可以扳着孩子的手指，谈话、做游戏，或讲故事。

目的：发展言语能力。

◎放球

给孩子几个乒乓球和两个盒子，让他把球放进盒子里。

目的：训练手指功能。

◎拨算珠

给孩子买一个带算珠的计算玩具，教他用手指拨算珠，从一边拨到另一边，拨一个或拨几个。

目的：训练手指精细动作。

◎扔进去

给孩子一些体积较小的玩具，如积木、插块等，再给他一个空纸盒，在盒盖上开一个圆洞，让孩子将玩具从洞口扔进盒里去。

目的：训练手指精细动作。

◎爸爸在哪儿，妈妈在哪儿

孩子坐在中间，爸爸坐左边，妈妈坐右边。爸爸妈妈都拉着孩子的手。先引孩子看爸爸，然后爸爸说："妈妈在哪儿?"孩子转头看妈妈，妈妈问："爸爸在哪儿?"孩子转头看爸爸。

目的：增进家庭欢乐。

◎撕纸

妈妈将画报用缝纫机轧成直径10厘米的圆形，然后将孩子抱在怀里，妈妈先拿一张撕下的圆来给孩子看，最后让他自己学会将圆形撕下来。

目的：发展手的精细动作。

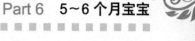

疾 病 防 治

❀ 宝宝会经历哪些"萌牙之苦"

萌牙期常见的4种不舒服表现：

❶ 发烧。有的宝宝出牙时会发低热，体温多数在38℃（肛温）以下。

❷ 流涎。牙齿刚萌出时刺激了齿龈上的神经末梢，使唾液分泌增多，但宝宝一下子又不会吞咽过多的唾液，造成不自主地流口水。

❸ 痒。胚牙由于萌出时向上顶，会让宝宝常有发痒、不舒服的感觉，因而喜欢咬乳头、咬人、咬坚硬的东西，以消除不适感。

❹ 哭闹。牙齿不仅白天长，晚上也在长。由于痒痒和不舒适，出牙期间宝宝晚上经常哭吵，难以入眠，这些现象会一直持续到牙齿萌出。

萌牙伴有发烧怎么办：

如果长牙期的宝宝有发烧的迹象，妈妈需要注意观察宝宝的精神状态，不要随意给宝宝吃药。感冒的话宝宝会有一些症状，如精神不好、吃饭不好、尿少、不爱喝水等；如果是长牙的话，他会很躁动、不安静、还会咬东西等，妈妈要多注意一下。

如果确定宝宝不是感冒，只是长牙时牙龈肿引起的发烧，妈妈只需给宝宝进行物理降温就可以了。物理降温方法：用温水擦拭宝宝四肢、腋下、脖子后面，一定要是温水不能是凉水，但额头可以用凉水冷敷，同时要给宝宝补充大量的水。

在进行这些降温处理时，如果宝宝有手脚发凉、全身发抖、口唇发紫等所谓寒冷反应，要立即停止。

如果体温超过38.5℃，可以在医生的指导下给予一些常规退烧药。如果发烧持续不退的话，妈妈就要带宝宝去看医生。

✿ 宝宝感冒需加强护理

普通感冒极轻者只以鼻部症状为主，如鼻塞、流清鼻涕、打喷嚏等，也可有流泪、轻咳和咽部不适。检查时除咽部发红外，一般无其他症状。可在3～4天内自然痊愈。病变比较广泛的可有发热、咽痛，婴幼儿可伴有呕吐。检查时咽部充血明显，扁桃体可有轻度肿胀，体温大多在3～5天恢复正常。

可见，普通感冒是一种可以自愈的疾病，患病期间只需要细心护理和照料，不久便可自愈，其护理要点是：

1 患儿应注意休息，保证水的摄入量，室内温度不宜过高。

2 吃奶的宝宝可将奶量稍微减少，大些的宝宝给予流质或易消化的软食。

> **小贴士**
>
> 普通感冒一般不用抗生素，可选用小儿感冒冲剂、小儿感冒散、板蓝根冲剂等中药制剂，一般3～5天就可痊愈。

✿ 感冒引起发烧怎么办

宝宝的正常体温：腋下温度在37.0℃左右，一天中稍有波动。

发热时体温变化为：

低热：腋下体温在37.5℃～38.0℃；中度热：腋下体温在38.1℃～39.0℃；高热：腋下体温在39.1℃～41.0℃；超高热：腋下体温在41.0℃以上。

如果宝宝的口腔温度超过37.5℃，直肠温度超过38.0℃，或腋下温度超过37.0℃，就表示宝宝发烧了。

宝宝发烧应采取必要的措施：

❶少穿衣服，给宝宝散热。传统的观念就是小孩一发烧，就要用衣服和被子把小孩裹得严严实实的，把汗"逼"出来，其实这是不对的。小孩在发烧时，会出现发抖的症状，父母会以为孩子发冷，其实这是因为他们体温上升导致的痉挛。所以，宝宝发热时，父母不要给宝宝穿得太厚，特别是婴幼儿不可裹得过紧，否则会影响散热，使体温降不下来。

❷帮宝宝物理降温，有以下常用方法：

◎ 头部冷湿敷：用20℃~30℃冷水浸湿软毛巾后稍挤压使不滴水，折好置于前额，每3~5分钟更换一次。

◎ 头部冰枕：将小冰块及少量水装入冰袋至半满，排出袋内空气，压紧袋口，无漏水后放置于枕部。

◎ 温水擦拭或温水浴：用温湿毛巾擦拭宝宝的头、腋下、四肢或洗个温水澡，多擦洗皮肤，促进散热。

◎ 酒精擦浴：适用于高热降温。方法：准备20%~35%的酒精200~300毫升，擦浴四肢和背部。酒精毕竟是化学物质，若父母没有尝试过就不要轻易使用这种方法，以免使用不当给宝宝带来伤害。

❸补充充足的水分，不要随便吃药。高热时呼吸增快，出汗使机体丧失大量水分，所以父母在宝宝发烧时应给他补充充足的水分，增加尿量，可促进体内毒素排出。

如果经过上述应急方法，宝宝仍没有退烧，就应立即送医院。

Part 7

6～7个月宝宝

生 长 发 育

❀ 宝宝的生理发育

一眨眼，宝宝已经半岁了。这阶段宝宝的心理发育情况如何呢？新妈妈和新爸爸一定十分关注。

宝宝的生理发育表		
生理发育	标 准 值	备 注
体　重	男婴平均体重为8.8千克 女婴体重平均为8.0千克	7个月的宝宝生长发育明显减缓，在体重增长方面，宝宝平均每月增重300克
身　高	男婴平均身长70厘米，女婴平均身长约68厘米 坐高：男婴约44.16厘米，女婴约43.17厘米	宝宝平均每月身长增长1.3~1.4厘米
头　围	男婴平均头围为44.32厘米 女婴平均头围为43.80厘米	头围平均每月增长0.5~0.55厘米
胸　围	男婴平均胸围为44.06厘米 女婴平均胸围为42.86厘米	宝宝的胸围增长较头围增长稍慢，平均每月增长0.4~0.5厘米
其　他	7个月的宝宝大都已长出了2颗下门牙，有的宝宝开始长上门牙。由于头骨的发育与骨化，宝宝的前囟逐渐缩小，随着宝宝皮下脂肪的逐渐增多，宝宝的身材更加匀称丰满了	因发育不同，有的宝宝的前囟均为1.5厘米×1.5厘米的菱形，而有的则为2.0厘米×2.0厘米

✤ 宝宝的感觉发育

宝宝的感觉发育表	
感觉发育	标 准 值
动 作	7个月的宝宝各种动作开始有意向性，会用一只手去拿东西，会把玩具拿起来，在手中来回转动。还会把玩具从一只手递到另一只手或用玩具在桌子上敲着玩。仰卧时会将自己的脚放在嘴里啃。7个月的宝宝不用人扶，能独立坐几分钟
听 觉	7个月的宝宝虽然对声音有所反应，但还不能明白话语的意思。有时候，妈妈会觉得宝宝已经能领悟别人在喊他的名字，那实际上是宝宝熟悉妈妈声音的缘故，宝宝此时会发出各种单音节的音
视 觉	7个月宝宝的远距离视觉开始会有明显的发育，他能注意远处活动的东西，如天上的飞机、飞鸟等。这时期的宝宝，对周围环境中鲜艳明亮的活动物体都能引起注意。拿到东西后会翻来覆去地看看、摸摸、摇摇，表现出积极的感知倾向，这是观察的萌芽

✤ 宝宝的心理发育

第7个月的宝宝，在运动量、运动方式、心理活动方面都有明显的发展。他可以自由自在地翻滚运动；如见了熟人，会有礼貌地打招呼；向熟人表示微笑，这是很友好的表示。不高兴时会用撅嘴、扔东西来表达内心的不满。照镜子时会用小手拍打镜中的自己。经常会用手指向室外，表示内心向往室外的天然美景，示意大人带他到室外活动。

7个月的宝宝，心理活动已经比较复杂了。他的面部表情就像一幅多彩的图画，会表现出内心的活动。高兴时，会眉开眼笑、手舞足蹈，咿呀作语。不高兴时，会皱眉撇嘴，又哭又叫。他能听懂严厉或亲切的声音。当你离开他时，他会表现出害怕的情绪。

情绪是宝宝的需求是否得到满足的一种心理表现。宝宝从出生到2岁，是情绪的萌发时期，也是情绪、性格健康发展的敏感期。父母对宝宝的爱，对他生长的各种需求的满足以及温暖的胸怀、香甜的乳汁、富有魅力的眼光、甜蜜的微笑、快乐的游戏过程等，都为宝宝心理健康发展奠定了良好基础，为智力发展提供了丰富的营养。

家庭护理

❀ 照看宝宝要更仔细

孩子会爬、会站以后，危险就增多了。他会在小床里转来转去，会从车里爬出来翻到地上，摔重了会留下严重后果。孩子的床要有护栏，孩子在车里不能离开人，有时发生事故就在一瞬间。孩子和父母睡一床，孩子要睡里边。把孩子放在大床上，光靠用枕头和被子挡是挡不住的。

小粒的食物不要给孩子吃，也不要让孩子拿到这类食物。有时妈妈抱着孩子一边聊天一边吃花生，很容易让孩子拿到一颗放进嘴里。花生吸进气管造成婴儿死亡的事常有发生。

孩子烫伤的机会也增加了，饭桌上一桌饭菜，孩子一把抓住台布，就可能把饭菜扣在身上。妈妈熨衣后把熨斗放在一边，没想到孩子会去摸上一把。热水瓶放在墙角，或是一杯热水都能造成小儿的烫伤。有人把一锅热粥放在墙角，不想孩子坐进去造成烫伤。

家里的水缸、水桶、鱼缸、澡盆都会对孩子造成威胁。妈妈给孩子洗澡时去接电话，把孩子单独放在澡盆里，澡盆的底是滑的，孩子一滑就可能出危险。孩子扒着水桶往里看，脚底一滑就能头朝下栽进了水桶。小儿不能吃冰棍、糖葫芦，也不能自己拿筷子和勺，一旦戳进眼、嘴，会造成严重伤害。

现在薄的塑料袋在家里到处都是，孩子如果抓到塑料袋，有可能套在头上造成窒息。妈妈要把家里的塑料袋收好，不要让孩子拿到。曾有一个孩子端起装着玉米面的小盆，因站不稳，在往后摔的时候盆扣在脸上，张口一吸，将玉米面吸进气管窒息而死。

做妈妈的一定要心细，要处处呵护自己的宝宝，容不得有丝毫的闪失。

❋ 教宝宝自己睡觉

许多不良的睡眠习惯是后天养成的，6个月以上的婴儿应该学着建立良好的睡眠习惯，婴儿需要学会独立地抚慰自己，这样会为父母提供一些休息的机会。爸爸妈妈可以试试用下面的方法来教宝宝自己睡觉：

❶ 婴儿不睡觉时，把他放在自己的小床上，告诉他该睡觉了，然后离开屋子。如果宝宝没哭，就不必做任何事情；如果他哭了，让他独自哭上5分钟再回到他的房间。

❷ 不要开婴儿房间里的灯。保持最低限度的身体接触，然后再轻声细语地告诉他，他已是一个长大的宝宝了，这时他便可能自己入睡，接着妈妈再离开房间。

❸ 如果婴儿仍啼哭不止，可等上10分钟再进入他的房间，然后再次跟他说话。停留时间不要过长，一两分钟后便可离开屋子。

❹ 如果婴儿继续哭下去，要在每次进入他房间之前等上15分钟，直到他睡着为止。

❺ 在第二天晚上，可等婴儿哭10分钟之后再进入他的房间。

❻ 逐渐延长离开房间的时间。在第一天晚上，如果特别难以让宝宝哭上5分钟，可等两三分钟后再进去。你认为怎么合适就怎么去做。

当宝宝感到不适时，他便常常不睡觉，一旦宝宝感觉好些了，你可以再次实施上面的过程，由于宝宝以前学会了自己入睡，他是能够再次成功的。

❋ 逗嬉婴儿要适度

逗嬉宝宝，是家庭乐趣之一，但过分逗嬉婴儿是有害无益的，轻者会妨碍宝宝饮食、睡眠，重者可能伤害宝宝身体，适得其反。因此，家庭逗嬉宝宝时要注意：

❶ 进食的时候不宜逗乐。婴儿咀嚼与吞咽功能发育还不完善，如果在宝宝进食的时候逗乐，不仅会妨碍宝宝良好饮食习惯的形成，还可能造成食物误入气管，引起窒息或发生意外。婴儿在吃奶时把奶水呛入气管，有可能发生吸入性肺炎。

❷ 临睡前不要逗乐。睡眠是大脑皮层抑制的过程，宝宝的神经系统尚未发育完全，兴奋后不容易抑制。睡觉前过于兴奋，往往会迟迟不肯睡觉，即使睡了也睡不安宁，甚至出现夜惊现象。

❸ 不要抛举宝宝。有些父母为逗宝宝高兴，经常把宝宝向上抛起，然后再接住，婴儿一般都爱玩这种游戏，往往会反复要求父母抛举。如果稍有不慎

或疲劳，就有可能失手，摔坏宝宝，造成不可挽回的遗憾。因此，最好不要用抛举方式逗嬉宝宝。

④ 不要用手掌托举宝宝站立。婴儿会扶站以后，有些父母喜欢用一只手托住宝宝双脚，让宝宝站在自己的手掌上。这种做法也极不安全，虽说另一只手可以做保护，但一旦宝宝突然失去平衡，往往就会措手不及，后果非常严重。

⑤ 有的父母喜欢逗宝宝笑得上气不接下气，这样做会影响到宝宝的健康。过分逗笑，会造成宝宝瞬间窒息、缺氧，引起暂时性脑贫血，时间长了，还会使宝宝形成口吃和痴笑，容易发生下颌关节脱臼，久而久之会形成习惯性脱臼。因此，不宜过分逗笑宝宝，更不能逗得宝宝笑得上气不接下气。

❀ 亲吻宝宝的讲究

　　宝宝多接受妈妈的吻，生理和心理都会更健康。亲吻宝宝，是妈妈口唇同宝宝脸蛋儿或口唇的亲密接触。宝宝免疫力和抗病力低下，如果成年人患病，亲吻宝宝时，可能把病源传播给宝宝。一般来说，有下列情况时不要吻宝宝：

① **感冒：** 不论是哪种类型的感冒，病人鼻咽部都寄生有细菌或病毒，会通过亲吻传染。

② **流行性腮腺炎：** 病人唾液中存在腮腺炎病毒，会通过唾液传给宝宝。

③ **扁桃体炎：** 人的咽喉区平时寄生有多种细菌，当咽喉遭遇葡萄球菌、链球菌等病菌的感染时，吻宝宝可造成宝宝发病。

④ **病毒性肝炎或乙型肝炎表面抗原阳性：** 患者的唾液或汗液等会存在病毒，亲吻宝宝会使宝宝受感染。

⑤ **流行性眼结膜炎：** 病人的眼分泌物或泪液等均存在病毒或病菌，会传染给

宝宝。

⑥ **口腔疾病：** 牙龈炎、牙髓炎、龋齿等常见口腔病，大都因口腔不洁，病原微生物在口腔中繁殖，亲吻会传染给宝宝。

⑦ **嗜烟酒：** 嗜烟又酗酒者，口气中存在大量的一氧化碳、二氧化碳、氰氢酸、烟焦油、尼古丁等有害物质。烟酒气息会损害宝宝的心肺及神经系统。

有一些亲友出于对宝宝的喜爱，喜欢在宝宝脸上亲上几下。由于对来客健康状况不明，父母不妨巧妙地谢绝生人亲吻宝宝。

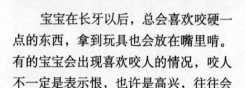

宝宝咬人是正常情况

宝宝在长牙以后，总会喜欢咬硬一点的东西，拿到玩具也会放在嘴里啃。有的宝宝会出现喜欢咬人的情况，咬人不一定是表示恨，也许是高兴，往往会咬住就不松口。

对宝宝咬人的习惯不必要大惊小怪，越是当成一回事，宝宝会越发得意。可以给宝宝一点较硬的食物去啃咬，例如馒头干、饼干等。尽量把宝宝的情绪调整好，使宝宝愉快。因为几个月大的宝宝还不懂得道理，总是咬人，就把他冷落一下，放在一边不理他，让宝宝自己认识到这样做不对。

训练宝宝坐便盆

从宝宝学会坐以后，就可以培养和训练宝宝坐便盆大便的习惯。

训练宝宝坐便盆大便，最好定时、定点让宝宝坐便盆，并教会宝宝用力。在宝宝有大小便的表示，比如说，正在玩着突然坐卧不安，或者用力"吭吭"的时候，就要迅速让宝宝坐便盆，逐渐形成习惯，不要养成宝宝在床上、在玩的时候随处大小便的习惯。

一开始宝宝还不一定能坐稳，一定要扶着。从培养习惯入手，如果宝宝不习惯，一坐就打挺，就不要太勉强，但每天都坚持让宝宝坐，多训练几次就形成习惯了。

坐便盆的注意事项：

❶ 冬天可先用热水把便盆热一下，再让孩子坐，以免冷刺激引起孩子大小便抑制。

❷ 不要让孩子坐在便盆上玩。

❸ 不要在孩子坐便盆时给他食物和水。

❹ 最好不在吃饭时大便。

❺ 孩子大便的地方要明亮，卫生间的环境尽量布置得舒服、优雅些。

❻ 便盆用后要洗净。

❼ 孩子如发生肠炎或痢疾，便盆要用1%漂白粉液浸泡1小时。

❽ 不要用擦了肛门的纸再擦女宝宝会阴部。

❾ 揩擦肛门要从前向后。

❿ 大便后要用温水给孩子清洗肛门。

教宝宝用杯子喝水

随着宝宝的长大，应当逐渐引导宝宝开始使用杯子和碗。一方面可以训练宝宝手的协调能力，另一方面可以诱导宝宝从吃奶向吃饭转变。

开始时可以在杯子里或碗里少放些水和食物，让宝宝下手抓碗里的食物吃。等到宝宝使用得熟练后，就可以完全用杯子喝水。

为了让宝宝学习用杯子，可以常给宝宝换一换不同颜色、不同样式的杯子，让宝宝感到有趣，愿意去试做。

科 学 喂 养

本月宝宝喂养要点

为了孩子的健康成长，妈妈应该坚持母乳喂养满6个月。

如果条件不允许，可人工喂养，奶量不再增加。每天喂养3～4次，每次喂150～200毫升。可以在早上6：00、中午11：00、下午17：00、晚上22：00各喂1次奶。上午9：00～10：00及下午15：00～16：00添加两次辅食。

6个多月的孩子每天可吃两次粥，每次1/2～1小碗，可以吃少量烂面片，鸡蛋黄应保证每天1个，每日要喂些菜泥、鱼泥、肝泥等，但要从少到多，逐渐增加辅食。

6个多月小儿正是出牙的时候，所以，应该给孩子一些固体食物如烤馒头片、面包干、饼干等练习咀嚼，磨磨牙床，促进牙齿生长。

✿ 本月宝宝推荐辅食

蛋黄粥

大米2小匙，洗净加水约120毫升，泡1～2小时，然后用微火煮40～50分钟，再把蛋黄1/4个研碎后加入粥锅内，再煮10分钟左右即可。

水果麦片粥

把麦片3大匙放入锅内，加入牛奶1大匙后用微火煮2～3分钟，煮至黏稠状，停火后加切碎的水果1大匙（可用切碎的香蕉加蜂蜜，也可以用水果罐头做）。

面包粥

把1/3个面包切成均匀的小碎块，和肉汤2大匙一起放入锅内煮，面包变软后即停火。

牛奶藕粉

藕粉或淀粉1/2大匙、水1/2杯、牛奶1大匙一起放入锅内，均匀混合后用微火熬，边熬边搅拌，直到成透明糊状为止。

奶黄粥

蛋黄1/2个、淀粉1/2大匙加水放入锅内，均匀混合后上火熬，边熬边搅拌，熬至黏稠状时加入牛奶3匙，停火后放凉即可。

✿ 缺铁性贫血小儿的喂养

小儿贫血大多数是由缺铁而引起的缺铁性贫血。铁是造血的主要原料之一，人体内的铁主要来源于食物，缺铁性贫血是营养性贫血。轻度贫血可无异常表现，血红蛋白低于110克/升时才会发现孩子患了贫血。贫血的孩子面色苍白、唇及眼睑色淡，抵抗力低下，生长发育缓慢。

对缺铁性贫血主要在于预防，在小儿喂养上应注意以下方面：

❶ 人工喂养的婴儿及时加辅食。因奶中含铁量低，远不能满足小儿生长的需要，而从母体得到的铁，至3～4个月时，都已用尽，因此必须及时补充。

❷ 选择含铁丰富，铁吸收率高的食物。一般来说，动物性食品铁吸收率较高，大约20%，植物性食物吸收率低，在10%以下。鸡蛋中的铁吸收率较低，所以不能满足于吃鸡蛋。大豆中的铁吸收率较高，可适量食用。

发生缺铁性贫血后，一方面应注意以上几点，调理好孩子的饮食，一方面在医生指导下，服用铁剂，多吃含铁量高的食物，防止感染其他疾病。一般经过治疗，血红蛋白可达到正常水平。

❀ 怎样让宝宝接受新食物

妈妈为宝宝准备食物时，应该注意色、香、味，以增加进食兴趣，使宝宝易于接受。

❶ 给宝宝烹调食物时一次只增加一种新食物。

❷ 将要添加的新食物和宝宝熟悉的或喜欢的食物搭配在一起做给宝宝吃。

❸ 开始添加新食物时，量要少，如一汤匙大小，以后慢慢增加。

❹ 可在宝宝饿的时候给他新食物，那么，宝宝会觉得这种从未吃过的新食物也蛮好吃的，下次再吃的时候，就比较容易接受了。

❺ 妈妈时常跟宝宝说说、看看新食物的味道、颜色、质感、结构，增加宝宝

对新食物的感官了解和熟悉程度。

❻ 做饭的时候，让宝宝看着妈妈做，以培养宝宝对新食物的兴趣。

❼ 妈妈要善于鼓励宝宝品尝新食物，对宝宝这种勇敢精神给予适当的表扬。

❽ 找出宝宝不喜欢新食物的原因。如果这种新食物以吸引宝宝的另一种形式出现，或许宝宝就乐于接受。

❾ 吃饭时，妈妈要和宝宝一起在桌旁吃，将新食物放在自己的盘子里，吃得津津有味，这会让宝宝觉得食物很好吃，不要在宝宝面前说不喜欢这种食物。

❿ 宝宝一般喜欢吃微温的食物，不喜欢吃过热或过冷的食物。

智能提升

❈ 多给宝宝抓捏的机会

在婴儿发育进程中，手的探索动作的发育是一个重要方面，婴儿会不断地寻找、抓握周围的物体。一般4~5个月的宝宝会抓住衣服往自己的脸上拽，6~7个月的宝宝会比较准确地抓住玩具，8~9个月的宝宝已经学会用手抓捏物体，但因为伸肌发育不完善，所以一旦抓住后不会随意放开。

所以，当妈妈抱着宝宝时，宝宝的手刚好能够到妈妈的头发、衣领，这细长的物体正好适合宝宝抓捏的需求，因此，一旦抓住了，越是想让宝宝松开，宝宝抓得越紧，并且会摇来拽去。在这个阶段，可多给宝宝一些各种形状和软硬度合适的玩具，多给宝宝一些抓捏的机会，让宝宝的探索活动顺利进行。

❈ 不要忽视宝宝的心理"营养"

宝宝心理的发育和身体的发育一样需要"营养"。当然，心理发育所需要的"营养"不是蛋白质、维生素和矿物质，而是拥抱、赞扬和笑容。

父母对宝宝的热烈拥抱，是宝宝心理发育最佳的"营养"。在宝宝的感觉器官中，皮肤是最敏感的，因此亲子间的肌肤接触十分重要。不过，拥抱也是有讲究的，研究发现，紧紧的、长时间

（持续8秒钟以上）拥抱，才能使宝宝真正感到被爱、被信任、被肯定。一天拥抱一次，连续两三天，间隔两三天，然后再重复进行。这样的拥抱法，对宝宝心理发育最有益。

妈妈亲切的话语，是宝宝心理发育的重要"营养"。宝宝虽然不会用语言与父母交流，却能接收妈妈亲切的话语中传递的爱的信息，并由此感到满

足。因此，父母千万不要忽视与宝宝的"交谈"。

父母的笑容，是宝宝心理发育的又一重要"营养"。父母忧愁、焦虑的面容会扰乱宝宝心里的宁静，使宝宝感到恐惧和不安全感。为此，做父母的应当努力学会保持开朗乐观的生活态度，让宝宝总是看到你的笑容。

❀ 适时对宝宝说"不"

7个月宝宝已经能够知道控制自己的行为。这时，凡是合理要求，都应该满足宝宝，而对于不合理要求，不论他如何哭闹，也不能答应。比如，宝宝要扭动电视机的按钮、玩电灯的开关等，父母就要拉下脸来，板起面孔，向宝宝摆手，严肃地告诉他"不行"！这样做的关键，不是怕电视机损坏或者电灯开关坏掉，而是要使宝宝节制自己的行为，知道有些事可以去做，另一些事不可以去做。

从这个月龄起，父母就要使宝宝从小养成讲道理的习惯，以免长大以后养成"小霸王"的不良习惯。

❀ 传递积木锻炼手部能力

传递积木可以训练手与上肢肌肉动作，培养用过去的经验解决新问题的能力。

训练双手传递功能的小游戏：

让宝宝坐在床上，妈妈给他一块积木，等他拿住后，再向同一只手递第二块积木，看他是否将原来的积木传到另一只手里，再来拿这块积木。

如果他将手中的积木扔掉再来拿这块积木，就要引导他先换手，再拿新积木。

❀ 跟宝宝一起读书

跟宝宝一起读书是一种把学东西同亲近结合起来的极好方式。爸爸妈妈让宝宝接触语言的韵律和音调，在你们共享这一体验时，你也与宝宝建立了亲密的关系。

当你读书给宝宝听时，你是在向他展示一个新的世界，给他读不同的书可培养他未来的读书习惯。由于你们分享的互相交流，他会成为一个终身读者。

为了给你的宝宝灌输爱读书的好习惯，应该选择那些适合婴幼儿年龄的书和故事。想一想你小的时候喜欢看的书，许多这样的书可在图书馆和书店里找到。把一篇你小时候喜爱的故事读给宝宝听，这对于你来说特别有意义。

如果你不能确定哪些书适合自己的宝宝，应该去图书馆，负责儿童书籍的图书管理员会指导你选择什么样的书。从图书馆借书是一种使宝宝接触各种各样的故事的极好方式，要选择那些读起来有趣的书。对于幼小的婴儿来说，彩色图片常常是关键性的读物，吟诵的诗节也是不错的，因为宝宝喜欢听语言的韵律。

在读一篇故事给宝宝听时，你的嗓音会充分表达书中内容的情感，要以欢快的音调来读故事，自始至终要表现出热情。根据书中不同的人物来改变音调，要使宝宝听得入迷，他会感受到你的愉快并更亲密地注意你了。

应随时牢记，无论是哪个宝宝，都会对这种活动感到厌倦，要注意观察他是否出现不耐烦的迹象。当宝宝感到厌烦时，应该把读书停下来，改天再接着读。

❀ 亲子游戏推荐

◎玩水学儿歌

将孩子放在浴盆中，放上35℃~36℃温水，水深至孩子胸前。妈妈给他一个充气鸭子。孩子会在水中拍打嬉戏，妈妈一边跟他玩一边念儿歌：小鸭子叫嘎嘎，嘎嘎叫着找妈妈。一找找到小河边，妈妈就在水里哪。

目的：让宝宝接受洗澡，培养乐感。

◎手指活动练习

给孩子带盖的纸盒，里面装一些东西。妈妈把盒子摇摇发出声响，孩子会想办法将盒子打开。

目的：培养好奇心，练习手指灵活性。

◎抠洞

做一个纸盒，纸盒六面画上图案，并剪出小洞，让孩子用手指抠洞玩。

目的：练习手指动作。

◎拍拍手

妈妈与宝宝面对面地坐，握住他的小手边拍边说："拍拍手。"反复做几次以后，叫他"拍拍手"，孩子就能自己拍手。

目的：训练模仿能力。

◎认识物品

在盒子内放10件玩具，其中有小熊，妈妈对孩子说："小熊呢?小熊藏哪儿了?××把他找出来。"让孩子将小熊从玩具中挑出来。

目的：认识物品。

◎钻山洞

爸爸趴在地毯上，双臂支撑，腹部抬高，妈妈让孩子"钻山洞"，从爸爸腹下爬过去。爸爸仰卧在地毯上，妈妈说"爬大山"，让孩子从爸爸身上爬过去。

目的：练爬，培养亲情。

疾病防治

❋ 检查宝宝的眼睛和耳朵

检查眼睛

可能有视力方面问题的体征有：

- ◎ 瞳孔不聚集
- ◎ 瞳孔发白
- ◎ 眨眼
- ◎ 当你给宝宝东西时，他摸索着去接
- ◎ 他似乎没有注意到你
- ◎ 他将头转向一个不正确的角度去看物体
- ◎ 一只眼睛斜视
- ◎ 眼睛转动异常
- ◎ 他似乎没有看到身边发生的事情

如果你发现了任何这些体征，应去看儿科医生，医生会给宝宝进行检查来确定宝宝是否需要戴矫正镜，或是需要接受其他治疗方法。

检查耳朵

当你的宝宝抓挠耳朵或举止反常时，他是否耳朵有炎症呢？这时，在带宝宝看医生之前你应先亲自检查一下，

看宝宝是否有以下症状：

- ◎ 耳朵疼
- ◎ 自己拽或挠耳朵
- ◎ 碰或拽宝宝耳朵时，他会觉得疼
- ◎ 发烧
- ◎ 耳中流出分泌物或液体(脓)
- ◎ 听力减退或丧失
- ◎ 出现流感样的症状
- ◎ 躁闹加剧
- ◎ 喂食困难

如果宝宝有以上症状，宝宝的耳部可能已经受到感染了，或者已经得了中耳炎，应该及时带宝宝看医生，听从医生的建议。

❀ 积极提高宝宝的抗病力

一般从出生后7个月开始，宝宝体内来自母体的抗体水平逐渐下降，而宝宝自身合成抗体的能力又很差，因此，宝宝抵抗感染性疾病的能力逐渐下降，容易患各种感染性疾病。要积极采取措施增强宝宝的体质，提高其抵抗疾病的能力。

许多小儿要到6～7岁以后自身的各种抵抗感染的能力才能达到有效抗病的程度，在这之前，需要采取措施帮助孩子提高抗病能力，主要应做好以下几点：

❶按期进行预防接种，这是预防小儿传染病的有效措施。

❷保证小儿营养。各种营养素如蛋白质、铁、维生素D等都是小儿生长发育所必需的，而蛋白质更是合成各种抗病物质如抗体的原料，原料不足则抗病物质的合成就减少，小儿对感染性疾病的抵抗力就差。

❸保证充足的睡眠也是增强体质的重要方面。

❹进行体格锻炼是增强体质的重要方法，可进行主、被动操以及其他形式的全身运动。

❺多到户外活动，多晒太阳，多呼吸新鲜空气。

❀ 注意防治小儿红斑

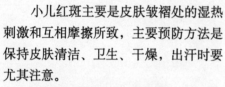

小儿红斑主要是皮肤皱褶处的湿热刺激和互相摩擦所致，主要预防方法是保持皮肤清洁、卫生、干燥，出汗时要尤其注意。

小儿红斑多见于肥胖宝宝，好发于颈部、腋窝、腹股沟、关节屈侧、股与阴囊的皱褶处。初起时，局部为一片充血性红斑，其范围多与互相摩擦的皮肤皱褶的面积相吻合。表面湿软，边缘比较明显，较四周皮肤肿胀。若再发展，

表皮容易糜烂，出现浆液性或化脓性渗出物，亦可形成浅表溃疡。

预防红斑要保持皮肤皱褶处清洁、干燥。治疗红斑，可先用4%硼酸液冲洗，然后扑粉，并尽量将皱褶处分开，使局部不再摩擦。湿润时，可用4%硼酸液湿敷。糜烂时，除4%硼酸液湿敷外，可用含硼酸的氧化锌糊剂。有继发感染时，可涂以2%的龙胆紫或抗感染药物治疗。

Part 8

7~8个月宝宝

生 长 发 育

❋ 宝宝的生理发育

宝宝越长越大，已经7个月了。这时宝宝的生理发育有哪些特点呢?

宝宝的生理发育表		
生理发育	标 准 值	备 注
体 重	男婴平均体重为9.12千克 女婴平均体重为8.50千克	8个月宝宝的体重增长已经趋缓，宝宝的体重差异开始增大，如果宝宝体重只有6千克多，应请医生检查
身 高	男婴平均身长72.0厘米，女婴平均身高为70.0厘米 坐高：男婴坐高平均为45厘米，女婴坐高平均为43.7厘米	
头 围	男婴的平均头围为44.6厘米 女婴的平均头围为43.5厘米	
胸 围	男婴平均胸围为44.7厘米 女婴平均胸围为43.8厘米	
其 他	宝宝的牙齿发育也有很大的差别，如果宝宝的下门牙以前没有长出来，这个月就会长出来了	

❋ 宝宝的感觉发育

宝宝已经能够区分亲人和陌生人，看见看护自己的亲人会高兴，从镜子里看见自己会微笑。如果和他玩藏猫儿的游戏，他会很感兴趣。这时的小儿会用不同的方式表示自己的情绪，如用笑、哭来表示喜欢和不喜欢。

宝宝的感觉发育表	
感觉发育	标准值
动作	8个月宝宝的手指灵活多了，现在他不再扔东西了，会用另一只手去接，这样可以一只手拿一件，两件东西都可摇晃，相互敲打。这时宝宝的手如果攥住什么就不轻易放手，妈妈抱着他时，他就攥住妈妈的头发、衣带。另外，他也喜欢用手捅，妈妈抱着他时他会用手捅妈妈的嘴、鼻子。此时的宝宝也喜欢摸摸东西，敲敲打打各种玩具，他会把拿到手的东西放到嘴里啃
听觉	8个月的宝宝对于词语以及片语的了解兴趣一周比一周更加浓厚了，当他首次了解词语的时候，他在这段时间内会很听话。慢慢地，妈妈叫他的名字他就会反应出来，妈妈叫他不要做某件事情，或把物体拿回去，他都会照妈妈的吩咐去办。这个时期可以教他认识更多的事物，帮助他把语言和物品联系起来
视觉	8个月的宝宝有一个十分显著的表现，即四处观望，他们会东瞧瞧，西望望，似乎永远也不会疲劳。8个月到3岁大的幼儿们，会把20%的非睡觉时间，用在一会儿探望这个物体，一会儿探望那个物体上

❀ 宝宝的心理发育

7个多月的宝宝已经习惯坐着玩了，尤其是坐在浴盆里洗澡时，更是喜欢戏水，用小手拍打水面，溅出许多水花。如果扶他站立，他会不停地蹦。嘴里咿咿呀呀好像叫着爸爸、妈妈，脸上经常会显露幸福的微笑。如果你当着他的面把玩具藏起来时，他会很快找出来。喜欢模仿大人的动作，也喜欢让大人陪他看书、看画，听"哗哗"的翻书声音。

妈——妈——

年轻的父母第一次听宝宝叫爸爸、妈妈时，是一个激动人心的时刻。7个多月的宝宝不仅常常模仿你对他发出的双复音，而且有50%~70%的宝宝会自动发出"爸爸"、"妈妈"等音节。开始时他并不知道是什么意思，但见到爸爸妈妈听到后就会很高兴，叫爸爸时爸爸会亲亲他，叫妈妈时，妈妈会亲亲他，宝宝就渐渐地从无意识的发音发展到有意识地叫爸爸、妈妈，这标志着宝宝已步入了学习语音的敏感期。父母们要敏锐地捕捉住这一教育契机，每天在宝宝愉快的时候，给他朗读图书，念念儿歌和绕口令。

家 庭 护 理

❀ 防止意外事故发生

孩子会爬以后，他活动的范围大了，本领也大了，他会攀爬，会扶着栏杆移动。这时他还不懂得什么会对他造成伤害，不知道保护自己，而意外事故的发生非常突然，往往来源于小小的疏忽，平时一定要注意避免，注意室内室外的安全：

① 不要让婴儿一个人待在洗澡盆里，一小会儿也不行，澡盆里的水足以对婴儿造成威胁。

② 室内的门和柜子门不要用玻璃的。组合式家具要固定好。除去柜子等家具上能使孩子攀爬、抓、跳的把手等。

③ 凡是孩子容易碰撞的家具棱角，要包上海绵、厚棉制品等。室内楼梯应加护栏。

④ 将室内的电线架高。电源电器要安全。把电熨斗放在高处。

⑤ 抽屉和碗柜里不要放化学制剂、打火机。

⑥ 水壶里的开水1小时后仍能烫伤孩子。

⑦ 外出时在汽车里给孩子扣上安全带。

⑧ 如果有条件，空出一个房间或角落，让孩子玩耍。

⑨ 桌、椅、床要远离窗户，防止孩子爬上窗户。

⑩ 孩子的床栏应高过其胸部，小推车的护栏也要高些。

⑪ 注意卫生。把孩子爬的场所打扫干净，因为孩子不光会爬，还会把东西放嘴里啃。

⑫ 不要让他一个人独自四处爬。

⑬ 不要让孩子上厨房和餐厅，特别是有热菜、热汤时。

⑭ 桌子上不要放桌布，以免他拉下来，让桌上的东西砸着他。

⑮ 把热水瓶放到孩子碰不到的地方。

⑯ 不要给他筷子、勺、笔等，以免他放到嘴里摔倒而受伤。

⑰ 收好药品、洗涤用品。

❀ 给宝宝准备学步的鞋子

8个月的宝宝大动作发育迅速，要爬、要站、要扶栏杆走等。因此，应给婴儿准备几双鞋子，不仅便于活动，还可起到保暖的作用。

穿合脚的鞋子对宝宝十分重要，因为宝宝的骨骼还没有完全骨化，穿了太紧或是不合脚的鞋子，虽然宝宝并不会觉得痛，但事实上稚嫩的小脚已经受到伤害。再者，脚底有许多穴道，穿上合适的鞋子可以刺激脚底的穴道、帮助成长。简单地说，宝宝鞋可以保护足部，支撑足部骨骼稳定成长。

选择的鞋子要大小合适，比宝宝的脚稍大一些就可以了。试鞋时，让宝宝穿上鞋后，妈妈扶着宝宝站在地面上，全脚着地。让宝宝的脚趾顶到鞋的前面，后面能伸进大人的一个手指就可以了。使宝宝的脚在鞋里面比较宽松，便于活动。如鞋过大，活动起来不方便，容易掉鞋，不利于动作的训练。如鞋子太小，不利于宝宝脚的发育，甚至会造成双脚的畸形发育，也影响宝宝的动作训练。这个月龄的宝宝脚长得较快，一般来说两个月就要换一双鞋，因此，妈妈应经常给宝宝量量脚的大小，及时更换鞋子。

❀ 防止宝宝睡觉踢被子

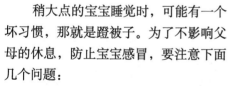

稍大点的宝宝睡觉时，可能有一个坏习惯，那就是蹬被子。为了不影响父母的休息，防止宝宝感冒，要注意下面几个问题：

不要给宝宝盖得太厚，也不要让他穿太多衣服睡觉，并且被子和衣服用料应以柔软透气的棉织品为宜，否则，宝宝睡觉时身体所产生的热量无法散发，宝宝觉得闷热的话，就很容易蹬被子。一般来说，给宝宝盖的被子，春天和秋天被子的重量应在1.0~1.5千克为宜。夏季要用薄毛巾被盖好腹部。冬季被子的重量以2.5千克左右为好。

睡觉前不要过分逗引宝宝，不要让他过度兴奋，更要避免让他受到惊吓或接触恐怖的事物，否则，宝宝入睡后容易做梦，也容易蹬被子。

有些时候，宝宝是因为某种疾病的影响而睡眠不安，进而踢被子的，比如患蛲虫病时，宝宝睡觉时会因肛门瘙痒而不安，手脚乱动而蹬开被子；患佝偻病的宝宝可能夜惊、睡眠不安而踢被。如果怀疑宝宝患有这些疾病，父母应及时带他们去医院检查、治疗。

❄ 不要让宝宝躺着喝奶

宝宝学会自己拿奶瓶喝奶后，注意千万不要让宝宝躺着喝奶。

现在的生活条件提高了，很多宝宝五六个月就开始长牙。躺着喝奶，宝宝容易睡着，再加上妈妈没有定时给宝宝清洁牙齿，很容易造成奶瓶性龋齿。

躺着喝奶除了会有呛奶的危险，还容易造成中耳炎。因为宝宝的耳咽管和口腔相通，耳道也比较短，所以当奶水呛到喉咙时，很容易感染，引发中耳炎。

如果宝宝习惯躺着喝奶的话，下颌就会长期过度前伸，就有可能造成"地包天"的情形，会影响到宝宝面部的"整体布局"。

当宝宝有躺着喝奶的坏习惯时，妈妈可以等宝宝在妈妈的臂弯里有困意的时候给他喂奶，当他一睡着，立即轻轻地把宝宝放进小床，让他安睡。

❄ 宝宝吃手要有度

宝宝常吃手虽然有助于宝宝发育，但要注意清洁，还要注意适度。

吃手时，宝宝的手泡在口水里，受到牙齿的压迫，时间一久，容易出现手指蜕皮、肿胀、感染、变形；宝宝小手放在嘴里，在这一阶段还会影响出牙，时间久了可能会引起牙齿排列不整齐，牙齿闭合不良；此外，宝宝的小手的活动范围比之前大了，东摸西动，粘了不少脏东西，一吃手，脏东西就入口了，容易引起腹泻、感染寄生虫等。

当宝宝吃手时，妈妈可以给宝宝一块磨牙饼干，让他啃啃，或来个安慰奶嘴或磨牙棒替换一下小手。还要多和宝宝一起做游戏，防止宝宝长时间吃手。

❄ 宝宝大便干燥的护理方法

大便干燥的孩子平时多饮温开水，多吃蔬菜和水果。另外，要训练孩子养成定时排便的习惯。

如果孩子已经两天没有大便，而且很不舒服、哭闹、烦躁，家长可以用肥皂条或开塞露塞入小儿肛门。塞药时让小儿向左侧躺着，左腿伸直，右腿弯曲，药物挤入肛门之后，不要马上起来，稍过几分钟，让药物充分发挥作用，然后再去排便。但是，这些方法不要常用，不要养成靠药物排便的习惯。

另外，对较小的婴儿，除非医生允许，一般不要随便服用泻药。

科学喂养

🌸 本月宝宝辅食推荐

蔬菜猪肝泥

胡萝卜煮软切碎1小匙，菠菜叶1/2匙加少量盐煮后切碎，和切碎的猪肝2小匙一起放入锅内，加酱油1小匙用微火煮，停火前加牛奶1大匙。

香蕉粥

1/6根香蕉去皮后，用勺子背把香蕉研成糊状，放入锅内加牛奶1大匙混合后上火煮，边煮边搅拌均匀，停火后加入少许蜂蜜。

番茄猪肝

切碎的猪肝2小匙，切碎的葱头1小匙同时放入锅内，加水或肉汤煮，然后加洗净、剥皮、切碎的番茄2小匙，盐少许。

南瓜泥

南瓜去皮，放水煮软后，捣成泥。

鱼泥

净鱼肉100克洗净，放开水煮，取出剥皮，去骨刺，把肉研碎，再加水将鱼肉煮烂。

🌸 别让宝宝贪恋甜食

7～8个月的宝宝对味道很敏感，而且容易对喜欢的味道产生依赖，尤其是甜食，因为大多数宝宝都比较喜欢甜甜的味道，但甜食对宝宝的不利影响很大。

如果大量进食含糖量高的食物，宝宝得到的能量补充过多，就不会产生饥饿感，不会再想吃其他食物。久而久之，吃甜食多的宝宝从外表上看，长得胖乎乎的，体重甚至还超过了正常标准，但是肌肉很虚软，身体不是真正健康。

此外，甜食吃得过多会使宝宝出现味觉依赖、龋齿、营养不良、精神烦躁、钙负荷加重等症状，不但影响宝宝的生长发育，还会使宝宝的免疫力降低，很容易生病。

 小贴士

如果宝宝在婴儿期就偏爱甜食，那么此后将很难使他放弃甜食，因此婴儿期应少喂含糖量高的食物，尽量给宝宝提供多样化的饮食，控制甜食的摄入量。

 适时给宝宝断奶

自8个月起哺乳次数可减去一次，以牛奶或米汤代替，以后母乳喂哺次数再逐渐减少，最后很自然地断乳。

断乳期妈妈和宝宝都有一个适应过程，不应该毫无准备地在几天内突然断乳。因为在宝宝还不能习惯各种食物时断乳，常易引起消化不良、腹泻，甚至会影响宝宝的生长发育。但母乳喂养时间过长，对宝宝也不利，因为这时母乳中的营养成分已不能满足宝宝需要，而宝宝常留恋母乳，不愿很好进食其他食物，易形成营养不良（俗称奶痨）。

断奶最好在春、秋两季，如果正是夏季，可以提前或稍微推迟一些时间断奶，因为宝宝由哺乳改为吃饭，必然会增加胃肠的负担，加上天气炎热，消化液分泌减少，肠胃的功能降低，容易发生消化功能紊乱而引起消化不良，甚至发生细菌感染而腹泻。

 小贴士

断奶仅指断母乳，而不是指断配方奶或其他乳制品，相反，断母乳后乳制品显得更重要。

 给宝宝补充DHA

DHA俗称脑黄金，是一种对宝宝的大脑和视网膜发育具有重要促进作用的不饱和脂肪酸。此外，DHA还具有促进宝宝的生长发育、提高宝宝的机体免疫力、防止宝宝出现智力障碍等重要作用。

世界卫生组织建议婴幼儿期的宝宝每天补充100毫克DHA，以满足宝宝智

力及身体发育的需要。

母乳是宝宝出生后获得DHA的最好来源，正常用母乳喂养的宝宝一般不需要补充DHA。如果已经开始给宝宝断奶，也可以选择添加DHA的配方奶粉或富含DHA的辅食为宝宝补充DHA。

除了母乳，蛋黄和海洋鱼类中（如秋刀鱼、沙丁鱼、鱿鱼、鲑鱼、鲭鱼、鲣鱼等）都含有丰富的DHA。鱼体内含量最多的则是眼窝部分，其次是鱼油。谷物、大豆、薯类、奶油、植物油、蔬菜、水果等食物中几乎不含DHA。

小贴士

不要用成人服用的深海鱼油为宝宝补充DHA，深海鱼油中含有大量的EPA，很容易造成宝宝摄入EPA过量，对宝宝的健康不利。

教宝宝自己拿勺子吃饭

妈妈可以给宝宝准备两个适合宝宝的小勺，宝宝一把，妈妈一把，教宝宝自己学着拿勺子。

妈妈每次喂宝宝吃饭时，妈妈拿一把勺子喂宝宝吃饭，宝宝自己拿勺子练习盛东西。初期宝宝不知道勺子的反正面，有的宝宝会用勺子背面盛东西，妈妈可以告诉宝宝应该用凹面盛东西。

妈妈给宝宝买勺子时，要选择相对软一些的无毒塑料勺子，先不要给宝宝使用不锈钢的勺子，避免宝宝突然咬勺子而伤及牙床或牙齿。

每次妈妈给宝宝使用勺子或吃饭前，要将宝宝的手洗干净，避免宝宝抓食物吃时因手不干净而引起腹泻。

宝宝使用勺子吃饭时，会把桌子上弄得乱七八糟，妈妈不要指责宝宝。

智能提升

❋ 早学走路不一定好

直立行走，首要靠的是牢固的骨骼来支撑全身重量。婴幼儿骨骼的成分中，含无机盐少，有机盐多，因而比较柔韧、有弹性，易于变形。正常人脊柱有四个生理弯曲：颈曲、胸曲、腰曲、骶曲。新生儿几乎没有生理弯曲，直到以后随着独立支持头部、独立坐起、独立行走时才形成颈曲、胸曲和腰曲。

组成婴儿骨盆的髋骨不够成熟，关节韧带松弛，关节囊较浅，故易发生脱臼。如果过早让宝宝行走，使婴儿较软的骨骼过早地承担身体重量，会影响骨盆及肢骨正常形状的形成，不利于婴儿脊柱正常生理弯曲的发育，也不利于正常步态的养成。婴儿的肌纤维较细，蛋白质和无机盐少，水分多，易疲劳，而学走步时需要一定的肌群处于紧张状态，更易疲劳。

宝宝长到6个月时，下肢才能较好地支持身体，8个月左右能扶站片刻，11个月时能扶床站起或被扶着向前走，1岁左右，才到宝宝学走路的时期，是人生中重要的转折点。

❋ 开发宝宝的右脑

人脑的右球主管人的想象、颜色、音乐、节奏等。开发宝宝的右脑，可以令宝宝具有神奇的创造能力。通过手指精细动作的训练，语言学习，借助音乐和运动锻炼，都能达到开发右脑的目的。

❶ **刺激指尖**：人体每一块肌肉在大脑皮层中都有相应的神经关联，其中手指运动中枢在大脑皮层中所占区域最广。所以手的动作，特别是手

指的动作，越复杂、越精巧、越娴熟，就越能在大脑皮层建立更多的神经联系，使大脑变得更聪明。因此，训练宝宝手的技能，对于开发智力十分重要，"心灵手巧"是前人的经验之谈。

玩沙子、玩石子、玩豆子等，可以锻炼宝宝手的神经反射，促进大脑的发育；伸、屈手指，闭上眼睛扣衣服，练习写字、绘画，可以增强手指的柔韧性，提高大脑的活动效率；摆弄智力玩具、拍球投篮、学打算盘、做手指操等精细的活动，可以锻炼手指的灵活性，增强大脑和手指间的信息传递；玩积木、橡皮泥有利于动手能力的培养；经常让宝宝交替使用左、右手，可以更好地开发大脑两个半球的智力。

❷ **语言学习：**人们经过长期研究得出一个结论，儿童学会两三种语言跟学会一种语言一样容易，因为当宝宝只学会一种语言时，仅需大脑左半球，如果培养宝宝同时学习几种语言，右脑就会参与其中。

❸ **爬行：**妈妈经常要求宝宝不要在地上爬行，怕弄脏衣服，嫌不雅观。然而要刺激右脑，最好的方式是从小就训练爬行，对未来的平衡感和运动细胞都有帮助。

❹ **借助音乐：**大脑的右半球负责完成音乐、情感等功能，称为"音乐脑"。如果宝宝在幼儿期能够经常学音乐、听音乐，可以开发"音乐脑"。要提高宝宝的智能，学习弹琴是一种很好的指尖运动。还可以在宝宝做其他事情的时候，创造音乐环境。因为音乐由右脑感知，左脑不受影响而继续工作，在不知不觉中锻炼宝宝的右脑。

❺ **运动锻炼：**有意识地让左手、右手多重复几个动作，可以刺激右脑，激发灵感。右脑在运动中对鲜明形象和细胞的激发比静止时快得多。由于右脑的活动，左脑活动受抑，人的思维会摆脱逻辑思维，创造性灵感常常会脱颖而出。

给宝宝挑选他喜欢的玩具

给宝宝选择玩具时，要注意玩具本身应当适合宝宝的发育特点，比如婴儿在发展抓握能力时，给宝宝花铃铛，到宝宝学走路时，就不用这一类玩具了。

❶ 玩具要适合宝宝的能力。妈妈要了解自己的宝宝，太难和太容易的玩具都不会引起宝宝的兴趣。

❷ 选择宝宝有兴趣的玩具。玩具是给宝宝玩的，妈妈不可以根据自己的喜好来给宝宝购买玩具。

❸ 不要总买一类玩具。比如男宝宝喜欢车，家里玩具就总是各种各样的车。要买各类玩具，使宝宝有较广泛的认识。

④ 不要买劣质玩具，要注意玩具的安全。玩具不要有尖锐的边角，不要有有害的物质，玩具上的小配件要不易脱落，以防宝宝误吞咽。

⑤ 不要买用有污染的材料制作的玩具。

让宝宝学会挑选：

宝宝会爬、会坐以后，活动范围扩大，认识的东西多了，可以让宝宝从自己认识的玩具中，挑选喜欢的，来训练宝宝做出决定的能力。比如妈妈拿起两个大小不同的勺子，让宝宝选择要哪一个，宝宝伸手拿到了就夸赞和表扬他挑得好。每次可以让宝宝挑不同的物品，如食物，不同颜色的手帕、毛巾、画片等，要这样经常让宝宝按自己的喜爱决定自己的选择。

通过这种方式，可以训练宝宝对物品的形状、颜色进行观察和识别，也能训练宝宝注视小物品，并使用手指取东西的能力。选择，是培养宝宝独立自主能力的开始，让宝宝自己有决定自己行动的主动权，养成独立的人格，为将来独立思考问题、独立解决问题打下基础。

❀ 让宝宝意识到危险的存在

婴儿学会爬行，并且随着月龄的增长，行动范围扩大，随之而来的危险也不断增加。宝宝在家里兴奋地到处爬，发现稀奇的东西就想冲上去，用自己刚刚会使用的认识方式，摸一摸，他并不知道危险的存在。

坚决地警示宝宝：

宝宝到了这个月龄，只有通过大人严厉的表情和坚决地说出"不行"、"不准"等表示禁止的语句，他才能渐渐了解到，世界上还有不能做的事情。如果妈妈突然一声断喝："不行，很烫！"宝宝这时会被吓到，不再继续摸下去，还会很诧异地看着妈妈，平时很慈祥的妈妈一反常态地严厉，这一下会使宝宝眼泪含在眼眶里打转，感到很委屈。妈妈的表情和语气对宝宝起到了警示作用。

制止了宝宝的手上动作不至于被烫伤的，并不是"不行"这句话，而是语调一反常态的气氛。因为宝宝并不能理解"不行"这句话的意思，但妈妈的语气却传达了制止宝宝行为的喝阻力。虽然，妈妈这一声喝阻不是轻易能说出来的，对于已经能够自由活动却没有判断能力的宝宝来说，如果不能及时赶到宝宝身边时，这一句"不行"、"不准"至少能起到暂时的制止作用。

教会宝宝认识危险的存在：

要制止宝宝做危险的事，必须严厉，如果宝宝被吓哭了，妈妈可以抱起宝宝，等到宝宝平静下来以后，再带着他去了解为什么那件事情是危险的，比如拉着他的小手靠近火炉感受热度，对宝宝说："看，很烫吧？不小心被烫到会很痛！"

虽然有时候危险要实际经历才了解到可怕，但及时用语言传达出禁止的信息，可以让宝宝了解到世界上存在着各种被禁止的危险事物，从而学会保护自己。

随着宝宝的逐步成长，以社会的各种规范为基础的被禁止行为越来越多，这个时期，应当开始让宝宝认识到有被禁止做的事。

❀ 鼓励宝宝交朋友

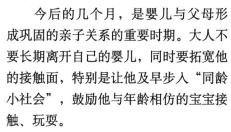

今后的几个月，是婴儿与父母形成巩固的亲子关系的重要时期。大人不要长期离开自己的婴儿，同时要拓宽他的接触面，特别是让他及早步入"同龄小社会"，鼓励他与年龄相仿的宝宝接触、玩耍。

在户外活动时，可鼓励宝宝去交朋友。抱着婴儿和别的妈妈抱着的婴儿相互接触，看一看或摸一摸别的婴儿，或在别人面前表演一下婴儿的本领，或观看别的婴儿的本领。也可让婴儿和其他同龄婴儿在铺有席子的地上互相追随

爬着玩，或抓推滚着的小皮球玩，或和大一些的婴儿在一起玩，看他是否更喜欢和较大的婴儿在一起玩。这样可以为宝宝日后的社会交往能力打下基础。但是，如果婴儿出现抓别人脸或抢别人的玩具等行为时，一定要制止。

对新生儿的个性，不要过度保护。这样，勇敢、自信、豁朗、友爱、善于与人相处、富有同情心和竞争心等现代素质，就会在婴儿的心里扎下根，就能使婴儿在未来社会中健康和快乐地成长。

❀ 宝宝黏人不是坏习惯

有一些家庭把宝宝黏人视为缺点，在此我们特别指出，低幼龄儿童的黏人现象不仅不是坏习惯，适当黏人的宝宝还直接有利于将来的沟通和交流。

6个月至1岁半的宝宝多数会对父母产生依恋感。如果到了这个年龄的宝宝，还没有对家人产生依恋感的话，会给宝宝未来的生活打上阴影。

亲子依恋是正常的发展需求：

亲子依恋，是婴儿寻求在躯体上和心理上，与抚养人保持亲密联系的一种倾向，常表现为微笑、啼哭、咿咿呀呀、依偎、追随等。

依恋是逐渐发展的，宝宝生长到6~7个月时依恋开始明显，3岁以后才能逐渐耐受与依恋对象的分离，并习惯与同伴或陌生人交往。

良好的亲子依恋，是一种积极的感情联系。依恋的人出现，会使宝宝有安全感，有了这种安全感，宝宝就能在陌生的环境中克服焦虑或恐惧，从而去探索周围的新鲜事物，并尝试与陌生人接近，这样能使宝宝的视野扩大，认知能力得到快速发展。

父母最好亲自带宝宝：

当今社会生活节奏加快，多数父母已经没有办法全天候养育和照顾宝宝，只能请保姆或者是祖父母来照料宝宝的生活起居，这样一来，宝宝和父母之间的关系就会疏远。

如果在婴幼儿时期，宝宝没有产生适度的黏人性，成年后就可能很难与别人沟通，影响以后的社会生活和家庭生活。因此，这段时间的宝宝最好自己带，即使条件不成熟，也至少应当保证每天都见面。

❀ 让宝宝尝试扶走

孩子会爬、会坐，接着便能在妈妈的扶助下站起来，然后能自己独自站立了。首先让孩子扶着牢固的小桌子、床栏站立，以后可让他独自站立片刻，当他跌倒时，赶快将他扶住，这样每天练几次，当他独自站得好时就鼓掌，当着大家表扬他。可以试着让孩子扶着床栏去拿稍远些的玩具："你看，小狗熊向你招手呢，你过去跟它玩!"或是妈妈站在床的另一头，说："宝宝，来，往这边走!"多次训练以后，孩子就可以慢慢扶着向前迈步了。最初他走不稳，腿一软就摔倒，但他会自己爬起来。以后不但能扶着走稳，速度也快了。这时妈妈可以牵着他的一只手臂，拉着他慢慢走。妈妈的手臂是软的，比扶着家具走难度大。

这个游戏主要是锻炼下肢肌肉及全身协调动作，使孩子从坐、爬到站、扶走、独行。当他能够站立、行走后，活动范围扩大了，动作范围有了一个大的飞跃。行走的训练有时要延续几个月，妈妈每日与孩子玩一会儿，不要操之过急。

❁ 亲子游戏推荐

◎ 锻炼四肢

小鸟飞：在户外，妈妈扶孩子站立，让他学小鸟扇动两臂，往上蹦。

目的：锻炼四肢。

◎ 揉纸

给孩子不同的纸，注意不要用比较脆的纸，如铜版纸。让孩子揉、撕，他会感觉到不同的声音。

目的：练习手指。

◎ 练习取物

将一只空盒子剪几个洞，洞的大小以孩子的手能伸进去并能拿出玩具为宜。在盒里放几件玩具或物品，让孩子从盒里摸东西出来。

目的：练习拿东西。

◎ 训练记忆力

桌子上放两根粗细不同的绳子，一根系着玩具，一根没有。妈妈让孩子拉绳子，反复拉，孩子就能记住哪根绳上有玩具。

目的：训练记忆力。

◎ 感受声音

妈妈把塑料盒、铁罐、玻璃碗等扣在桌子上，给孩子一根小棒，让他随意敲打。

目的：感受不同东西发出不同声响。

◎ 小小指挥家

方法：选择一首节奏鲜明、有强弱变化的音乐播放。婴儿坐在你的腿上，你从他背后握住他的前臂，说："指挥！"然后和着音乐的节奏拍手，并随着音乐的强弱变化手臂动作幅度的大小，当乐曲停止时指挥动作同时停止，逐渐使婴儿能配合你的动作节奏。以后每当放音乐时，你一说"指挥"，他就能有节奏地挥动手臂。

目的：训练节奏感，理解动作与音乐的配合。

疾病防治

❀ 宝宝指甲上有白斑是病吗

　　健康宝宝的指甲呈淡红色，有弹性，有光泽，不容易折断，有一定的硬度，没白色的斑点。如果宝宝指甲上出现白点或絮状白斑，就是医学上的点状白斑，则提示宝宝可能患病或是缺乏某些营养。

❶ **疾病引起**：比如胃肠疾病、贫血或寄生虫疾病引起，但对于婴儿期的宝宝来说十分罕见。

❷ **微量元素缺乏引起**：比如缺钙、缺锌等，妈妈可以带宝宝去医院做微量元素检查。若宝宝缺钙或是缺锌，妈妈可以按医嘱对症治疗。

❸ **外力或其他原因**：指甲是由扁平的上

皮角质细胞排列而成，当指甲受到外力刺激或指甲抓握不当时，少量的甲母细胞在生长的过程中受到损伤，指甲会出现白点和细纹。3个月左右，随着指甲的向外生长，有白斑的指甲会被剪掉。

　　当宝宝的指甲有点白斑，但没有任何松动迹象，宝宝也没有其他不正常现象，包括微量元素检查正常时，妈妈不要太着急，可以在饮食上多调理，多吃一些含钙和含锌的食品，如牛奶、豆腐、鸡肉、虾皮、南瓜子等食物，但在添加南瓜子和核桃仁时要将其弄碎，避免卡着宝宝。

❀ 宝宝脚趾甲嵌入皮肤怎么办

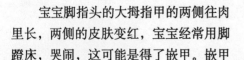

　　宝宝脚指头的大拇指甲的两侧往肉里长，两侧的皮肤变红，宝宝经常用脚蹬床，哭闹，这可能是得了嵌甲。嵌甲一般与趾甲修剪不当有关，穿鞋子过大

或过小也会影响到脚趾甲生长。若嵌甲处理不当，会影响宝宝学走路。

　　解决嵌甲的办法：
❶ 妈妈可以将嵌甲从皮肤内抬起一点，

往里面塞一点棉花，每天更换一次。

❷ 妈妈每天给宝宝用温水把脚清洗干净，避免脚缝藏纳污垢，不要用硬东西挑出污垢，以免造成其他感染。

❸ 妈妈给宝宝剪趾甲时，不要太短，也

就是不要超过脚指头的皮肤。

❹ 妈妈将宝宝脚趾甲修剪成略微平直的样子，而不是两边剪得很光。

❺ 鞋和袜子选择略大一点的，不要太小或太大。

小贴士

妈妈不要让宝宝自己用手去抠趾甲，或撕趾甲上的肉刺，避免过多地拉伤皮肤，有肉刺时，可以用剪刀齐根剪断。

❀ 宝宝鼻塞难受怎么办

宝宝鼻塞难受时，妈妈不妨试试下面的一些方法，有助于缓解宝宝鼻子不通气的状况：

❶ 把宝宝的头向后仰，往他的鼻孔里滴几滴非处方的生理盐水，轻轻揉捏，来湿润、松软鼻子里的鼻屎。几分钟后，用一个吸鼻器把水和鼻屎吸出来。你还可以在宝宝鼻孔边缘抹点凡士林，免得他难受。注

意，未经医生许可，不要给宝宝使用鼻腔喷雾制剂。喷雾制剂可能暂时有效，但长期使用有反作用，会使鼻塞更严重。

❷ 用一个加湿器来湿润宝宝房间里的空气。让宝宝吸温热的水蒸气也有助于改善鼻塞，注意水温别太高，免得烫伤宝宝。洗个温水澡也能改善宝宝的鼻塞。

❸ 在宝宝头枕部位的床垫底下塞两条毛巾，以便使床垫的一头略微抬高一些。让宝宝睡觉时头稍微高一点，这会有助于减轻鼻涕从鼻腔后部流出来并在咽喉部堆积的感受，但是注意别垫得太高了。因为宝宝睡觉不安稳，也许他的头和脚会掉个儿，造成脚比头高，这样结果就会适得其反了。

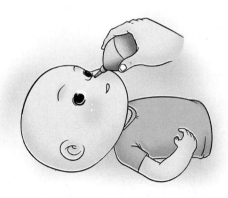

Part 9

8～9个月宝宝

生 长 发 育

❀ 宝宝的生理发育

8个月的宝宝像是一个大孩子了。这个阶段宝宝的生理发育更成熟了。

	宝宝的生理发育表	
生理发育	标准值	备注
身　高	男婴平均身长为73.2厘米 女婴平均身长为71.3厘米 坐高：男婴坐高约45.74厘米，女婴坐高约44.65厘米	宝宝满9个月后，其身长、体重会有较大的差异。尽管宝宝的身长、体重与营养状况有着密切的关系，但由于也会受到遗传、妈妈的健康状况、生活环境和性别等多种因素的影响，所以，若是宝宝的身高、体重不甚符合父母的期望，但只要宝宝精神状况好、活泼、精神，父母就没必要过于担心。
体　重	男婴平均体重为9.40千克 女婴平均体重为8.82千克	
头　围	男婴平均头围为45.13厘米 女婴平均头围为43.98厘米	
胸　围	男婴胸围约45.28厘米 女婴胸围约44.40厘米	此期，宝宝的胸围与头围差不多相当
其　他	一般9个月的宝宝已萌出3~5颗牙	宝宝乳牙萌出时间大部分在6~8个月，最早可在4个月时，最晚在10个月时

❀ 宝宝的感觉发育

宝宝的感觉发育表	
感觉发育	标准值
动　作	9个月的宝宝能够坐得很稳，能由卧位坐起而后再躺下，能够灵活地前、后爬，能扶着床栏杆站着并扶床栏行走。会抱娃娃、折娃娃，模仿成人的动作。双手会灵活地敲积木，会把一块积木搭在另一块上或用瓶盖去盖瓶子口

续表

宝宝的感觉发育表	
感觉发育	标 准 值
听 觉	9个月的宝宝虽然还不会说话，但已经能听懂一些成人简单语言的意思了，对成人发出的声音能应答。当成人用语言说到一个常见的物品时，宝宝会用眼睛看或用手指该物品，能够把感知的物体和动作、语言建立起联系
视 觉	这个时期的宝宝，只要是他眼力所及的范围的任何东西，他都想去摸摸，想明白每件事情，他想摸索每件事物，而且想把每件物体都送到嘴里去吮食一番

 宝宝的心理发育

9个月的宝宝看见熟人会用笑来表示认识他们，看见亲人或看护他的人便要求抱，如果把他喜欢的玩具拿走，他会哭闹。对新鲜的事情会引起惊奇和兴奋。从镜子里看见自己，会到镜子后边去寻找。9个月的宝宝一般都能爬行，爬行的过程中能自如变换方向。如坐着玩已会用双手传递玩具，会相互对敲或用玩具敲打桌面。会用小手拇指和食指对捏小玩具。如玩具掉到桌下面，知道寻找丢掉的玩具。知道观察大人的行为，有时会对着镜子亲吻自己的笑脸。从8个月起宝宝常有怯生感，怕与父母尤其是母亲分开，这是宝宝正常心理的表现，说明宝宝对亲人、熟人与生人能准确、敏锐地分辨清楚，怯生标志着父母与宝宝之间依恋的开始，也说明宝宝需要在依恋的基础上，建立起复杂的情感、性格和能力。宝宝如见到生人，往往用眼睛盯着他，怕被他抱走，感到不安和恐惧。

对8个月的婴儿来说，这是一种正常的心理应激反应。为了宝宝的心理健康发展，不要让陌生人突然靠近宝宝，抱走宝宝。也不要在生人面前随便离开宝宝，以免使宝宝不安。怯生是儿童心理发展的自然阶段，一般在短时间内可自然消失。对宝宝的怯生，可以在教育方式上加以注意，如经常带宝宝逛逛大街、上上公园，还可以听收音机、看看电视等，这样可使宝宝怯生的程度减轻。总之，扩大他的接触面，尊重他的个性，不要过度呵护。这样可以培养宝宝勇敢、自信、开朗、友善、富有同情心的良好心理素质。

❀ 预防蚊虫叮咬

9个月的婴儿能到处爬，去探索他世界中的每个角落，好奇心也会使他更多地面临蚊虫叮咬的危险。如果你发现宝宝皮肤上出现不正常的红肿，还伴有痒痒的感觉，那么你应该查一查是否有蚊虫叮咬的痕迹。婴儿对蚊虫叮咬的反应要比稍大一些的孩子和成年人强烈。

外出时，要给宝宝穿上适当的衣服，在不过多地给宝宝穿衣服的情况下，尽量不要让宝宝的皮肤暴露在外。要注意下列事项：

❶ 如有可能，避免去蚊虫很多的地方，如浓密的树林。

❷ 在外出之前，不要在宝宝身上（当然也不要在你自己身上）使用香味很浓的香脂、面霜、脂粉等，因为强烈的味道会吸引蚊虫。

❸ 家里如果有1岁以下的婴儿，请不要使用驱虫剂。不能让婴儿接触化学化合物，如驱虫剂等。

❹ 如果宝宝被蚊虫叮咬，你可以在被叮咬的地方涂些含有菱锌的涂抹液、氢化可的松软膏或苏打糊和水。在给婴儿使用抗组胺消除红肿和不适感之前，要与婴儿的保健医生商量。

❺ 如果宝宝被蜜蜂蜇了，要仔细认真地将蜂刺拔出。用镊子夹住蜂刺后，即可拽出，然后再用冰敷在被蜇处，以解除疼痛。

❻ 如果宝宝呼吸困难，叮咬处周围持续红肿，请找医生看看。如果婴儿发烧，比平常表现得烦躁，也要请医生看。

❼ 儿科医生会建议你使用抗组胺来缓解婴儿的不适感。如出现继发性感染，医生要开出抗生素的处方。

❽ 如果宝宝出现严重的变态反应，应入院进一步治疗。

❋ 为宝宝清理牙齿

　　7～9个月的宝宝已经长牙了，吃食物时难免将食物残留在口腔与牙齿间，有时还会塞在牙缝中。为了避免宝宝出现龋齿，妈妈要及时为宝宝清理口腔与牙齿。

　　清理宝宝牙齿的方法如下：

❶ 先让宝宝躺在妈妈的膝盖上。

❷ 准备一只婴儿用的软毛弹性牙刷。

❸ 用大拇指和食指夹住牙刷头，用其他手指扶住牙刷柄。

❹ 让宝宝把嘴巴张大，用一只手的食指压住宝宝的嘴唇。

❺ 用另一只手拿着牙刷在宝宝的牙齿和牙龈间的小缝处上下或左右移动，确认是否塞着东西。

 小贴士

　　在给宝宝刷牙时，切忌用成人的牙膏，以免宝宝将牙膏吞咽下去致使摄入过多的氟。

❋ 宝宝打嗝怎么办

　　宝宝打嗝通常是因为着凉了或者吃奶时太快、太急造成的，当宝宝打嗝时，妈妈不妨试试以下方法：

❶ **拍背并喂上点儿温热水：**

　　如果宝宝是受凉引起的打嗝，妈妈先抱起宝宝，轻轻地拍拍他的后背，然后再给他喂上一点温热水，给胸脯或小肚子盖上保暖衣被等。

❷ **刺激宝宝的脚底：**

　　如果宝宝是因吃奶过急、过多或奶水凉而引起的打嗝，妈妈可刺激宝宝的脚底，促使宝宝啼哭。这样，可以使宝宝的膈肌收缩突然停止，从而止住打嗝。

❸ **把食指尖放在宝宝嘴边：**

　　妈妈也可将不停打嗝的宝宝抱起来，把食指尖放在宝宝的嘴边，待宝宝发出哭声后，打嗝的现象就会自然消失。因为，嘴边的神经比较敏感，挠痒即可放松宝宝嘴边的神经，打嗝也就消失了。

❹ **轻轻地挠宝宝耳边：**

　　宝宝不停地打嗝时，在宝宝耳边轻轻地挠痒，并和宝宝说说话，这样也有助于止住打嗝。

❺ **转移宝宝的注意力：**

　　妈妈也可试试给宝宝听音乐的方法，或在宝宝打嗝时不住地逗引他，以转移注意力而使宝宝停止打嗝。

❋ 宝宝不愿意洗澡怎么办

有的宝宝一洗澡就很开心，手舞足蹈的，而有的宝宝怎么也不肯洗澡。宝宝不爱洗澡多是洗澡时有不乐意的事情发生，比如洗浴液流进了眼睛、妈妈勒疼自己了、太冷等，或者洗澡破坏了自己正玩得起劲的兴致。妈妈要先找出原因，然后及时消除这种不利因素。

洗澡时，妈妈可以给宝宝一些玩具，比如在澡盆里放一个可以浮着的塑料小鸭子，还可以让宝宝拿塑料小杯或勺舀澡盆中的水玩。

洗澡时，妈妈和宝宝一起玩，做做游戏等，让宝宝忘记自己的不愉快，不要像完成任务或洗一件脏东西一样为宝宝洗澡，那样宝宝会有抵触情绪。

当宝宝能自己动手为自己搓身体时，爸爸妈妈不妨协助并鼓励他自己洗澡，宝宝会有成就感，也乐于接受洗澡。

当宝宝实在不愿意洗澡时，一定不要强迫他，更不要将哭闹着的宝宝强硬地放入澡盆，然后三下五除二洗完放回床上，这会给宝宝留下严重的心理阴影，令宝宝更加抗拒洗澡，而应该先顺着宝宝的意思，等他高兴了再尝试洗澡。

❋ 宝宝眼睛进异物怎么办

婴儿眼前有异物时不会很快地闭眼以保护眼睛，常常容易使异物进入眼内，而眼内不适时又常闭目哭闹，妈妈很难发现宝宝眼睛的异常。异物在眼内停留过久会继发感染，造成严重后果，因此妈妈一定要细心发现，及时处理，时时预防。

一旦宝宝眼内进入异物，妈妈可采取以下紧急处理方法：

❶ 异物进入眼内时，先不要慌张，不要用手搓揉宝宝的眼睛。

❷ 如果是一般的异物，如昆虫、灰沙等进入眼内后多黏附在眼球表面，可以用拇指和食指轻轻捏住宝宝的上眼皮，轻轻向前提起，向眼球吹气，刺激宝宝流泪，异物即可被冲出。

❸ 如果异物在眼皮中，上述方法可能无法让宝宝停止哭闹，这时可让宝宝向

上看，用手指轻轻扒开下眼皮，看看是否有异物，尤其是下眼皮与眼球交界的皱褶处，如果没有，可翻开上眼皮寻找，然后到眼皮的边缘和白眼球处寻找，找到异物后，用湿的消毒棉签将异物轻轻粘出，注意不要让宝宝乱动，不然会戳伤宝宝。

④ 如果进入眼内的沙尘较多，可用清水冲洗，当灰粒比较大时，应立即翻开宝宝的眼皮取出，用大量清水冲洗后立即送医院处理，千万不可不做处理直接送医院。

⑤ 若是生石灰进入眼睛，不能用手揉，也不能直接用水冲洗，因为生石灰遇水会生成碱性的熟石灰，同时产生

热量，会灼伤眼睛，可用消毒棉签粘出，然后送医院处理。

 小贴士

当宝宝一直哭闹，不肯睁开眼睛时，一定要想到眼内异物或眼病的可能性，及时到医院诊治。此外，不要用手或手帕去揉擦眼球，手和手帕上细菌很多，会引起眼睛炎症。

科学喂养

❀ 本月宝宝辅食推荐

香蕉玉米面糊

把玉米面2大匙和1/2杯牛奶一起放入锅内，上火煮至玉米面熟了为止，再将剥皮后的香蕉1/6根切成薄片，和少许蜂蜜加入锅内煮片刻。

肉面条

把面条放入热水中煮后切成小段，和2小匙猪肉末一起放入锅内，加海味汤后用微火煮，再加适量酱油，把淀粉用水调匀后倒入锅内搅拌均匀后停火。

虾糊

把虾剥去外壳，洗干净后用开水煮片刻，然后研碎，再放入锅内加肉汤煮，煮熟后加入用水调匀的淀粉和少量盐，使其呈糊状后停火。

奶油鱼

把收拾干净的鱼放入热水中煮过后研碎，把酱油倒入锅内加少量肉汤，再加切碎的鱼肉上火煮，边煮边搅拌，煮好后放入少许奶油和切碎的芹菜即可。

❀ 让宝宝上桌吃饭

许多孩子到这个月龄，爱吃饭不爱吃奶，对上桌与父母同吃有极大的兴趣。妈妈可以将孩子抱上桌，在他面前也放一份饭菜，他的饭菜要单做，比大人的要软些、烂些。让孩子自己吃，能用勺更好，不能就用手抓东西。尽管吃

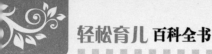

一点，撒了多半，对孩子的训练也是十分重要的。

虽然妈妈喂孩子吃比叫他自己吃简单得多，但还是要给孩子训练的机会。孩子上桌吃饭，除了吃自己的，他还要爸爸妈妈的菜。可以给他一点尝尝，告诉他什么是酸、甜、苦、辣，但不可以大家你一口我一口地无节制地喂他吃，一是不卫生，二是孩子还没有这种消化能力。

❋ 断奶的误区

给宝宝断奶一定要掌握正确的断奶方法，不要走进断奶的误区：

1. 往奶头上涂墨汁、辣椒水、万金油之类的刺激物。对宝宝而言，这简直是残忍的酷刑。妈妈以为宝宝会因此对母乳产生反感而放弃母乳，效果却适得其反，宝宝不吓坏才怪呢，而且还会因恐惧而拒绝吃东西，从而影响身体的健康。这下可好，母乳没断，倒把其他该吃的食物给断了。

2. 突然断奶，把宝宝送到娘家或婆家，几天甚至好久不见宝宝。断奶不需要母子分离，对宝宝的情感来说，妈妈的奶没有了，可不能没有妈妈呀！长时间的母子分离，会让宝宝缺乏安全感，特别是对母乳依赖较强的宝宝，因看不到妈妈而产生焦虑情绪，不愿吃东西，不愿与人交往、烦躁不安，哭闹剧烈，睡眠不好，甚至还会生病、消瘦。奶没断好，还影响了宝宝的身体和心理健康，实在得不偿失。

3. 有的妈妈不喝汤水，还用毛巾勒住胸部，用胶布封住乳头，想将奶水憋回去。这些所谓的速效断奶法，显然违背了生理规律，而且很容易引起乳房胀痛。如果妈妈的奶太多，一时退不掉，可以口服些回奶药，断奶后妈妈若有不同程度的奶胀，可用吸奶器或人工将奶吸出，同时用生麦芽60克、生山楂30克水煎当茶饮，3～4天即可回奶，切忌热敷或按摩。

❋ 科学的断奶方法

断奶不仅仅是妈妈和宝宝的事，在这个过程中，爸爸也起着关键的作用。断奶一定要采取科学合理的方法进行：

1. 循序渐进，自然过渡。断奶的时间和方式取决于很多因素，每个妈妈和宝宝对断奶的感受各不相同，选择的方式也因人而异。

快速断奶：如果你已经做好了充分的准备，你和宝宝也都可以适应，断奶的时机便已成熟，你可以很快给宝宝断掉母乳。特别是加上客观因素，如果妈妈一定要出差一段时间，那么很可能几天就完全断奶了。如果妈妈上班后不再吸奶，那么白天的奶也很快就会断掉。

逐渐断奶：如果宝宝对母乳依赖很强，快速断奶可能会让宝宝不适，如果你非常重视哺乳，又天天和宝宝在一起，突然断奶可能有失落感，因此你可以采取逐渐断奶的方法。从每天喂母乳6次，先减少到每天5次，等妈妈和宝宝都适应后，再逐渐减少，直到完全断掉母乳。

❷ 少吃母乳，多吃牛奶。开始断奶时，可以每天都给宝宝喝一些配方奶，也可以喝新鲜的全脂牛奶。需要注意的是，尽量鼓励宝宝多喝牛奶，但只要他想吃母乳，妈妈不该拒绝他。

❸ 断掉临睡前和夜里的奶。大多数的宝宝都有半夜里吃奶和晚上睡觉前吃奶的习惯。宝宝白天活动量很大，不喂奶还比较容易。最难断掉的，恐怕就是临睡前和半夜里的喂奶了，可以先断掉夜里的奶，再断临睡前的奶。这时候，需要爸爸或

家人的积极配合。宝宝睡觉时，可以改由爸爸或家人哄宝宝睡觉，妈妈避开一会儿。宝宝见不到妈妈，刚开始肯定要哭闹一番，但是没有了想头，稍微哄一哄也就睡着了。断奶刚开始会折腾几天，直到宝宝一次比一次闹得程度轻，直到有一天，宝宝睡觉前没怎么闹就乖乖躺下睡了，半夜里也不醒了，好了，恭喜你，断奶初战告捷。

❹ 减少对妈妈的依赖，爸爸的作用不容忽视。断奶前，要有意识地减少妈妈与宝宝相处的时间，增加爸爸照料宝宝的时间，给宝宝一个心理上的适应过程。刚断奶的一段时间里，宝宝会对妈妈比较黏，这个时候，爸爸可以多陪宝宝玩一玩。刚开始宝宝可能会不满，后来就习以为常了。让宝宝明白爸爸一样会照顾他，而妈妈也一定会回来的。对爸爸的信任，会使宝宝减少对妈妈的依赖。

❺ 培养宝宝良好的行为习惯。断奶前后，妈妈因为心理上的内疚，容易对宝宝纵容，要抱就抱，要啥给啥，不管宝宝的要求是否合理。但要知道越纵容，宝宝的脾气越大。在断奶前后，妈妈适当

☕ 小贴士

　　断奶期间宝宝不良的饮食习惯是断奶方式不当造成的，断奶期间依然要让宝宝学习用杯子喝水和饮果汁，学习自己用小勺吃东西，这能锻炼宝宝独立生活的能力。

多抱一抱宝宝，多给他一些爱抚是必要的，但是对于宝宝的无理要求，却不要轻易迁就，不能因为断奶而养成宝宝的坏习惯。这时，需要爸爸的理智对妈妈的情感起一点平衡作用，当宝宝大哭大闹时，由爸爸出面来协调，宝宝比较容易听从。

 断奶期宝宝怎么吃得好

断奶与辅食添加同时进行。不是因为断奶才开始吃辅食，而是在断奶前辅食已经吃得很好了，所以断奶前后辅食添加并没有明显变化，断奶也不该影响宝宝正常的辅食。

断奶后宝宝喝什么：

和平时一样，白天除了给宝宝喝奶外，可以给宝宝喝少量1：1的稀释鲜果汁和白开水。如果是在1岁以前断奶，应当喝婴儿配方奶粉，1岁以后的宝宝喝母乳的量逐渐减少，要逐渐增加喝牛奶的量，但每天的总量基本不变（1～2岁幼儿应当每日600毫升左右）。

断奶后宝宝吃什么：

1岁宝宝全天的饮食安排：一日五餐，早、中、晚三顿正餐，两顿点心，强调平衡膳食和粗细、米面、荤素搭配，以碎、软、烂为原则。完全断奶（母乳）了，饮食也大部分固定为早、中、晚三餐，并由稀饭过渡到稠粥、软饭，由肉泥过渡到碎肉，由菜泥过渡到碎菜。到快1岁时，可训练宝宝自己吃饭，如果还继续用母乳喂宝宝，宝宝可能既不喝牛奶，食欲也差，而且各方面的营养都跟不上宝宝生长的需要，但同时不得不遵循循序渐进的方法给宝宝添加辅食，从少到多，由稀到稠，从细到粗，在宝宝健康、消化功能正常时添加，出现反应暂停两天，恢复健康再进行。8个月的宝宝一定要慢慢适应从奶到食物的过渡，也相信宝宝一定会适应的。

一日食谱推荐：

早餐6：30　牛奶半杯，烤面包半片，果汁半杯。

早点9：30　蒸蛋半个，果汁或蔬菜汁半杯。

午餐12：00　烂菜肉粥（瘦肉末25克，碎黄绿蔬菜20克，烂粥3汤匙），水果泥5汤匙，鱼肝油2滴。

午点15：00　蜜水半杯，饼干1块。

晚餐18：00　猪肝粥（猪肝泥25克，豆腐25克，胡萝卜泥20克，烂粥3汤匙），果汁半杯。

晚点21：00　牛奶半杯，饼干1块。

❀ 断奶后的饮食误区

❶ 只吃饭、少吃菜或只吃菜、少吃饭。
给宝宝添加辅食，有的父母只注重主
食，烂饭、面条、各种米粥、面点变
着花样给宝宝吃，但副食（鱼肉、蔬
菜、豆制品）吃得少，或是相反。这
都违反了膳食平衡的科学原则，不利
于宝宝的健康发育。

❷ 用汤泡饭。有的父母觉得汤水的营养
丰富，还能使饭变软一点，因此总给
宝宝吃汤泡饭。这显然是个误区，首
先汤里的营养只有5%~10%，更多
的营养还是在肉菜里，事实是宝宝并
没有吃到更多的营养。而且长期用汤
泡饭，还会造成胃的负担，可能害得
宝宝从小得胃病。

❸ 用水果代替蔬菜。有的父母发现宝宝
不爱吃蔬菜，大便干燥，于是就用水
果代替蔬菜，以为这样可以缓解宝宝
的便秘，但是效果并不理想。其实这
种做法是错误的，水果是不能代替蔬

菜的。蔬菜中，特别是绿叶类蔬菜中
含有丰富的纤维，可以保证大便的通
畅，保证矿物质、维生素的摄入。

智能提升

❋ 宝宝成了探险家

9个月宝宝比以前更多地去探索了，宝宝常常一只手扶着什么东西爬行和站立，这就使得他空着另外一只手伸出去，抓住任何他身边的东西。如果你不想让宝宝拿到贵重的东西，那么你就要不厌其烦地把这些东西拿开。

如有机会，宝宝可能去探索任何东西。当你要离开家时，要特别注意宝宝身边的东西。当宝宝在床底下爬、在椅子后爬时，他会找出使你非常惊讶的东西来。

建议你每次将宝宝放在地上时要很快地检查一下这块地方。因为我们总是遗漏或忽略小的东西，往往这不会出什么事，但对好多事的宝宝来说，就会酿成大事了。

❋ 训练宝宝听从指令

爸爸妈妈可事先准备一些宝宝熟悉的物品，比如几样玩具——汽车、布娃娃、皮球、摇铃等；准备几样日用品——小板凳、勺子、小塑料碗等；几样食物——香蕉、苹果、煮熟的鸡蛋等。

游戏进行前，妈妈可和宝宝坐在一起，爸爸拿起一样东西，比如说玩具汽车，妈妈就说"玩具汽车"，加深宝宝的认识。再拿起一个香蕉，妈妈对宝宝说："香蕉，这是香蕉。"这样，让宝宝明白每一样物体分别都是什么。

然后进入游戏的第二步，爸爸挑几样东西分散放在屋内的各个地方。妈妈问宝宝："宝宝找一找，宝宝的玩具汽车在哪里？"宝宝就会用眼睛去寻找妈妈问的东西。如此进行，妈妈把每样物品都问一遍。

然后进入游戏第三步，爸爸把所有的玩具、用品都放在一起，妈妈对宝宝说："宝宝，去把玩具汽车拿过来。"妈妈可协助宝宝进行第一次寻找，然后妈妈接着再说："宝宝，去把香蕉拿过来。"游戏继续进行。

训练宝宝听从爸爸妈妈的话，完成爸爸妈妈的要求，可以达到训练宝宝的

观察力的目的。

不过，初次进行该游戏时，选用的物品应是宝宝极为熟悉的，随着游戏次数的增加，让幼儿认识的物品可日趋复杂。

以上游戏三步可同时进行，也可每次只进行游戏的一个部分。但是，必须是在宝宝熟悉上一步的前提下才可进行。游戏可选择在一些闲余时间进行。

宝宝喜欢玩"过家家"

宝宝9个月之后，爸爸妈妈就可以和宝宝玩过家家游戏了，通常他都会很喜欢。怎样陪宝宝玩过家家的游戏？

这样的游戏是没有什么规矩的，你不需要干涉宝宝应该怎么做。你只要把你变回小时候，很兴奋地参与就可以。例如，宝宝把做好的"鸡蛋"给你吃的时候，你要装出一副特别香的样子来"品尝"。

爸爸妈妈可以先示范动作教宝宝玩，也可以适当地给予宝宝一些赞赏或提议，引导宝宝去学会解决问题。比如：宝宝给你吃东西的时候，你也可以皱着眉头说："太咸了！"问问宝宝怎

么办。只要时间容许，你就尽情地陪宝宝玩。

宝宝通过这样的游戏增强了对生活过程的了解，再现了宝宝自己的生活经验。不但能够培养宝宝的听力、注意力、观察力、动手能力，还能够增进父母与宝宝之间的感情。

妈妈还可以事先准备一个玩具娃娃，这个玩具娃娃要比较精细，即玩具娃娃的头发可梳、可扎，眼睛要会动，玩具娃娃的衣服可以脱下、穿上，玩具娃娃有袜子、有鞋子等，再准备一套玩具餐具。然后，让你的宝宝充当娃娃的"爸爸"或"妈妈"去照顾它，为它穿衣、喂饭。

💗 小贴士

单纯的不会爬，不能算作是宝宝有异常情况，但是宝宝最好是能够按照顺序先学会翻身、能坐，然后学爬，再学扶站，再到直立行走，这是一般规律。如果把其中哪一个阶段丢了，对以后的发育会有影响。如果宝宝到了1岁还不会爬，甚至连其他动作都做不了，就得找医生检查是否有问题。

游戏开始时，爸爸妈妈先很精细、很缓慢地做每一个动作，比如说给娃娃穿衣服、系扣子，给娃娃穿袜子、穿鞋子，给娃娃扎头发。然后用玩具餐具给娃娃喂饭。喂完饭，妈妈对宝宝说："宝宝，爸爸妈妈给娃娃喂完了饭，现在娃娃要出去玩了，请宝宝给娃娃换身衣服，我们带娃娃出去玩。"于是，爸爸把娃娃的衣服脱掉，拿出一身衣服给宝宝，宝宝就会根据自己的观察将爸爸妈妈的动作重复再做一遍。

✿ 带宝宝去公园

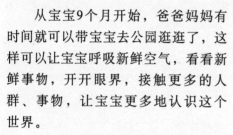

从宝宝9个月开始，爸爸妈妈有时间就可以带宝宝去公园逛逛了，这样可以让宝宝呼吸新鲜空气，看看新鲜事物，开开眼界，接触更多的人群、事物，让宝宝更多地认识这个世界。

自然景观能给婴儿以良好的感官刺激，使婴儿得到心理的安宁与美的享受，培养婴儿稳定的情绪、美好的情感，为以后良好性格的形成奠定基础。

公园各种颜色鲜艳的花朵、各种动物、小桥流水，具有色彩的或处于动态的自然景色，特别能引起宝宝的注意，如飞舞的彩蝶、蜻蜓，在水中游动的各种色彩斑斓的金鱼，宝宝常常看得目不转睛，呈现出愉悦的表情。这些可以促进宝宝感、知觉的发展，有益于婴儿的身心健康与智能发育。

公园里有很多游乐设施，例如溜滑梯、摇椅、跷跷板、弹簧木马、沙堆等，这些在公园里常见的宝宝游乐设施，对宝宝都很具有吸引力，很适合宝宝玩。这些运动可以训练宝宝的平衡感，有些公园有幼儿游乐区，可以让宝宝试着爬上去，训练手脚协调及手眼协调能力。最好是父母和宝宝一起玩，这样能够促进父母与宝宝之间的融洽情感。

❀ 引导宝宝学走路

学会站立和开步走是婴儿身心发展中的一大进步，动作的发展使婴儿大开眼界，增长见识，促进了心理发育。

在周岁前后孩子就会独站，孩子能站稳后就可以鼓励他走。促使婴儿早日开步走的方法很多，如扶着婴儿腋下走；待他能站稳后，用玩具逗引他往前走，使他在妈妈和爸爸之间跨出1~2步，逐渐增大迈步的距离等。

一定要注意方法，每次练习时间不宜长，但练习次数可逐渐增加。要循序渐进，从轻扶双手、扶单手到独站，最后独自行走几步。

在独站和独走的游戏中，妈妈一定要在他身边随时帮助他、鼓励他。如果孩子不小心跌倒在地，妈妈也不要一副担心的样子，马上就去扶、抱。这时，你应当用亲切的语言鼓励他自己爬起来继续练习，要给他保护又给他勇气，不怕摔倒，要让孩子感到自由行走非常愉快。

给宝宝创造迈步走的条件：

要给婴儿创造条件，使他早日独立开步走，可以给他穿上布底鞋，衣着轻暖；再给他一辆小推车，让他在平整但不光滑的地面上推着向前学步而行，感知周围的世界。

有时他会把小椅子放倒，推着向前走。一旦他发现这个新玩意儿可以推着走路，就会高兴得一刻不停地在屋里推来推去。你还可以给他特制一个结实的大纸盒（30厘米×30厘米×40厘米左右），贴上有趣、易懂的彩色图画，既可以围着爬、扶着站、推着走，又能学图画中的内容。

 小贴士

在户外，要给孩子穿上厚底鞋，在室内地毯上，可以不穿鞋。请注意，软床不适合孩子学爬和行走。

❀ 亲子游戏推荐

◎ 照镜子

妈妈抱孩子到穿衣镜前，指着他的脸反复叫他的名字，指着孩子的五官让他认识，然后问他："妈妈在哪儿？"

目的：认识身体。

◎ 钻山洞

大纸箱开几个口，让孩子钻来钻去，爬进爬出。

目的：训练身体的柔软性。

◎ 开抽屉取物

将孩子的玩具放进一个有滑道的抽屉里，关好抽屉让孩子取出来。有滑道的抽屉比较轻，易于拉开。

目的：训练手臂。

◎ 爬楼梯

将台阶或楼梯擦干净,让孩子往上爬。

目的:锻炼四肢。

◎ 取娃娃

妈妈当着宝宝的面,用纸把一个布娃娃包起来,然后交给宝宝说:"娃娃哪儿去了?宝宝,把娃娃找出来!"宝宝会翻弄纸包,把纸撕破,最终看见娃娃出现了,宝宝会非常开心。然后妈妈再用另一张纸把娃娃包好,再慢慢打开纸包,把娃娃拿出来,多次重复这一动作给宝宝看,最后让宝宝学会不撕破纸,就能取出娃娃。

目的:进一步提高宝宝手的活动能力和理解语言的能力。

◎ 滚筒

将圆柱体的滚筒(饮料瓶代替也可)放在地上,让宝宝用两只手推动它向前滚动,待他熟练后,再让他用一只手推动滚筒,并把它滚到指定地点。做对了,要给予鼓励。

目的:训练手指能力,并在戏耍中逐渐建立起圆柱体物体能滚动的概念。

◎ 推不倒翁

取一只会响的不倒翁教宝宝推动,在学习中让他观察,体会推得重摇的时间长,推得轻摇的时间短。

目的:意识到自己的力量,认识自己与客观物体之间的关系,形成自我意识。

疾 病 防 治

❊ 宝宝打鼾并非睡得香

宝宝在正常的情况下，呼吸均匀，睡觉是安静的。宝宝睡觉打鼾，并不是宝宝睡得香，而是宝宝通过打呼噜发出睡得不舒服或某种疾病的信号。

宝宝若出现轻微的打鼾，妈妈要首先看看宝宝的睡眠姿势是否合适，枕头有没有按平，是不是偏高，妈妈只要调整好宝宝的睡眠姿势和枕头高度，宝宝就没有鼾声了。

宝宝感冒时，会流鼻涕，鼻腔黏膜充血、水肿导致鼻子不通气也会导致打鼾，感冒好了之后，就不打鼾了。

宝宝睡觉长期打鼾，张口呼吸，并有不同程度的呼吸暂停或呼吸不畅，伴有夜惊或易怒，这是医学上的呼吸

暂停综合征。这会影响宝宝的生长发育，一定要引起注意。

妈妈若经常听到宝宝晚上打鼾，若调整宝宝的睡姿或枕头也不见效，应该带宝宝去医院的耳鼻喉科做检查，早发现早治疗效果会更好。

❋ 预防宝宝脑震荡

宝宝脑震荡不单单是由于碰了头部才会引起，有很多是由于人们的习惯性动作，在无意中造成的。

有的父母为了让宝宝快点入睡，就用力摇晃摇篮，推拉宝宝车；为了让宝宝高兴，把宝宝抛得高高的；有的带宝宝外出，让宝宝躺在过于颠簸的车里等。这些一般不太引人注意的习惯做法，往往会使宝宝头部受到一定程度的震动，严重者可引起脑损伤，留有永久性的后遗症。

小儿经受不了这些被大人看作是很轻微的震动，因为宝宝在最初几个月里，身体各部分的器官都很纤小、柔嫩，尤其是头部，相对大而重，颈部肌肉软弱无力，遇到震动，自身反射性保护机能差，很容易造成脑损伤。

平时，父母一定要多注意保护孩子的头部，避免出现不必要的头部碰撞。

❋ 宝宝长口疮怎么护理

小儿口疮就是我们常说的口腔溃疡，但宝宝的口腔溃疡和大人的溃疡是两回事，宝宝口腔溃疡是一种口腔黏膜病毒感染性疾病，致病病毒是单纯疱疹病毒，而且有复发的可能性，尤其是6个月~2岁的宝宝很容易受到感染。多见于口腔黏膜及舌的边缘，常是白色溃疡，周围有红晕，特别是遇酸、咸、辣的食物时，疼痛特别厉害，受病毒感染后，宝宝会因疼痛而出现烦躁不安、哭闹、拒食、流涎等症状。

口疮没有药物可以迅速治愈，只能采取措施减轻疼痛，直到一两周后自行消退。

❶ 尽管长口疮会使宝宝什么也不想喝，但也一定要保证他摄入足够的水分，这一点至关重要。要确保他喝下足够的母乳或配方奶。如果宝宝的月龄大于4个月，还可以试着给他喝点凉的、无酸的非碳酸饮料，像水或者稀释的苹果汁。如果宝宝超过6个小时都没有排尿，也没补充水分，或者表现出了脱水的迹象，如口干、眼窝凹陷、哭时少泪、前囟门凹陷以及尿少等，要立即带宝宝去医院。

❷ 如果宝宝已经吃辅食，给宝宝吃他平常吃的就可以，如瓶装的婴儿食品、土豆泥、酸奶、苹果酱以及其他软烂、清淡的食物。不过要是宝宝的嘴很疼，也不要强迫他吃辅食。

❸ 可用消毒棉签蘸2%苏打水清洗患处后再涂2%龙胆紫，每日3~5次。轻症者2~3次即愈。同时给宝宝口服维生素C。若宝宝病情严重，可遵医嘱服制霉菌素或外涂制霉菌素液。

Part 10

9~10个月宝宝

生 长 发 育

❀ 宝宝的生理发育

9个月的宝宝越发可爱了，这时候他的生理发育状况如何呢?

生理发育	标 准 值	备 注
宝宝的生理发育表		
身　高	男婴平均身长74.2厘米，女婴平均身长72.6厘米 坐高：男婴平均坐高约46厘米，女婴平均坐高约45.2厘米	7~12个月的宝宝身长平均每月增长1.2厘米
体　重	男婴平均体重9.6千克 女婴平均体重9.0千克	宝宝体重增长不是很快，有时可能不增长，宝宝活动量增大，身体长高，也不如月龄小的宝宝那样胖乎乎的了
头　围	男婴平均头围约45.6厘米 女婴平均头围约44.5厘米	
胸　围	男婴的平均胸围45.6厘米 女婴的平均胸围44.6厘米	
其　他	10个月的宝宝一般出牙4~6颗，多为上边4颗牙和下边2颗牙，也有的宝宝刚出牙，这也是正常的	

❀ 宝宝的感觉发育

9个多月的宝宝还不能意识到自己身体的存在。他会咬自己的手指，并因为咬痛了而放声大哭。但这一咬倒很有作用，宝宝感觉到咬自己的手指和咬别的东西在感觉上不一样，从而形成了最初的自我意识。

宝宝的感觉发育表	
感觉发育	标 准 值
动　作	9个多月的宝宝能稳坐较长的时间，能自由地爬到想去的地方，能扶着东西站得很稳。拇指和食指能协调地拿起小的东西，会做招手、摆手等动作
语　言	9个多月的宝宝已经能够理解常用词语的意思，并会一些表示词义的动作，能模仿大人的声音说话，说一些简单的词
记忆能力	9个多月的宝宝开始有明显的记忆能力。能认识自己的玩具、衣物，还能指出鼻子、眼睛、脑袋、胳膊等自己身上的器官或部位。一些宝宝还能记起自己非常喜爱的玩具或游戏等，但记忆保持的时间很短，只有短短的几天，时间一长就会忘记，父母要抓住这段关键时期对宝宝进行记忆培养

❀ 宝宝的心理发育

9个多月的宝宝知道自己叫什么名字，别人叫他名字时他会答应，如果他想拿某种东西，家长严厉地说："不能动!"他会立即缩回手来，停止行动。这表明，9个多月的小儿已经开始懂得简单的语意了，此时大人和他说"再见"，他也会向你摆摆手；给他不喜欢的东西，他会摇摇头；玩得高兴时，他会咯咯地笑，并且手舞足蹈，表现得非常欢快、活泼。

9个多月大的宝宝一旦想要什么，就非要拿到，他很喜欢看各种东西，好奇心表现得较强烈。他更喜欢大人抱他，因为抱着他到处走，可以看到很多新东西。9个多月的宝宝在心理要求上丰富了许多，喜欢翻转起身，能爬行走动，扶着床边栏杆站得很稳。喜欢和小朋友或大人做一些合作性的游戏，喜欢照镜子观察自己，喜欢观察物体的不同形态和构造。喜欢家长对他的语言及动作技能给予表扬和称赞。喜欢用拍手欢

迎、挥手再见的方式与周围人交往。

9个多月的宝宝喜欢别人称赞他，这是因为他的语言行为和情绪都有进展，他能听懂你经常说的表扬类的词句，因而做出相应的反应。宝宝为家人表演游戏，大人的喝彩、称赞声，会使他高兴地重复他的游戏表演，这也是宝宝内心体验成功与欢乐情绪的体现。对宝宝的鼓励不要吝啬，要用丰富的语言和表情，由衷地表示喝彩、兴奋，可用拍手、竖起大拇指的动作表示赞许。大家一齐称赞的气氛会促使宝宝健康成长。这也是心理学讲的正性强化教育方法之一。可以给9个多月婴儿一些能够拆开又能够再组合到一起的玩具，让他拆了再装，装了再拆，他会感到很有意思。但是拆开的玩具一定要足够大，如果太小，宝宝会把它放在口中吞下去或塞入耳朵眼和鼻孔里，发生危险。最好给他一个收藏玩具的大盒子或篮子，这样玩具比较容易保存。每次玩时，可以

让宝宝坐在大床上或地毯上，也可以让他坐在小桌子旁边的小椅子上玩。让他自己从玩具盒里拿出玩具，玩过之后再自己放回原处。当然，在开始训练他这样做的时候，大人要帮助他，逐渐形成习惯。再大一点儿，他就可以完全自己做了。这么大的宝宝不仅喜欢玩具，对见到的物品也很感兴趣。妈妈可以把各种东西拿来跟他一起玩。宝宝对会跑的玩具特别喜欢，也喜欢小推车、学步车。

家庭护理

✿ 妥善地保存药物

建议妈妈把药物放在上锁的容器内，然后再放到冰箱的高架上或锁在你的衣柜内，考虑下列的重点：

1. 将药物存放于原来的瓶子内，绝对不可任意换瓶子。
2. 所有药丸瓶上的标签必须原封不动地保留。万一紧急情况发生，你必须知道你的宝宝吞下去的是什么东西。
3. 务必依照医生指示的正确剂量服用。
4. 若要丢弃过期或无用的药物，记得把安全瓶盖关好，整瓶丢掉；要不然就直接把药倾倒于厕所马桶或水槽内，立刻用水冲掉。
5. 绝对不可以给孩子服用过期的药物，也不可以任意取用少量大人的药物来代替。
6. 不要以药是糖果哄骗孩子，即使当孩子紧闭住嘴巴不肯吃药，而你却必须把这重要的药灌到他喉咙的时候，也不可使用这种不正确的诱导方法。如果他真把药当作糖果，一口气喝下了一整瓶樱桃口味的咳嗽糖浆，那又是谁的过失呢？

❼ 当你自己生病同时又必须照顾你的宝宝时，确定你把所有的药放在小孩拿不到的地方。这或许会造成你的不方便，但是因为当我们生病的时候，比较容易疏忽，所以，我们不得不额外小心。

❀ 如何保护宝宝的眼睛

　　眼睛是人的重要视觉器官，又是十分敏感的器官，极易受到各种侵害，如温度、强光、尘土、细菌以及异物等，尤其是现阶段的宝宝正处于学爬时期，且比较好动，手容易沾染细菌后又去揉眼睛。父母应及早保护好宝宝的眼睛，防止宝宝眼睛有所损伤。

眼睛的护理：

❶ 宝宝要有自己专用的脸盆和毛巾，每次洗脸时都要洗眼睛。

❷ 要经常给宝宝洗手，防止宝宝用手搓揉眼睛。

❸ 要防止强烈的阳光或灯光直射宝宝的眼睛，带宝宝外出时，如有太阳，要戴太阳帽，家里灯光要柔和。

❹ 要防止锐物刺伤眼睛，不要给宝宝玩棍棒、针尖类玩具。

❺ 防止异物飞入眼内，一旦异物入眼，不要用手揉擦，要用干净的棉签将异物粘出，再用温水冲洗眼睛。

❻ 掌握正确的看电视方法，时间最好在2～10分钟，距离电视2～3米。

❼ 适当增加含维生素A的食物的摄入，如动物的肝、蛋类、胡萝卜和鱼肝油，以保证视网膜细胞获得充分的营养。

❽ 多给宝宝看色彩鲜明的玩具，经常调换颜色，多到外界看大自然的风光，以提高宝宝的视力。

☕ 小贴士

　　妈妈要定期带宝宝去医院检查眼睛，发现眼病，对婴儿要每半年或一年进行一次视力定期检查，及早发现远视、弱视、近视及其他眼病，以便进行矫正治疗。

❀ 防止宝宝过敏

　　如果宝宝是过敏体质，妈妈就要带宝宝到医院进行过敏源筛查，通过筛查，可以掌握易引发宝宝过敏的物质"黑名单"，日常生活中，妈妈可以尽量避免让宝宝接触这些食品、物品，做到从根源上阻止其过敏疾病的发生。

平时，妈妈要留心观察，注意宝宝发病时所处的环境、所吃的食物以及所接触的物品，总结过敏原因，避免过敏现象的发生。

提高宝宝自身免疫力是有效预防过敏疾病发生的重要手段：要让宝宝多活动，强健体魄；要保证宝宝每日摄入的营养均衡，多吃蔬菜、水果等富含维生素C的食物；还要让宝宝保证每日睡眠

充足；另外，妈妈要注意为宝宝保暖，预防感冒等疾病的发生。

❀ 宝宝玩"小鸡鸡"怎么办

宝宝玩"小鸡鸡"与成人有意识的行为不同，宝宝是在摸玩自己时，发现了抚摩生殖器很舒服，这是一种生物反应，与玩自己的手指一样。对宝宝的这种动作，父母不必大惊小怪，也不要呵斥宝宝，使他受到抑制。

❶ 平静对待宝宝的这种行为。这么小的宝宝还没有性的概念，玩自己的生殖器，仅仅因为他对这个器官感兴趣，就好比他玩自己的小手、小脚和肚脐眼一样。宝宝的这种行为并不值得父母担忧，父母没必要把事情看得那么严重，只要平静地看待他的这种行为就可以了。

❷ 用玩具或者游戏来转移宝宝注意力。给宝宝一个好玩的玩具或者和他玩手指游戏，让他搭积木，玩球类游戏等都是不错的选择。

☕ 小贴士

有的成人喜欢碰下宝宝的"小鸡鸡"逗宝宝玩，这容易让宝宝养成玩"小鸡鸡"的习惯，大人一定要避免这样逗弄宝宝。

科 学 喂 养

❀ 本月宝宝喂养要点

9个多月婴儿的喂奶次数应逐渐从3次减到2次，每天500毫升左右鲜奶已足够了，而辅食要逐渐增加，为断奶做好准备。

9个多月的婴儿应增加一些土豆、白薯等含糖较多的根茎类食物，增加一些粗纤维的食物如蔬菜，但要把粗的老的部分去掉。

9个多月的小儿已经长牙，有咀嚼能力了，可以让他啃硬一点的东西。

❀ 两餐之间应该吃点心

孩子每日3餐之外，还应有两次点心。老人带孩子，往往是什么时候饿了什么时候吃点心。这样做影响孩子正餐的食欲，点心也要定时吃。1~2岁的孩子吃什么点心呢？

可选择以下食品：

西红柿150克（1个），香蕉60克（半个），蛋糕12克（1/4块），苹果50克（半个），鲜榨果汁80克（1小杯），橘子120克（1个半），草莓130克，饼干10克（3块），薄脆饼10克（6块），白薯40克（半个）。

❀ 本月宝宝辅食推荐

煮白薯

把白薯洗干净去皮后切成四个薄片，把苹果洗净去皮除核后也切成薄片，然后把白薯和苹果的薄片先后放入锅内，加入少许水后用微火煮，煮好后放入蜂蜜。

芝麻豆腐

豆腐1/6块用开水烫后控去水分，然后研碎再加入炒熟的芝麻、豆酱、淀粉各1小匙，混合均匀后做成饼状，再放入容器中用锅蒸15分钟即可。此食品的特点是非常松软，易消化。

❀ 不要让宝宝吃带籽的水果

吸入水果子是很危险的。即使你的宝宝现在还没有吃苹果、西瓜或葡萄及其他带籽的水果，但他不久就会吃的。5岁以下的宝宝吃水果时很容易把籽吸入气管，所吸入的籽能阻塞呼吸并引起窒息，留在肺里的籽也可以引发感染。

所以，作为父母，在喂宝宝水果前一定要注意，先要拿掉里面所有的籽。至少到5岁大时，才能给他葵花籽或南瓜子。

如果你的宝宝吃完水果后，开始咳嗽或喘息异常，他可能吸入籽了。这时要及时带宝宝看儿科医生。

❀ 怎样榨果汁营养更好

榨果汁时要尽量减少果汁和空气的接触，避免氧化，否则会降低抗氧化作用，同时还会因存放时间长而失去鲜美的风味。

❶**榨汁最好连渣吃掉**：榨汁后，不溶性的食物纤维当然不会跑到汁里面去，不溶性元素如钙也会被留在渣子当中。妈妈最好让宝宝在喝果汁时连渣吃掉。

❷**榨前烫一下保存营养**：商业生产中

制作果蔬汁，往往是要对果蔬进行热烫处理的。也就是说，需要把水果蔬菜在沸水中略微烫一下，把那些氧化酶"杀灭"掉，也让组织略微软一点，然后再榨汁。这样，不仅出汁率增加，还能让榨汁颜色鲜艳，不容易变色。特别是那些没有酸味的蔬菜，比如胡萝卜、青菜、芹菜、鲜甜玉米，一定要烫过再打汁。

❸ **鲜榨果汁最多存一天**：如果没有经过烫煮，榨汁之后应当马上喝，不可以存放。可以说，在每一分钟当中，维生素和抗氧化成分的损失都在增加。如果经过烫煮再榨汁，酶已经被灭活，可在冰箱里密封保存。

❈ 学做几种果汁

🌱 胡萝卜苹果汁

【原料】胡萝卜，苹果。

【制作】原料洗净切碎，榨汁，挤入柠檬汁，搅拌均匀。将果汁加入蜂蜜，凉开水调匀。

🌱 草莓果菜汁

【原料】草莓10个，卷心菜1/6个，胡萝卜1/3个，苹果1/2个，白糖50克，凉开水100克。

【制作】将胡萝卜洗净、切碎，榨汁。将草莓、卷心菜、苹果洗净，切碎，榨汁。将果汁混合，加入糖、凉开水。

🌱 菠萝汁

【原料】菠萝200克，白糖50克，凉开水250克。

【制作】菠萝去皮，榨汁加白糖，凉开水调匀。

🌱 葡萄汁

【原料】鲜葡萄1000克，白糖100克，凉开水500克。

【制作】葡萄洗净，去皮，榨汁。葡萄汁中加水、白糖调匀。

🌱 黄瓜汁

【原料】黄瓜3根，白糖适量。

【制作】将黄瓜洗净切碎，榨汁，加白糖。

🌱 荸荠汁

【原料】鲜荸荠500克，冰糖250克，水1000克。

【制作】荸荠洗净去皮，切碎，榨汁。将冰糖溶化，加入荸荠汁，再放入凉开水中调匀。

🌱 三鲜汁

【原料】鸭梨250克，荸荠250克，鲜藕250克。

【制作】原料洗净收拾好，分别切碎用榨汁机榨汁，将白糖加入果汁。

智能提升

❋ 为宝宝做好榜样

俗话说："三岁看小，七岁看老。"人在婴幼儿时期的教育非常重要，它就如一座大厦的基础部分，虽然我们平时看不见它，但是它决定了大厦的风格和高矮。

宝宝9个月之后，越来越开始懂事，所以父母应该尽早对宝宝进行系统的教育。父母是宝宝的第一任教师。对宝宝而言，家庭教育不仅开始最早，而且时间也最长。父母作为宝宝最早的启蒙终身的教育者，对宝宝的教育影响也最深远。父母若想成功地教育自己的子女，必须以身垂范，做宝宝的榜样。

教育好宝宝，父母要以身作则：

父母不仅是一种权威，而且是宝宝言行举止标准的提供者，父母的表现在很多情况下成为宝宝的参照。父母要使宝宝的言行有所遵循，切不可言行不一，言行相悖比对宝宝放任自流效果更坏。

教育好宝宝，父母要以身示教：

在家庭教育中，父母经常会对宝宝说应该这样做、不应该那样做来规范宝宝的言行，可是这种空洞的说教所起的作用往往微乎其微。在某些方面的教育中，说教几乎起不到什么作用。你的一言一行、一举一动，宝宝都会看在眼里，对父母产生崇敬，并以父母为榜样模仿、效法。在日常生活中，谨言慎行，以身示教，凡是要求宝宝做到的，自己首先必须做到。

教育好宝宝，父母要说话算数：

父母一旦答应了宝宝的事一定要兑现，兑现有困难的事不要轻易许诺。如果你随便承诺宝宝一件事，但由于种种原因给忘记了，对宝宝的情绪不仅会是一个较大的打击，在某种程度上也会对宝宝内心带来伤害。

如果父母经常言出不行，说话不算话，就会降低在宝宝心目中的可信度，宝宝对父母的崇信、敬仰与爱戴，就会由于你的失信次数而递减。次数过多，可能父母的话就会被宝宝完全不当一回

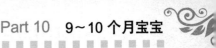

事，还谈什么教育宝宝呢。

再者，如果作为父母经常说话不算话，宝宝也会下意识地效仿，对自己说出的话不负责任，便会成为他的一种不良习惯。如果你经常有言出不行这样的"过错"，请你在宝宝面前郑重其事地道歉，并给他一个合理的解释，博得宝宝的谅解。当然，这种道歉的次数越少越好。

父母是宝宝一生的老师。如果你是明智的父母，就应该以身垂范，给宝宝做出好榜样。

❋ 教宝宝学着冷静处事

当事情不按照你的意愿进行时，你会生气或不满，你的宝宝也会这样。你的宝宝就像一块海绵，能够吸收他周围的一切，包括你所做的一切。你可能认为他不知道他周围所进行的一切，但他确实什么都知道。

如果你做的事正确，你的宝宝会向你学习。当他弄洒了果汁时，你要心平气和地将果汁擦干净。这样你能教会他怎样成熟地处理一些问题。

你如果大声喊叫，那么你是在教会他在事情不顺利时，便烦恼、发怒。

❋ 多给宝宝说话的机会

父母要鼓励宝宝多说，引导他有意识地发出声音来表示一个特定的动作或意思，如"走"、"坐"、"拿"、"要"等，从而能表达自己。

当宝宝表示想要某样东西时，不要马上给宝宝。要让宝宝一边指东西一边发出声音来，找机会让宝宝说话，抓住学说话的好时机，慢慢地教会他能用语言要东西。另外，要保持婴儿良好的情绪，宝宝只有在高兴时，才愿意说话和学说话。

当宝宝模仿大人发音时，一定不要打断他，要表示出很感兴趣地、微笑地看着宝宝，及时给予相应的回答。

结合实物与动作来练习：

这个时期的宝宝对抽象的语言是不能理解的，训练宝宝说话时，一定要把语言和动作或形象结合起来，这样才会对语言发展有所帮助。

图书能帮助宝宝学说话，父母应该每天挤一点时间和宝宝一起看图画书。给宝宝看的书要简单，如看图识字，图画要清楚，色彩要鲜艳，每一页的内容要简单，书要相对大一些，这样宝宝就会对图书感兴趣，在看、听的过程中学到语言。

这个时期宝宝所能接受的，还仅限于名字和人的身体、食物、玩具等和生活有密切关系的词汇，教宝宝说某物体的名称时，一定要让宝宝同时感受到这个物体，如告诉宝宝"灯"时，一定要指着灯，让宝宝看着灯。这样宝宝在大脑里才会建立起灯这个物体的形象和相应词之间的联系，感性地认识灯，逐渐能说出灯这个词。

说话练习：认识五官

让孩子和妈妈对坐，妈妈指自己的眼睛或孩子的眼睛，告诉宝宝："这里是眼睛。" 然后妈妈指着宝宝的眼睛或自己的眼睛问："这里是什么呀?"鼓励宝宝说出来。

然后用同样的方法指认鼻子、嘴巴、耳朵等，可以反复指认。一次不要让孩子把五官都认下来。妈妈要记住，教孩子不能心急，一次不能教太多，即使孩子学得又快又好，也不能学到他厌烦才停止。

❋ 巧妙地替换对宝宝说"不"

宝宝现在比过去会更多地惹来麻烦，你可能经常地想要对他说"不"字，当宝宝一次又一次地听到"不"字时，他就不再在意了，要尽量把"不"字留到你真正需要说的时候。当他又出现麻烦时，你可以用一些巧妙的方法来帮助他规避。

❶ 为他做示范。用另外的办法给婴儿做示范来对待一件事物。他可能想撕你的杂志，为了不让他撕，你就应该和他一起坐下来，边翻页边指给他看，指出动物和人，和他一起分享看杂志的乐趣，然后把杂志放到他够不着的地方。

❷ 转移婴儿的注意力。在你告诉宝宝不要触摸某种东西之前，要尽力转移他的注意力。他可能正在够一个玻璃制品，因为它非常奇巧，而且他已注意到了。取而代之的是，可给宝宝一件既闪光又安全的东西，如金属匙儿或者是婴儿用起来安全的镜子。

❸ 给他"脸色"看。宝宝做某种事情之前，他可能会瞥你一眼。当他要做你不想让他做的事情时，就严厉地看着他。你的脸色便足以使他转移方向。

❹ 有必要制止他。当宝宝做一些与体罚有关的事情时，他也可以做，但不要以同样的办法。如果他拉扯猫尾巴或打狗，就制止他，拉着他的手并轻轻地告诉他，"不要拉扯猫尾巴"，或"你打狗，狗会疼的"。

❀ 教宝宝与别人分享

训练宝宝与别人分享好东西的品质，对宝宝日后的成长有着重要的意义。即使是宝宝非常喜欢的东西或者食物，也要让宝宝学会与别人分享。要让宝宝一点一点地明白什么事情该做，什么事情不该做，从宝宝懂事时就开始教他，以后长大就养成了优良品质。

分享训练：让宝宝将水果递给长辈

让宝宝从盘子内拿一个橘子给爸爸，拿一个给妈妈，自己再拿一个。有时宝宝舍不得把第一个分给别人，可以把次序倒过来，先自己拿一个，然后再分给别人。有过多次练习后，可以递一个给爷爷，再递一个给奶奶，最后让宝宝递东西给客人。经常让宝宝给客人递食物就会让宝宝养成与人分享东西的好习惯。

练习递水果给别人，一来能让宝宝学会与人分享，养成不自私的习惯；二来学会给人递东西是当助手的基本功，以后大人做事时能与大人配合，学会当助手；三来可以呈现出全家人其乐融融的气氛。

❀ 亲子游戏推荐

◎ **戴帽子**

妈妈准备各种各样的帽子，放一排，让孩子往头上戴。每戴一顶，妈妈就告诉他或问他："这是什么?这是帽子。"使孩子懂得尽管大小、样子不同，都是帽子。

目的：使孩子学习归类，训练逻辑思维。

◎ **读书**

婴儿怎么能读书?妈妈可给孩子选购塑料制的图书和布制的图书。这些图书是专门给婴儿做的，无毒，不怕孩子撕和咬，又可以清洗。妈妈也可以买一些儿童手绢，缝成书给孩子读。

目的：提高孩子认物的能力。

◎ **套环**

给孩子选购一件套环玩具，可以是木的，也可以是塑料的。这件玩具有一根立柱，有几个环，孩子用环套在立柱上即可。孩子一边套，妈妈一边数："一、二、三。"

目的：训练手眼协调能力，学数数。

◎ **记忆力训练**

给孩子买一套幼儿识字的图片，让他找哪张是苹果，哪张是鸡蛋。也可让孩子把他认识的物品图片挑出来，并一一指认给妈妈看。

目的：训练记忆力。

◎ **踢球**

将一个纸球挂起来，让孩子扶着栏杆用脚踢。

目的：练习独脚站和胎腿。

◎ **插钥匙**

每次妈妈抱孩子回家，把钥匙交给孩子，让他将钥匙插进锁眼，插入以后，妈妈将门打开，母子都很高兴。

目的：训练手的精细动作。

疾病防治

❋ 注意预防宝宝斜视

刚出生2个月内的宝宝由于生理原因，眼睛看起来会有些斜视，一般几个月后就会正常，但若妈妈在护理、照顾上不够尽心，则可能诱发或加重婴儿的斜视和对眼，宝宝斜视会引起脊柱、颈部、面部发育异常，妈妈要引起注意。

宝宝斜视一般都是生理性的、假性的，只要多加引导，日后宝宝的假性斜视会逐步消失。当发现宝宝在房间里眼睛睁得大大的，到了阳光下就会眯起一只眼睛，注视一个物体时常歪着头、侧着脸，或者扬起下巴、收下巴时，宝宝可能异常斜视，要及时带宝宝去看眼科。

预防斜视的要点：

❶ 注意经常变换宝宝睡眠的体位，使光线投射方向经常改变，今天头睡左边，明天头睡右边，注意掉换，这样就能使宝宝的眼球不再经常只转向一侧，从而避免斜视。

❷ 卧室光线不要太亮，宝宝的小床上悬挂的彩色玩具不能挂得太近，应该在40厘米以上，而且应该在多个方向悬挂，避免孩子长时间只注意一个点而发生斜视。

❸ 将宝宝放在婴儿床上的时间不能太长，宝宝醒着时要带他走动走动，使宝宝对周围的事物产生好奇，从而增加眼球的转动，增强眼肌和神经的协调能力，避免产生斜视。

❹ 不要长时间在一个地方用同一个玩具逗弄宝宝，以免宝宝长久注视，眼球不动。房间内玩具不要摆得太近，隔一段摆放一个，让宝宝轮流看。

❈ 宝宝尿液混浊要紧吗

人体排出的尿，是由肾脏滤过后排出体外的部分水分和代谢废物。在这些代谢废物中，绝大部分是磷酸盐和草酸盐。一般情况下盐类溶解在尿液中，肉眼是看不见的，因此，尿液的外观是清澈的。

若宝宝尿液混浊，原因有很多：

❶ 若在水分减少或温度改变的情况下，尿中的盐分浓缩，尿液变得混浊。

❷ 夏天天气炎热，出汗较多，尿中的水分相对减少，盐分相对增加，所以出现尿液混浊。

❸ 由于饮食改变的关系，尿中的盐分增加，也可以使尿液混浊。若天气冷时，尿液排出后温度比体温低，盐分被沉析出来，尿液也会混浊。

❹ 宝宝的新陈代谢较旺盛，由肾脏排出的废物较多，若不能给予适当的饮水，使尿量减少，尿液亦会变得混浊。尤其在冬季，外界气温明显低于体温时，更容易出现尿液混浊的现象。

❺ 若宝宝尿液呈乳白色或米泔水样，在这种尿液中加醋酸即可澄清，说明这种混浊的尿液中含大量的磷酸盐；若尿液呈粉色，经加热后可澄清，说明尿液中含草酸。

一般的宝宝尿液混浊，若无其他症状，可不必担心，只要改变饮食结构，多饮水，不用服药即可恢复正常。若尿液浑浊伴有高热、呕吐、食欲不振、精神不佳、尿痛和排尿次数频繁，宝宝可能患有泌尿系统疾病，妈妈应带宝宝去医院检查，请医生给予诊断治疗。

❈ 宝宝便秘的防治

宝宝每天正常的大便次数为1～2次，如果宝宝两天以上才大便一次就要注意了，粪便在结肠内积聚时间过长，水分就会被过量地吸收，粪便干燥会导致排便更加困难，导致便秘。妈妈应该注意从调理宝宝饮食、养成定时排便习惯、保证适当活动量这几个方面入手。

❶ **均衡饮食：**五谷杂粮以及各种水果蔬菜都应该均衡摄入，可以吃一些果泥、菜泥，或喝些果蔬汁，这些都可

以增加肠道内的纤维素，促进胃肠蠕动，使排便通畅。

❷ **定时排便：**每天早晨喂奶后，妈妈就可以帮助宝宝定时排便，排便时要注意室内温度，不要让宝宝产生厌烦或不适感。

❸ **保证活动量：**每天都要保证宝宝有一定的活动量。妈妈要多抱抱他，或适当揉揉他的小肚子，而不要长时间把宝宝独自放在婴儿床上。

 如何护理患便秘的宝宝

❶ 可以让宝宝多吃含粗纤维丰富的蔬菜和水果，如芹菜、韭菜、萝卜、香蕉等，以刺激肠壁，使肠蠕动加快，粪便就容易排出体外。

❷ 清晨起床后给宝宝饮温开水1杯，可以促进肠蠕动。要注意多给宝宝饮水，最好是蜂蜜水，蜂蜜水能润肠，也有助于缓解便秘。

❸ 手掌向下，平放在宝宝脐部，按顺时针方向轻轻推揉。这不仅可以加快宝宝肠道蠕动进而促进排便，并且有助于消化。每天进行10～15分钟。

❹ 如多天未解，可用宝宝开塞露或是肥皂条，但不要长期使用。

❺ 便秘的宝宝不宜吃话梅、柠檬等酸性果品，食用过多会不利于排便。

Part 11

10~11个月宝宝

生 长 发 育

❀ 宝宝的生理发育

　　10个月的宝宝生理发育更加成熟。爸爸妈妈应知道自己的宝宝是否发育正常。

宝宝的生理发育表	
生理发育	标 准 值
体　重	男婴平均体重为9.8千克，女婴平均体重为9.08千克
身　高	男婴平均身长为75.0厘米，女婴平均身长为73.0厘米 坐高：男婴平均为47.0厘米，女婴平均为46.3厘米
头　围	男婴平均头围为46.09厘米 女婴平均头围为44.89厘米
胸　围	男婴平均胸围为46.09厘米 女婴平均胸围为44.89厘米
睡　眠	第11个月的宝宝每天需睡眠12～16个小时。白天睡两次，夜间睡10～12小时
其　他	11个月的宝宝绝大部分已长齐2颗下中切牙（门牙）和3颗上中切牙，个别宝宝开始长出2颗下外切牙

❀ 宝宝的感觉发育

　　宝宝常常把家里的抽屉打开，把每件东西都拿出来看看、玩玩；如果有箱子，就会钻进去；他们还会把塑料袋套在自己头上，常常因为拿不下来而发急。宝宝的这种行为对开阔其视野、增长其知识是有帮助的，但也有很大的安全隐患。这时应该提醒一下的是，由于此时宝宝的探索行为属于"不负责任"的行为，所以父母一定要注意宝宝的安全。

宝宝的感觉发育表	
感觉发育	标　准　值
动　作	10个多月的宝宝坐着时能自由地向左右转动身体，能独自站立，扶着一只手能走，推着小车能向前走。能用手捏起扣子、花生米等小东西，并会试探地往瓶子里装，能从杯子里拿出东西然后再放回去。双手摆弄玩具很灵活。会模仿成人擦鼻涕、用梳子往自己头上梳等动作，会拧开瓶盖，剥开糖纸，不熟练地用杯子喝水
听　力	10个多月的宝宝尽管能够使用的语言还很少，但令人吃惊的是他们能够理解大人说的很多话。对成人的语言由音调的反应发展为能听懂语言的词义。如问宝宝："电灯呢？"他会用手指灯；问他："眼睛呢？"他会用手指自己的眼睛，或眨眨自己的眼睛；听到成人说"再见"，他会摆手表示再见；听到"欢迎、欢迎"的声音，他也会拍手

❀ 宝宝的心理发育

10个多月的宝宝喜欢模仿着叫妈妈，也开始学迈步走路了。喜欢东瞧瞧、西看看，好像在探索周围的环境。在玩的过程中，还喜欢把小手放进带孔的玩具中，并把一件玩具装进另一件玩具中。10个多月后的宝宝在体格生长上，比以前慢一点，因此食欲也会稍下降一些，这是正常的生理过程，不必担心。吃饭时千万不要强喂硬塞，如硬让宝宝吃，会造成逆反心理，产生厌食。

这个阶段的宝宝，最喜欢模仿说话，家长应抓住这一时期多进行语言教育。要和宝宝多说话，内容是与他生活密切相关的短语。如周围亲人、食物、玩具名称和日常生活动作等用语。注意不要教宝宝儿语，要用正规的语言教他，当宝宝用手势指点要东西时，尽量

教他发音，用语言代替手势。在学习的过程中，要让宝宝保持愉快的心情。心理上愉悦、健康的宝宝学东西就快。

家 庭 护 理

❋ 不要让宝宝嘬空奶头

宝宝嘬空奶头是一种坏习惯，容易把大量空气吸入胃内，引起腹部不适、呕吐或腹泻。长期如此还易造成牙齿生长不整齐，形成反合牙。如果孩子已经形成了习惯，要帮助他改掉。可以利用转移注意力等方法，使他忘记空奶嘴，即使孩子为之大哭，家长也不能让步。可以让他先哭一会儿，不去理他，过一会儿再和他讲道理，并用好玩的玩具哄逗他。

❋ 培养宝宝自己洗手的习惯

这个月龄的宝宝，应当让他知道饭前要洗手，同时训练他这么做。

让宝宝洗手，宝宝是会很感兴趣的，因为宝宝一般都天生爱玩水。当然，刚开始学自己洗手时，会弄湿衣服袖子，这不要紧，不要责骂宝宝，要更加耐心地教宝宝怎么样正确洗手，怎么样把手洗干净。

教宝宝洗手的时候，可以配合语言训练，比如一边教宝宝洗手，一边说："一二三，搓手心，三二一，搓手背。"让宝宝把洗手当作游戏，很高兴地学会自己洗手的动作。

❋ 宝宝不宜抱着玩具睡觉

平时不要让宝宝养成玩具陪睡的习惯，如果发现宝宝睡觉时离不开玩具，父母一定要抽出时间来多陪陪宝宝，特别是在宝宝入睡之前，要尽量在床边陪伴宝宝，或是讲故事给他听，或是一起做个小游戏。

有时候宝宝喜欢玩具陪睡是心理饥渴的一种表现。宝宝孤独不安，只好借自己心爱的玩具寻求内心的安定，长此下去，会使宝宝变得内向而敏感，不利于正常的心理机制的建立，对宝宝的身心发展不利。

另外，布制玩具和长绒毛玩具，如布娃娃、长毛狗之类，容易脏，宝宝睡觉时置于身边不卫生；金属玩具、硬塑玩具，如枪、变形金刚等，棱角坚，质地硬，放宝宝身边也不安全。

❀ 不要带宝宝到马路边玩

我们提倡宝宝多到户外玩，多晒太阳，但不赞成常抱宝宝在路边玩。马路两边是污染最严重的地方，对宝宝和大人都极有害。

汽车在路上跑，汽车排放的废气中含有大量一氧化碳、碳氢化合物等有害气体，马路上含汽车尾气的污染是最严重的；马路上各种汽车鸣笛声、刹车声、发动机声等噪声影响宝宝的听力；马路上的扬尘，含有各种有害物质和病菌、微生物，会损害宝宝的健康。

带宝宝玩耍，要到公园、郊外等空气新鲜的地方。

科学喂养

❀ 本月宝宝喂养要点

10个多月的孩子每天早6：00、晚22：00吃两顿奶，上午、中午、下午吃三顿辅食。

10个月的孩子仍以稀粥、软面为主食，可适量增加鸡蛋羹、肉末、蔬菜之类。

多给孩子吃些新鲜的水果，但吃前要帮他去皮、去核。

❀ 本月宝宝辅食推荐

疙瘩汤

把1/4个鸡蛋和少量水放入大匙面粉之中，用筷子搅拌成小疙瘩，把切碎的葱头、胡萝卜、圆白菜各2小匙放入肉汤内煮软后，再把面疙瘩一点一点放入肉汤中煮，煮熟之后放少许酱油。

蒸鱼饼

把1/2条鱼去皮和骨、刺后，研碎，与豆腐泥混合均匀做成小饼，放蒸锅内蒸，把鱼汤煮开后加少许作料，最后把蒸过的鱼饼放入鱼汤内煮熟。蒸鱼饼的特点是能够保持鱼肉中的营养成分不被破坏。

虾豆腐

小虾2只，豆腐1/10块，嫩豌豆苗2～3根煮后切碎，放入锅内，加切碎的生香菇1/4，加海味汤煮，加白糖和酱油各1小匙，熟时薄薄地勾一点芡。

❋ 宝宝不爱吃饭怎么办

宝宝不爱吃饭，妈妈可以通过提高烹调技巧、变换食物形状，引起宝宝的食欲。

应对宝宝不爱吃饭的办法：

❶ 饭菜软硬适合宝宝：给宝宝吃的饭菜不能太软，也不能太硬、块太大，而且要换着花样给宝宝吃，让宝宝有新鲜感，避免吃腻。

❷ 变换食物形状：宝宝不爱吃苹果泥，不是口味问题，而是宝宝喜欢换一种吃法，宝宝长牙了，喜欢吃苹果条了。宝宝左一顿面条，又一顿面条，有点腻了，妈妈不如做成小馒头或小包子等。

❸ 不喂零食：宝宝胃里总有食物，血糖就会高，宝宝没有饥饿感，吃饭时不饿就不爱吃饭。

❹ 妈妈还可以制订宝宝吃饭规则：宝宝在规定的时间不吃饭，离开饭桌就没有饭吃，零食要定量，不能给太多，让宝宝感觉一下饥饿的滋味。

❋ 宝宝吃多吃少不碍健康

妈妈看到别的宝宝能吃一碗饭，而自己的宝宝只吃几口饭，就开始着急，认为自己的宝宝不正常。其实宝宝吃多吃少不是重点，重点是宝宝是不是健康，生长发育是否正常。如果宝宝一切都好，精神好，生长发育正常，吃多吃少都没有关系。

别的宝宝吃得多，情况可能是这样的：

❶ 可能是食量大的宝宝。

❷ 可能是有肥胖倾向的宝宝。

❸ 可能是其他食物吃得少。

❹ 可能是爱吃饭，不爱吃奶的宝宝。

你的宝宝吃得少，情况可能是这样的：

❶ 宝宝吃奶多，吃饭少。

❷ 宝宝食量小。

❸ 宝宝可能喜欢吃蛋、肉。

面对宝宝喂养问题，无论宝宝出现怎样的表现，最主要的要抓住一个要点：喂养的目的是保证宝宝正常的生长发育。包括体重、身高、头围、肌肉、骨骼、皮肤等可测的指标，还有专业机构提供的营养指标，这些是衡量宝宝喂养好坏的指标，如果这些指标都在正常范围，喂养就是成功的。

另外，在保证宝宝正常生长的前提下，妈妈要尊重宝宝的个性和喜恶，让宝宝快乐进食是父母的责任。

❀ 分餐是科学的饮食方式

我国传统的吃饭方式——全家人共吃一盘菜、一碗汤，这是一种很不卫生的方式。传染病容易通过筷子、汤匙上的唾液传给孩子。有些传染病有一定的潜伏期，尚未发作的时候没有症状。还有的人本身虽没有患病，却是某些传染病菌的携带者，同吃一碗菜时，病菌会传染给别人。特别是喜逢佳节，亲朋团聚或宴请宾客，遇有这类病人或带菌者，便会因混食而使疾病传播开去。

分餐制，就是在全家用餐时，采用一人一份饭菜的方式，同坐一张桌，各人吃各人的。如果在一些家庭一时做不到这点，可以先采用公筷、公勺的方法，每人一副食具，大家用公筷、公勺将菜、汤放入自己的菜碟或汤碗中，同样可以达到卫生、防病的目的。实行分餐制，还要与餐具消毒结合起来。要推广餐具煮沸消毒，消灭餐具上的病菌，才能防止"病从口入"，保证身体健康。

❀ 允许宝宝用手抓食物

1岁左右的宝宝喜欢用手抓饭吃，许多妈妈都会竭力纠正这样"没规矩"的动作。但是，宝宝手抓食物的过程对他们来说就是一种愉悦。宝宝学吃饭实质上也是一种兴趣的培养，这和看书、玩耍没有什么两样，因为用手拿、用手抓，就可以掌握食物的形状和特性。要知道，其实根本就没有宝宝不喜欢吃的食物，只是在于接触次数的频繁与否，而只有这样反复亲手接触，他们对食物才会越来越熟悉，将来就不太可能挑食。

妈妈只要将宝宝的小手洗干净，就可以让他用手抓食物来吃，这样有利于宝宝形成良好的进食习惯。

此外，妈妈平时多教宝宝用拇指和食指拿东西，或给宝宝做一些能够用

手拿着吃的东西或一些切成条和片的蔬菜，以便他能够感受到自己吃饭是怎么回事。如土豆、红薯、胡萝卜、豆角等，还可以准备香蕉、梨、苹果和西瓜（把籽去掉）、熟米饭、软的烤面包、小块做熟了的嫩鸡片等。还可以与宝宝玩吃饭的游戏，教宝宝怎么拿勺子、怎样用杯子喝水等。

智能提升

教宝宝使用工具

当孩子伸手拿东西拿不到时，妈妈可以帮助他，但不是简单地替他去拿，而是引导他使用工具去拿。

比如，饭桌上有一粒糖，孩子想拿够不着，这时他很急，妈妈不要替他拿，而是给他一根筷子或一个长柄勺，孩子可用勺把糖拨到近处拿到。如果孩子不明白，妈妈可以提醒他去做。

如果小汽车跑到沙发下去了，怎么拿出来？妈妈可暗示孩子用他的长枪把汽车从沙发底下拨出来，一次不成功，鼓励他动脑另想办法。

帮助孩子利用工具来做他直接做不到的事，会使孩子的思路开阔，养成用脑筋思考问题的习惯。

奇特的环境益智法

宝宝的智商高低除与遗传、营养以及早期智力开发等因素有关外，也与后天成长环境有关。

❶ 宁静益智：试验显示，噪声在55分贝时，宝宝理解错误率为4.3%，噪声在60分贝以上时，理解错误率则上升到15%。因此，宝宝所处的环境应尽量避免各种噪声的干扰，以利于智力发育。

❷ 和睦益智：家庭和睦、气氛融洽、充满亲情可以增进宝宝的智力。恶劣的家庭环境会使宝宝心情压抑、孤独，生长激素减少，导致宝宝身材矮小、智商降低，因此，爸爸妈妈保持和睦，给予宝宝足够的亲情很重要。

❸ 交往益智：有人跟踪观察一组儿童10年之久，发现从小即喜欢和成年人打交道的宝宝，学习成绩普遍较

好。因此，应鼓励宝宝走出家庭，与同龄和大龄宝宝甚至成年人交朋友。

◎ 芳香益智：与一般环境比较，生活在有淡淡的芳香环境中的儿童，无论是在视觉、知觉，还是在接受与模仿能力等方面，都有明显的优势。奥妙在于，芳香能给人一种良性刺激，使人心情松弛、情绪高涨，增强听觉与嗅觉及思维的灵敏度，提高智力。

◎ 颜色益智：淡蓝色、黄绿色以及橙黄色能振奋精神，提高学习注意力。黑色、褐色、白色不利于智力。在宝宝居室的墙壁上挂一些淡蓝色背景的画，有助于宝宝智力发育。

❀ 美妙的自然课堂

在天气好的时候，带婴儿到户外散步或逛公园、郊游时，引导他观察自然界，如天上的飞鸟、地上的家禽家畜等。带他拾各种各样的石子、树叶、松果等玩。让他观察你用野花野草编一只小花篮，还可做一个小风车，让他拿在手上，在微风的吹拂下，旋转起来，使他看到大自然的力量，享受大自然的美妙，培养热爱大自然的情感。

走在草地上：

让宝宝赤脚在草地上行走，并询问他的感觉，这样可以进行综合能力的训练。尽量鼓励宝宝更形象、细致地表达他真实的触觉，既提高了他的想象力和表达能力，也开拓了他的触觉，使他变得更敏感。

趣味之旅：

把外出的路程变成一次寻找声音的有趣旅程：让他找一根筷子、一些不同材质的器皿，看看他能够用它们制造出什么声音；让他比较一下用木棍敲石头和击打其他质地物品的声音有什么不同。

❀ 多鼓励，少批评

将近1周岁的宝宝正是学习、成长的年龄，好奇心、探索性非常强，所以爸爸妈妈要掌握正确的教育方法来引导宝宝成长，如果方法不得当，反而会扼杀宝宝的天性。

对宝宝多鼓励、少批评，有助于宝宝健康成长，这会让宝宝明白：做对了继续努力，做错了也没关系，可以从头再来。对宝宝多鼓励、少批评，还会让宝宝对父母非常信任，听从爸爸妈妈的话，不会产生逆反心理，有助于家庭成员的和谐，是对宝宝情商的一种锻炼。

不要吝啬自己的夸赞：

多夸赞宝宝，对他的性格和进步是非常好的，他绝对不会因此骄傲。不自觉地夸赞会让他更有信心做得更好，更加进步，并且了解妈妈是多么的爱他，从而乐于分享他的成长以及进步。

❀ 满足爱敲打的宝宝

宝宝快1岁时，多喜欢拿东西当鼓乱敲一气。父母专为宝宝买来的电动玩具，没想到宝宝拿起来就往桌上敲，几下就敲坏。有些妈妈无法忍受宝宝成天敲打的这种声音刺激，抱怨说："真是太吵了，砰砰砰的，一天到晚都像做木匠活。"

要理解孩子的行为，这是孩子在成长过程中的一种探索。11个月左右的宝宝，想了解各种各样的物体，了解物体与物体之间的相互关系，了解自身的动作能产生的效果，方式就是敲打不同的物体。宝宝知道，这样会产生不同的声响，而且用力大小不同，产生音响的效果也不同。比如，用木块敲打桌子，会发出"啪啪"的声音；敲打铁锅则发出"当当"声；两手各拿一块木块对着敲，声音似乎更为奇妙。宝宝很快就能学会选择敲打物，学会控制敲打的力量，这样就发展了自身动作的协调性。

如果父母能理解宝宝爱敲打东西的原因，应积极地帮助宝宝发展这项探索性活动。在与宝宝的游戏交往中关心、理解宝宝，同时帮助宝宝找到发展各种技能的方法。

🍵 小贴士

建议爸爸妈妈不必给这个阶段的宝宝购买高档新玩具，只需找一些带把的勺子、玩具锤子、玩具小铁锅、纸盒之类的东西就足够了。

❋ 教宝宝撕出形状来

宝宝手部运动能力越来越好以后，他会喜欢上撕纸，一开始是无意识地撕，觉得撕扯纸张很有趣。现在宝宝已经具备一定的意识，妈妈可以教他撕出一定形状来。

给孩子准备一个小凳子，妈妈和他一起坐在小凳子上玩。准备一些旧画报或报纸，注意纸不要太厚、太脆、太光滑，太脆的纸是很锋利的，会割破孩子的手。让孩子随意撕纸，因为1周岁左右的孩子很喜欢撕东西。妈妈可以跟他一起撕，妈妈自然不能随意

撕，而要撕成一定的形状。比如，用绿纸撕成树的形状，用花纸撕成小孩子的形状，用红纸撕成球状等。撕好就给孩子看，一边跟他说话，一边教给他撕。不管孩子撕得像不像，只要他不是胡乱撕，而是开始模仿妈妈，就应该得到表扬。

这个游戏可以训练孩子的注意力，使孩子的注意力集中的时间延长。用手撕东西训练了十指，手指的发育对脑的发育有很好的刺激作用。

❋ 百玩不厌的捉迷藏

捉迷藏是孩子百玩不厌的游戏，不仅会走的孩子能玩，1岁以内的孩子也能玩。

❶ 妈妈和孩子相对而坐，妈妈用丝巾盖住自己的脸，问孩子："妈妈哪儿去了？"接着自己拿下丝巾，对孩子说："妈妈在这儿呢。"孩子先是惊讶，接着会"咯咯咯"地笑。反复玩几次后，孩子便会伸手去拉妈妈脸上的丝巾。也可以把丝巾盖

在孩子头上，妈妈问："宝宝在哪儿呢？"孩子会笑着立即拉下头上的丝巾。

❷ 孩子会爬以后将他放在地毯上，妈妈让孩子看着躲在他能看见的地方，然后叫他快点找妈妈。当孩子爬几步能看见妈妈时，要表扬、鼓励他。

❸ 孩子学步时，妈妈可以躲到孩子能找到的地方，但要注意把周围收拾好，使孩子能无障碍行走。

❋ 亲子游戏推荐

◎ 数数给孩子听

妈妈抱着孩子做事时，不要忘记数

数，比如吃饭时往饭桌上放碗，放一个数一个，下楼梯时，下一级数一个数，

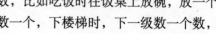

让孩子熟悉数字的顺序。

目的：学数数。

◎ **转来转去**

妈妈坐在桌子的一面，将孩子放在桌子的另一面，让他扶着桌子站好。妈妈说："到妈妈这边来。"孩子会慢慢扶着桌边转过去。

目的：练走。

◎ **玩水**

水是孩子百玩不厌的玩具。妈妈给孩子一盆温水，放进小瓶、小碗等，让孩子把水倒来倒去。这个游戏适宜在夏天玩。

目的：学习量的基本知识。

◎ **表演**

妈妈选择一个对话比较多的故事，反复讲熟以后，母子两人将这个故事表演出来，各扮演一个角色。

目的：发展言语。

◎ **鼻子耳朵**

妈妈和孩子对坐，妈妈说"鼻子"，两人一齐指鼻子，妈妈说"耳朵"，两人一齐指耳朵。然后让孩子说，妈妈跟着他指。

目的：认识身体。

◎ **玩积木**

妈妈和孩子玩积木，妈妈说："把红色的都给我，把绿色的都给你。"或说："把大块的都给你，把小块的都给我。"帮助孩子辨认，玩一次只能认一样。

目的：认识事物。

◎ **依图做动作**

从动物图片上找到他喜欢的图卡，如小狗、小猫、小鸡、小鸭、小羊等。可以给他讲故事、唱儿歌，一边讲，一边让宝宝出示图片。如：小鸡唱歌叽叽叽，小鸭唱歌嘎嘎嘎，小狗唱歌汪汪汪，小羊唱歌咩咩咩，小猫唱歌喵喵喵。

一边说还可以一边做动作，这样反复游戏后，再让宝宝模仿动物的叫声和动作。

目的：认识动物。

疾病防治

❀ 警惕舌系带过短造成的"咬舌"

有些宝宝说话发音时，一些音和字咬不清，在1岁以前的宝宝中这很常见。但这个时期的宝宝要注意，是否是发音不准的咬舌现象，咬舌是因为舌系带过短而造成的，需要检查和治疗。

舌系带，是舌尖下方一条纵行的薄薄的黏膜。如果舌系带过短，舌头伸展受限制，发音吐字就会受到影响。

检查舌系带是否过短的方法很简单，让宝宝做伸舌头的动作，如果舌尖是尖形或者圆形，就是正常的。如果舌尖显出"W"形，中间有一条明显的凹陷，就是舌系带过短。

舌系带过短是先天性的，也有少数因为后天创伤引起。如果确诊为舌系带过短，可以进行手术矫治。

❀ 宝宝夜间磨牙怎样纠正

宝宝夜间磨牙或咀嚼往往是某些疾病或不良生活习惯的信号，妈妈要仔细观察和分析。

❶ 如果宝宝肚子里有蛔虫，宝宝会失眠、烦躁，并且夜间磨牙。这时妈妈应该给宝宝驱虫，平时应养成良好的

卫生习惯。

❷ 不要在临睡前让宝宝吃东西，吃饭后不要立即睡觉，待休息一会儿再上床。晚餐吃得过饱会增加胃肠道的负担，消化系统晚上不休息，连续工作，甚至连咀嚼肌也被动员起来，不由自主地收缩，从而引起磨牙。

❸ 平时多晒太阳，多补充维生素D和钙片。宝宝缺乏维生素D时，体内钙、磷代谢紊乱，骨骼缺钙时，会导致肌肉酸痛和自主神经紊乱，出现多汗、夜惊、烦躁不安和夜间磨牙。

❹ 如果发现宝宝睡觉时经常将一侧头偏向一边，要帮助他调整，不要给宝宝把被子盖得太靠上，以免宝宝蒙头睡。宝宝蒙头睡觉时，缺氧也会引起磨牙。

 小贴士

有的宝宝平时并不磨牙，但会偶尔磨牙，这可能是精神紧张所致，爸爸妈妈要注意临睡前不要让宝宝过于兴奋或刺激，也不要让家庭气氛过于紧张。

小儿口腔出血的处理

当摔倒或面部受外力撞击或打击的时候，宝宝的嘴唇、舌、口腔黏膜、牙齿、牙床等都会受到损伤，由于口腔内软组织血液供应丰富，所以出血常较多，要给宝宝止血。

口腔出血的处理方法：

❶ 让宝宝坐下，头向前倾并歪向受伤的一边。

❷ 用干净的纱布或手绢压在伤口上，或直接用手指压迫伤口处止血。

❸ 如果牙床出血，可用一小块或一长条纱布紧压伤口，但不要塞入伤口。纱布的尺寸必须高于其他牙齿，以避免上、下牙直接接触，以减少对伤口的刺激。

❹ 让宝宝咬紧纱布10～20分钟。

❺ 让宝宝将口腔内的血液吐出来，不要吞入，以免引起呕吐。

❻ 如果伤口较大，出血较多，止血困难，要尽快送医院。

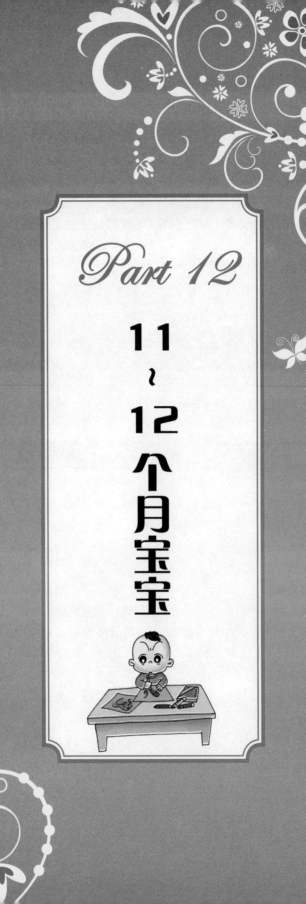

Part 12

11～12个月宝宝

生长发育

✿ 宝宝的生理发育

宝宝快1周岁了，这时候宝宝的生理发育标准如何呢?

宝宝的生理发育表	
生理发育	标 准 值
体　重	男婴的平均体重为9.9千克，女婴的平均体重为9.32千克
身　高	男婴的平均身长为75.6厘米，女婴的平均身长为73.8厘米 坐高：男婴平均坐高47.8厘米，女婴平均坐高46.7厘米
头　围	男婴的平均头围为46.3厘米 女婴的平均头围为45.3厘米
胸　围	男婴的平均胸围为46.37厘米 女婴的平均胸围为45.3厘米
其　他	12个月的宝宝绝大多数都已长出了2颗门牙，个别的开始长出2颗下外切牙

✿ 宝宝的感觉发育

1岁的宝宝，虽然刚刚能独自走几步，但是总想蹒跚地到处跑。他喜欢到户外活动，观察外边的世界，他对人群、车辆、动物都会产生极大兴趣。喜欢模仿大人做一些家务事。如果妈妈让他帮助拿一些东西，他会很高兴地尽力拿给妈妈，并想得到大人的夸奖。

宝宝的感觉发育表	
感觉发育	标 准 值
动 作	1岁的宝宝已经能够直立行走了，这一变化使宝宝的眼界豁然开阔。1岁的宝宝开始厌烦妈妈喂饭了，虽然自己能拿着食物吃得很好，但还用不好勺子。他对别人的帮助很不满意，有时还大哭大闹以示反抗。他要试着自己穿衣服，拿起袜子知道往脚上穿，拿起手表往自己手上戴，给他一根香蕉他也要拿着自己剥皮。这些都说明宝宝的独立意识在增强
听 力	1岁的宝宝已经能够理解大人的许多话，而且对于大人说话的声调和语气也发生了兴趣。这时宝宝已经开始能说许多话，并且很喜欢开口，喜欢和别人交谈。不过其发音还不太准确，常常会说一些让人莫名其妙的语言，或用一些手势或姿势来表示其意图
语 言	1岁的宝宝喜欢嘟嘟囔囔地说话，听上去像在交谈。喜欢模仿动物的叫声，如小狗"汪汪"、小猫"喵喵"等。能把语言和表情结合起来。给他不想要的东西，他会一边摇头一边说"不"

❀ 宝宝的心理发育

1岁的宝宝喜欢和爸爸妈妈在一起玩游戏、看图画，听大人给他讲故事。喜欢玩藏东西的游戏。喜欢认真仔细地摆弄玩具和观察事物，边玩边咿咿呀呀地说着什么，有时发出的音节让人莫名其妙。这个时期的宝宝喜欢的活动很多，除了看图片、讲故事外，还喜欢搭积木、滚皮球，还会用棍子够玩具。如果听到喜欢的歌谣，就会做出相应的动作来。

1岁的宝宝，每天的活动是很丰富的，在动作上从爬、站立到学行走的技能日益增加，他的好奇心也随之增强，宛如一个探索家，喜欢把房里每个角落都了解清楚，都要用手摸一摸。

为了宝宝心理健康发展，在安全的情况下，尽量满足他的好奇心，要鼓励

他的探索精神不断发展，千万不要随意恐吓宝宝，以免伤害他正在萌芽的自尊心和自信心。

此时的宝宝喜欢会动的东西，像汽车、鸟、小动物。还喜欢模仿，穿鞋、梳头、吃饭、洗脸，等等。宝宝更喜欢看电视，他还看不清，看的是活动的、色彩鲜艳的画面，如广告，动画片等。但不能让宝宝长时间看电视，因为宝宝看电视是单方面地接受信息，不能对话，不能动手，不能参与，这对宝宝的发育是不利的。

这个年龄的宝宝能较短时间地记忆，妈妈教他什么，可能过几天就忘了。记忆需要培养，宝宝对感兴趣的东西就记得比较好，强迫他记的就容易忘。妈妈在训练宝宝的记忆力时，一定不要忘了这一客观规律。

家庭护理

❁ 如何给宝宝喂药

给宝宝喂药是件难事，家长要有耐心。

先把药用水泡开，调匀。用水不要太多，1~2小匙即可。喂药可两个大人合作，一个人坐好，抱住孩子，将孩子双腿夹住，让孩子靠在自己的怀里。把孩子一条胳膊放在自己身后，另一只手握在自己手中，这样，孩子的手脚便都固定住了。大人的另一只手扶住孩子的下颌，使他不要乱晃动脑袋。另一个大人用小勺将药送入孩子口中，待孩子咽下去，再把匙从口中拿出。喂完药后，要放开孩子，喝点糖水，吃块糖，不要让孩子哭闹，以免呕吐而前功尽弃。

孩子稍大一点，便可在化开的药中加些糖或蜜，说服孩子自己吃。孩子克服了恐惧心理，习惯了，吃药也就不困难了。

❁ 让宝宝学会自己管理玩具

宝宝越小，注意力集中的时间越短。不论玩什么，往往玩一会儿就烦了，实际上，宝宝是累了，需要休息，更换一个兴奋点。

此时，父母一定要坚持一点，就是宝宝不论做什么，都一定要有始有终。在宝宝玩得开始显出厌倦时，妈妈要请宝宝来一起收拾玩具。家里要给宝宝准备一个较大的筐来专门装宝宝的玩具，收拾玩具时，就让宝宝把玩具放进筐里。

如果宝宝不肯做，就耐心地告诉宝宝："小猫要回家，小狗要回家，我们把它们送回家去吧。"宝宝会乐意地抱起玩具小狗或小猫放进筐里。还可以哄着宝宝说："妈妈放一个，宝宝也放一个，比一比好不好？"这样，把收拾玩具的过程变成游戏过程，宝宝就会愉快地参加。

开始时，可能宝宝只收拾一两样就不干了，也可能会放进这样，又拿出那样来。但只要宝宝参与收拾，就要表扬和鼓励。做不好没关系，只要宝宝做，做完后，帮助宝宝把玩具收拾得整整齐齐，放在一个固定的地方。

收拾玩具，可以培养宝宝从小爱护物品和管理自己东西的能力，使宝宝习惯于在整洁的环境中，有秩序地生活和

工作，处理好自己的事情，对一生都是十分有益的好习惯。

收拾玩具的过程，可以培养宝宝手和全身的协调动作，增强体力和提高行动的效率。和妈妈一起收拾玩具，宝宝会渐渐地动脑子想先拿哪个，后拿哪个，怎么能比妈妈收拾得更好。逐渐培养宝宝独立思考和独立工作的能力，慢慢地学会由近及远，有条有理地处理事情。

❀ 注意宝宝的玩具卫生

玩具是宝宝最亲密的伴侣，在宝宝的成长过程中，扮演着非常重要的角色。小宝宝的手、身体经常接触玩具，正处在1岁左右口腔发育期的宝宝，很容易把玩具放到口中，若是玩具充满细菌，就会很容易让宝宝感染细菌生病。要知道，已消毒的玩具给宝宝玩10天后，玩具上的细菌可达几千个，有不少是大肠杆菌和痢疾杆菌，因此玩具的清洁与保养万万不可忽略。

宝宝玩具的清洁和卫生：

❶ 玩具应每周清洁、消毒一次，杀灭玩具上的细菌。可用肥皂水或清洁剂浸泡半小时后洗净，在阳光下曝晒4~6小时。

❷ 摆弄玩具时，不要让宝宝揉眼睛，更不能用手抓东西吃，边吃边玩。

❸ 防止宝宝用口直接咬嚼未经消毒的玩具。

❹ 宝宝玩过玩具后，要及时洗手。

❀ 1岁宝宝不宜再穿开裆裤

1岁宝宝的活动范围变大，在爬行或学走路时，穿开裆裤的宝宝阴部很容易受到碰、刮、蹭等伤害。

❶ 宝宝穿开裆裤，随时想拉就拉，不利于宝宝养成控制自己排便的条件反射。

❷ 当天气变冷时，宝宝穿开裆裤很容易着凉感冒，或引起腹泻，增加大小便排便次数。

❸ 在婴幼儿期，宝宝是通过手来探索外面的世界，包括了解自己的身体，妈妈若给宝宝穿开裆裤，宝宝的小手很

脏，宝宝会用手触摸自己的阴部，很容易出现尿道感染。

❹ 宝宝穿开裆裤时没有衣服或尿布的保护，在夏秋两季很容易受到蚊虫叮咬，会影响宝宝的健康。

✿ 宝宝开灯睡觉好吗

有的妈妈发现把房间的灯开一晚上很方便，这样可以随时给宝宝换尿布，而且宝宝晚上睡觉也不害怕。其实，妈妈这样做对宝宝未来的健康成长十分有害，对于婴儿来说最好不要开灯睡觉。

❶ 任何人工光源，哪怕光线十分微弱，都会对宝宝的视力产生一些光压力。若光压力长期存在，会使宝宝晚上睡眠不安，哭闹增多，睡眠质量下降，不利于宝宝的生长发育。

❷ 宝宝晚上在灯光下睡觉，会影响眼部系统的一些功能，缩短了每次睡眠的时间，深度睡眠会向浅度睡眠转变。

❸ 宝宝睡眠时关灯，能使眼球和眼部肌肉得到充分休息。宝宝长时间开灯睡觉，眼球和眼部肌肉得不到充分休息，会给视网膜造成伤害，影响宝宝的视力发育。

 小贴士

宝宝怕黑时，妈妈可以开一个小灯，光源不要对着宝宝，哄宝宝入睡后，再关掉即可。

✿ 给宝宝过个生日吧

离宝宝的第一个生日越来越近了。当你为宝宝计划小小的生日庆典时，当然也要做一些相应的准备。

首先要记住自己宝宝的性格。他对各种不同情况是如何反应的?有些宝宝喜欢刺激，而有一些宝宝害羞而不喜欢活动。

举行这项活动的时间要在宝宝休息后和活跃的时候。如果宝宝午睡刚醒，那么午后晚些时候和晚上早些时候的庆祝会可能是最适宜的。集会时间要短，两个小时是最长的了，如果集会在很短时间内结束，就要考虑少请客人。

如果邀请其他的婴儿和儿童，你就需要给他们提供一些活动。如果有其他婴儿参加，给他们准备一个安全活动的地方和一些与他们年龄适合的玩具，不要请小丑或其他化装打扮的人，他们可能会吓着你的宝宝。

祝宝宝生日快乐!不管怎样庆祝，要让1周岁的宝宝度过这快乐的一天。

科学喂养

❀ 本月宝宝喂养要点

12个月的孩子仍应每天早晚喂奶，三餐喂饭。

孩子出生之后是以乳类为主食，经过一年的时间，要逐渐过渡到以谷类为主食。快1岁的孩子可以吃软饭、面条、小包子、小饺子了。每天三餐应变换花样，使孩子有食欲。

❀ 本月宝宝辅食推荐

番茄饭卷

将1/2个鸡蛋调匀后放平锅内摊成薄皮，将切碎的胡萝卜和葱头各1/2小匙用油炒软，再加入软米饭1小碗和番茄2小匙拌匀，将混合后的米饭平摊在蛋皮上，然后卷成卷儿，切成小卷子状食用。

肉丸粥

鸡肉米1大匙，将1大匙切碎的葱头放在油锅内炒过，再与鸡肉米一起混合做成鸡肉丸子。把鸡汤倒入锅内加鸡肉丸子煮，开锅后再将米饭放入一起煮，煮熟时加少许盐。

肉松饭

鸡肉末1大匙放入锅内，加少许白糖、酱油、料酒，边煮边搅拌，使之均匀混合，煮好后放米饭1碗焖熟，熟后切一片花形胡萝卜在上面做装饰。

豆腐饭

把半块豆腐放在开水中烫一下，切成小方块，将1碗米饭放入锅内加海味汤一起煮，煮软后加入豆腐和少许酱油，最后撒少许青菜末，再稍煮片刻即可。

❀ 宝宝吃点蛋更聪明

完整的记忆是事物在中枢神经系统留下的痕迹，记忆力的强弱与乙酰胆碱有关。乙酰胆碱对大脑有兴奋作用，使大脑维持觉醒状态并具有一定的反应性，也可促使条件反射巩固，从而改善人们的记忆力。蛋黄含有卵磷脂和甘油三酯，卵磷脂在肠内被消化液中的酶消化后，释放出胆碱，胆碱直接进入脑部后与醋酸结合，生成有助于改善记忆的乙酰胆碱。

宝宝可以每天吃1～2个蛋，这能使他的智力发展得更快、更好，如果怕宝宝厌烦吃，可以变着花样做给他吃。

❀ 发热的宝宝不宜吃鸡蛋

当宝宝发热时，父母为了给虚弱的宝宝补充营养，使他尽快康复，就会让他吃一些营养丰富的饭菜，如在饮食中增加鸡蛋数量。其实，这样做不利于身体的恢复，因为含蛋白质丰富的鸡蛋不利于降低体温，反而有损身体健康。

食物在体内氧化分解时，除了食物本身放出热能外，食物还刺激人体产生一些额外的热量。人体所需的3种产热营养素产生的热量是不同的，如脂肪可增加基础代谢的3%～4%，糖类可增加5%～6%，蛋白质则高达15%～30%。

所以，当宝宝发热时食入大量富含蛋白质的鸡蛋，不但不能降低体温，反而使体内热量增加，促使宝宝的体温升高更多，因此不利于宝宝早日康复。正确护理方法是鼓励宝宝多饮温开水，多吃水果、蔬菜及含蛋白质低的食物，最好不吃鸡蛋。

❀ 宝宝健脑食物推荐

豆类、动物内脏、鱼、虾都是宝宝健脑的好食物。

豆类：对于大脑发育来说，豆类富含人体不可缺少的植物蛋白质，黄豆、花生米、豌豆等都有很高的营养价值。

糙米杂粮：糙米的营养成分比精白米多，标准面粉比精白面粉的营养价值高，这是因为在细加工的过程中，很大一部分营养成分损失掉了。要给宝宝多吃杂粮，包括糯米、玉米、小米、红小豆、绿豆等，这些杂粮的营养成分适合身体发育的需要，氨基酸食用能使宝宝得到全面的营养，有利于大脑的发育。

动物内脏：动物的肝、肾、脑、肚

等补血又健脑，是宝宝很好的营养品。

鱼虾类及其他：鱼、虾、蛋黄等食品中含有一种胆碱物质，这种物质进入人体后，能被大脑从血液中直接吸收，在脑中转化成乙酰胆碱，可提高脑细胞的功能。尤其是蛋黄，含卵磷脂较多，被分解后能放出较多的胆碱，所以宝宝最好每日吃点儿蛋黄和鱼肉等食品。

❋ 培养定时定点吃饭的习惯

定时：一日三餐定时，就能够形成固定的规律，使时间成为条件刺激，到时就会有饥饿感并产生食欲。此外，按时吃饭，使两餐间隔时间在4～5小时，这正是肠胃对食物有效地消化、吸收和胃排空的时间。使消化系统处在有节律的活动状态，保证充分地消化吸收营养和保持旺盛的食欲，这对宝宝的生长发育是非常有利的。

定点：不管是和爸爸妈妈一起吃饭，还是宝宝单独吃饭，都要让宝宝有一个属于他自己的固定的用餐地点，而且要让宝宝在吃完自己的饭菜后才能离开座位，这样坚持要求，持之以恒，宝宝就会形成吃饭时间一到就去找餐椅的意识和习惯，而不至于养成走到哪儿吃到哪儿的不良习惯。

 小贴士

吃饭时全家人坐在一起，大家都要专心吃饭，不要做太多别的事情，比如看电视、长时间聊天、谈事情等。

智能提升

✿ 学会应对宝宝撒娇不听话

对撒娇的婴儿，父母可以试试以下方法：

❶ 抓首次。在婴儿第一次用哭闹表达自己的愿望时，父母不要惊慌，让他自己哭闹一阵罢休后，再给他讲这样不好，妈妈不喜欢，有什么应该好好地说。

❷ 抓苗头。当发现婴儿有撒娇的行为时，父母用摇头或眼神暗示，将此举动制止在初期。

❸ 冷处理。婴儿撒娇不听话时，父母应冷静，不哄不劝，耐心等待，当他发现自己的哭闹不能让父母"动心"，则会自行停止。

❹ 转移法。婴儿撒娇时，父母可以用新颖玩具、出去玩、讲故事等吸引他，转移他的注意力。

✿ 给宝宝自己动手的机会

生活中的许多事都是宝宝们力所能及的，如拿东西、发筷子、整理玩具、扣扣子等。因此，宝宝满1岁之后，在宝宝的日常生活中，只要宝宝能吃的、能做的、能讲的、能想的，就要积极鼓励幼儿自己吃、自己做、自己讲、自己想。一些较难的，我们就教宝宝一些方法、技能后，再具体指导宝宝反复练习，不断实践。

另外，可以根据幼儿掌握的程度在游戏中增加一些生活方面的操作游戏。如叠衣服、钉扣子、编辫子、绣花、编织、自制玩具等游戏。这样，宝宝既参加了劳动又发展了能力，还可以培养他的独立生活习惯。

❀ 给宝宝一个游戏场所

当宝宝满1岁时，能够站起来了，也勤于动手了，宝宝会更加喜欢玩。父母如果想让宝宝玩得更愉快，就需要给宝宝提供一个宽阔的游戏场所。

如果不能让宝宝拥有自己的房间，就留出一定的空间给他放玩具。他不会在那儿待太长的时间，但是他会知道那是他的空间。如果你还有其他的宝宝，这样做更是个好主意，特别是对学步的小孩，宝宝需要知道他有一个自己的空间。

通常一个人玩的宝宝能学会很多东西，他学会如何自己娱乐。对一件事情集中注意力，他就能不断取得进步。让你的宝宝享受独立玩耍的快乐吧，但一定要注意他的安全。

在宝宝自己玩时，要让他处于你能听到的范围内，也要确保在这个范围内没有其他宝宝。为保证你的宝宝绝对安全，你可以利用下面列出的这些安全措施。

当宝宝能用手和膝支撑身体时，要把他小床上能移动的东西都挪走，他够到这些东西是很危险的。

检查所有的玩具，把松动的绳、标签什么的都拿掉。

宝宝玩的围栏中不要有东西，免得宝宝借助这些东西爬到外边去。

用门或栅栏等把宝宝关在一个范围内，或与别的地方隔开。

只给宝宝玩适合他年龄的玩具，超过他年龄的复杂玩具很可能有些零部件对他有害。

❀ 宝宝在扔中长见识

1岁左右的宝宝，不约而同地喜欢扔东西，往往是给什么东西，都只玩一会儿就往地上扔。开始，父母以为宝宝不小心掉在地上，就给捡拾起来，但宝宝很快又往地上扔。反复多次，把父母惹生气了，干脆不去理睬。宝宝会不依不饶，用要求的神态，手指着地上的东西，请求父母再次捡起。这是宝宝太调皮吗？

扔东西是能力提升的表现：

其实，宝宝喜欢扔东西，不是存心调皮捣乱，更不是件坏事，而是这个时

期宝宝的特点。宝宝在反复扔东西的过程中，不仅能得到情绪上极大的满足和快乐，还能增长见识和经验。

宝宝在不断地、反复地扔东西的活动中，能慢慢意识到自己的动作（扔）和动作对象（物体）的区别，探索自己动作的后果——会出现什么效果和变化。

例如，宝宝每次扔球，都能使球滚动，开始时这种现象偶然发生，并没有引起注意，宝宝也没有意识到自己的力量。以后，经过多次重复这个动作，

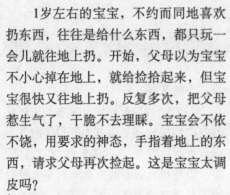

相同的现象再次发生。宝宝逐渐认识到自己扔的动作，能使球发生变化，出现滚动效果，从中宝宝意识到自己的力量、自己的存在和客观物体之间的关系。

这种扔东西的动作，显示出的力量和事物发生的变化，促使宝宝再次尝试用扔的动作去作用于物体，观察是否能发生变化：扔出响铃棒，响铃棒掉下去能发出声响，但不会滚动；扔下毛巾，毛巾既没有声响又不滚动。

由此宝宝逐渐认识到，扔不同的东西会产生不同的效果，发现物体更多属性，对各种事物获得更多认识。

❀ 不宜纵容宝宝扔东西

宝宝喜欢扔东西，父母不必紧张、烦心，这个过程只是一个很短暂的时期，宝宝慢慢学会了正确地玩玩具和使用工具后，兴趣及注意力会逐渐转移到其他更有趣的活动上，扔东西的现象会自然消失。

有时宝宝扔东西，是想要父母和自己玩，以扔东西来引起父母的注意。在宝宝扔下和父母捡起的过程中，建立了授受关系，发展了人与人之间的社会交际关系，在动作与语言的交往中，使宝宝的认识能力不断地发展。

❶ 如果父母不能花许多时间，专门为宝宝捡东西，可以让宝宝坐在铺有席子或垫子的地板上，让宝宝自己扔东西玩。教会宝宝先扔出东西，自己爬过去或走过去捡起来。

❷ 逐步教导宝宝什么东西可以扔，什么东西不能扔。可以做沙袋、豆袋，准备一些带响铃的塑胶玩具等给宝宝扔。

❸ 要制止宝宝乱扔食物、某些玩具和易损坏的东西，但不要用训斥的方式，以免强化宝宝这种不良习惯。

❀ 教训宝宝不等于惩罚宝宝

宝宝满1岁了，懂的事情也多了，渐渐开始有些不听话。如果宝宝犯了错误，有的父母会采用惩罚的手段来规范宝宝的行为，这是治标不治本的方法，我们不提倡。

惩罚是最坏的教育方法，即便打了宝宝，那也只能在表面上制止错误行为，并不等于宝宝的心理也相应地发生了变化，认识到了错误。如果没有明确认识到自己的行为到底错在哪里，那只会让宝宝产生逆反心理，不能从心底里认识到要改变自己的错误，甚至适得其反。

让宝宝了解为什么：

如果想让宝宝品行端正，就需要用宝宝能理解的方式，比如动作、语言等来解释他的行为所带来的不良后果。对稍大些的宝宝可以用讲道理的方式；而对待小宝宝，可以在没有危险的情况下，让宝宝体验坏行为所带来的坏结果。

比如说吃饭的时候，如果宝宝挑三拣四不愿意吃，不要用打骂的方法来强迫宝宝吃，大人可以吃完以后就直接把饭菜收拾干净，这样宝宝可能就会认识到自己的拒绝行为不起作用，最后只好主动要求吃饭。

拒绝宝宝的不合理要求：

不惩罚宝宝不等于不拒绝宝宝，如果宝宝有不合理要求时，父母应该拒绝他，绝不能看到他一哭一闹，心软了就对他让步而迁就他。如果父母因为他哭闹而妥协的话，以后凡是没有达到宝宝要求的，他就会以更加拼命地哭闹来达到目的。这样放任的结果是害了宝宝，养成宝宝任性的习惯。

❀ 不要吓唬宝宝

很多人对这样一些话都不陌生，"你不乖，爸爸妈妈就不要你了！""你妈妈生小弟弟了，不要你了！""你再不睡觉，大灰狼就把你抱走！"……

许多时候，大人们总会习惯性地选择一些有影响力的语言去教育宝宝，希望令他们做得更好。殊不知，有些话会对宝宝造成很大的影响。

由于宝宝还没有辨别真假的能力，他们会把大人们说的话都当成是真的，记在心里，然后整天忧心忡忡，缺乏安全感。这些话也许会影响宝宝一整天、一个月、一年，甚至是一生，因此请不要吓唬宝宝。用宝宝般的心，去跟宝宝交流，这样会让宝宝和你更加亲近。

❀ 亲子游戏推荐

◎ 涂涂画画

给孩子几支油画棒，让他在纸上随意画。孩子不一定会握笔，只要能拿住画就行。也不要管他画成什么，只要画出来就赞扬他。

目的：培养写画的兴趣。

◎ 追易拉罐

在空易拉罐里放一件东西，妈妈手拉着孩子，让孩子踢易拉罐。易拉罐滚动可发出响声，而且没有球滚得那么远。

◎ 玩滑梯

妈妈带孩子到儿童乐园，选幼儿用

的小滑梯（1米以下高矮），将孩子抱上去，或扶孩子爬上去，然后保护他滑下来。

目的：培养勇敢精神。

◎ 拉大锯

孩子坐在妈妈腿上，与妈妈面对面而坐。妈妈拉住孩子的双手，让孩子向后仰，再拉回来。妈妈在一拉一放的同时念儿歌：拉大锯，扯大锯，姥家门口，唱大戏。妈妈去，爸爸去，小宝宝，也要去。后仰及向前，是孩子主动动作，妈妈顺着孩子的劲，不要生拉硬拽，以免造成孩子脱臼。

目的：锻炼手臂及腕部肌肉。

◎ 涂抹

给孩子一本旧挂历，让他在挂历反面用颜色随便涂抹，可以用手指，也可以用笔。妈妈要在一边看着，以免孩子把颜料吃下去。

目的：练习手的精细动作。

◎ 盖盖子

妈妈放好大、中、小3个杯子，把杯盖放在一边。妈妈先示范一次，将盖子盖在杯子上，然后叫孩子反复盖。

目的：发展思维活动，认识大小。

◎ 学儿歌《小白兔》

一只白兔长得美，两只耳朵三瓣嘴。前腿短，后腿长，蹦蹦跳跳四条腿。

目的：学习唱歌。

◎ 画圈圈

妈妈握住孩子的手，在大纸上用笔画圆圈，以后可让他自己画。

目的：学习画圈。

疾病防治

❋ 如何预防手足口病

手足口病是一种常见传染病，很容易通过咳嗽和打喷嚏传播，因此会在幼儿园和孩子聚集的地方爆发。手足口病也能通过粪便传播，所以，做好家庭卫生非常重要。

手足口病的症状：手足口病症状的明显特征是在嘴里、手上和脚上长出小水疱，甚至臀部也可见到，不痒、不结痂、不结疤。宝宝也可能会出现嗓子疼、低烧和浑身不舒服等症状。口腔内的水疱会非常疼，小一点的宝宝可能会因为嘴里长了水疱而流口水，不愿意吃母乳或吃东西。宝宝患病后尿呈黄色。重疹患儿可伴发热、流涕、咳嗽等症状。如果疱疹破溃，极容易传染。

手足口病传播途径多，婴幼儿容易感染，做好卫生是预防本病的关键：

❶ 饭前、便后、外出后要用肥皂或洗手液等给宝宝洗手，不要让宝宝喝生水、吃生冷食物，避免接触患病的宝宝。

❷ 看护人接触宝宝前，或给宝宝更换尿布时、处理粪便后均要洗手，并妥善处理污物。

❸ 宝宝使用的奶瓶、奶嘴使用前后应充分清洗。

❹ 本病流行期间不要带宝宝到人群聚集、空气流通差的公共场所。

❺ 注意保持家庭环境卫生，居室要经常通风，勤晒衣被。

❻ 宝宝一旦出现相关症状，要及时到医疗机构就诊。父母要及时对宝宝的衣物进行晾晒或消毒，轻症宝宝不必住院，宜居家治疗、休息，避免交叉感染。

❈ 宝宝得了手足口病怎么护理

得了手足口病让宝宝很不舒服，但病情并不会太严重。一般说来，手足口病的发病时间会持续3～6天，最多需要1～2周自愈，并无后遗症，但可能会再感染。其护理方法是：

❶ 隔离消毒

一旦发现宝宝感染了手足口病，应避免与外界接触，一般需要隔离2周。宝宝用过的物品要彻底消毒，可用含氯的消毒液浸泡，不宜浸泡的物品可放在日光下曝晒。

宝宝的房间要定期开窗通风，保持空气新鲜、流通，温度适宜。有条件的家庭每天可用乳酸熏蒸进行空气消毒。减少人员进出宝宝房间的次数，禁止吸烟，防止空气污浊，避免继发感染。

❷ 营养饮食

宝宝患病后因发热、口腔疱疹，胃口较差，不愿进食。宜给宝宝吃清淡、温性、可口、易消化、柔软的流质或半流质食物，禁食冰冷、辛辣、咸等刺激性食物。

❸ 护理口腔

口腔疼痛会导致宝宝拒食、流涎、哭闹不眠等，所以要保持宝宝口腔清洁，饭前饭后用生理盐水漱口，对不会漱口的宝宝，可以用棉棒蘸生理盐水轻轻地清洁口腔。

另外，可将维生素B_2粉剂直接涂于口腔糜烂部位，或涂鱼肝油，口服维生素B_2、维生素C也可，以减轻疼痛，促使糜烂早日愈合，预防细菌继发感染。

❹ 预防脱水

发现宝宝得了手足口病，一定要特别注意宝宝是否有脱水的迹象。有时候，小宝宝可能不想吞咽，因为太疼了。所以，如果你的宝宝不吃不喝，6～8个小时还没尿湿尿布，就要带他去看医生。

Part 13

1岁1～3个月宝宝

生 长 发 育

❀ 宝宝的生理发育

宝宝在满周岁后，其生长发育的增长指标明显减慢，在宝宝满周岁后，其生长发育指标以3个月为一个年龄段，不再以单个的自然月划分。

宝宝的生理发育表	
生理发育	标 准 值
体　重	男孩的平均体重为10.14千克 女孩的平均体重为9.58千克
身　高	男孩的平均身高为77.14厘米 女孩的平均身高为75.69厘米 男孩的平均坐高为48.46厘米，女孩的平均坐高为47.41厘米
头　围	男孩的平均头围是46.47厘米 女孩的平均头围是45.45厘米
胸　围	男孩的平均胸围是46.54厘米 女孩的平均胸围是45.61厘米
其　他	宝宝牙齿可长出9～11颗乳牙

❀ 宝宝的感觉发育

宝宝感觉发育很快，不再同于以前的那个小宝宝了，他能辨认物品的大小和多少了，如能分辨出各种颜色，还能盯着移动的物体仔细地观察，还想去摸摸。

宝宝的感觉发育表	
感觉发育	标 准 值
动　作	宝宝在此阶段，大多数能够独立行走，偶尔会失去平衡，但能通过倒退几步稳定身形。如果大人牵着他的一只手，可以上台阶；如果大人扶着宝宝的双手，他能一只脚独立站立，而把另一只脚抬起
语　言	此时的宝宝尽管发音不准确，但能够发出10～19个意有所指的字，与大人交流，比如不要的时候，会直接说"不"，接受别人东西的时候说"谢谢"
社交能力	宝宝现在能听懂大人对他一再重复的指令，并按照指令去做，如果妈妈要他把帽子拿过来，他会四处找帽子。宝宝此时会主动把自己的玩具交给别人玩，或者要求别人与他一起玩。当别人给他东西时，他会用表情或语言表示谢意

❀ 宝宝的心理发育

这个阶段的孩子，虽然会说几个常用的词，但是，其语言能力还处在萌芽发展期，很多内心世界的需求和愿望不会用关键的词来表达，还会经常用哭闹和发脾气来表达内心的挫折。遇到这种情况，父母应该尽量用经验和智慧来理解他的愿望，猜测宝宝需要什么，试着用不同方式来满足宝宝，或者转移他的注意力，让他高兴起来，忘掉自己原来的要求。让宝宝有轻松愉快的情绪，就要对宝宝不舒适的表示及时做出反应，让宝宝感到随时处于关怀之中，这样宝宝才会对环境产生安全感，对他人产生信任感。

父母不用担心这样会把宝宝宠坏了，其实，宝宝在父母的亲切关怀下，得到安抚与愉快，才有利于学习和探索新的事物。

宝宝会尝试着发现各种新的东西，

喜欢牵着父母的手行走，似乎不知疲倦。而且此时期宝宝的面部表情会越来越丰富，从宝宝的面部表情可以看出宝宝是否高兴。

这时有一些宝宝开始有了自己珍爱的东西，比如一个毛绒玩具、一条小毛毯、一块小手绢等，睡觉的时候一定要摸着或抱着它才行，这是宝宝情感的慰藉物。不要干涉宝宝的这一嗜好，尊重宝宝的感情，但是要注意这些物品的卫生，经常清洗，保持洁净。

家庭护理

❀ 宝宝特别缠人怎么办

有的宝宝总想靠近妈妈，待在妈妈跟前，跟妈妈依偎在一起撒娇。

这类儿童的心理状态也许是他渴望着母爱，热烈地寻求着母爱。所以妈妈让他到旁边玩去，他会感到太无情了。

不理解宝宝这种心理的妈妈，始终在考虑如何赶走宝宝，说一些冷淡、疏远的话或做出推开宝宝的举动。这样一来，宝宝觉得他对母亲的感情遭到了拒绝，越发增强了执拗的性格。

妈妈越想推开宝宝，宝宝就越想接近母亲，恰好产生了相反的效果。这时

候，母亲就应该想一想："这个宝宝真可怜，我上班没有很多时间照顾他，所以应该加倍地爱抚他，让他相信母亲对他的爱。"

当宝宝陷入这种状态的时候，妈妈的温情就显得特别重要。抚爱是必要的。对于形影不离、紧紧缠着妈妈不放的宝宝，除了给他极大的满足之外，别无他法。

"那样娇生惯养好吗？"这种担心是不必要的。因为宝宝的这种心理，已倒退到婴儿状态，所以用这种对待婴儿的办法对待他，不必有什么顾虑。

❀ 让宝宝自己吃饭

常见到有的家庭中，妈妈到处追着宝宝喂饭吃。这是许多家庭的头痛事：宝宝一口饭含上十几分钟，或是慢腾腾地不爱吃饭，怎么办？

其实，让宝宝养成自食其饭的习惯

并不困难，只要能以爱心和耐心对待，再加上一些小技巧，一定能培养出爱吃饭的宝宝。

❶ **前置准备：** 宝宝从5~6个月开始学习抓握，就是为培养自食其饭练习做前

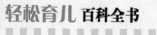
置准备。一些父母以为这个时期的宝宝还太小，什么都不会。实际上，宝宝由这个时期到满9个月之间，是手部抓握能力的发展期，正是开始让宝宝学习正确的餐具握法的最佳时机。且恰好宝宝刚接触辅食，对乳汁以外的食物有着相当大的好奇。在一边喂食辅食时，一边让宝宝学习餐具的抓握，对奠定宝宝日后自己吃饭的基础，有相当好的效果。

❷ **实际诱导：** 宝宝满周岁后，是让宝宝自食其饭的实际诱导期，从满1岁到1岁3个月之间，可视为黄金诱导期。在这段时间里，宝宝的手、眼协调能力迅速发展，若给予适当的诱导，会有事半功倍的成效。一定要先做好心理准备，宝宝在这段时期里，难免会有吃得全身脏兮兮、黏糊糊的情况，不要在乎。

了解诱导的最佳时机之后，接下来就是准备实际应战。大致上应该做的准备有：

❶ **食物准备：** 准备一份色、香、味俱全的食物，是促使宝宝喜爱自己吃饭的法宝。除了香气、口感及营养的考虑外，色的应用也是相当重要的。例如，分别用胡萝卜、绿色蔬菜、番茄等搅成泥后拌饭，就做成橙色饭、绿色饭及红色饭。

一次给予的食物量不要太多，因为容易吃完会增加宝宝吃饭的成就感，再加上言语的鼓励，如"哈！爸爸才吃两碗，可是你吃了三碗！好棒哦"，宝宝容易产生成就感，就会喜欢吃饭了。

❷ **餐具准备：** 准备一份宝宝喜欢的餐具，也可以增加宝宝对吃饭的好感。假如能带宝宝亲自去选购宝宝喜欢的餐具，会有更好的效果。在宝宝餐具的选择上，目前市面上的种类非常多，基本上以平底宽口为佳。

在让宝宝学习吃饭的过程中，绝对不可能保持整洁、美观，事前准备吃饭用的围巾，在餐桌上加餐垫，以及在宝宝座位周遭的地板上铺上旧报纸，免得抛撒得到处都是。

假如宝宝正兴致勃勃地在玩游戏或是看卡通片时，强制他中断来吃饭，他自然对吃饭的印象就大打折扣。应该在开饭前10分钟提醒宝宝，让他有时间准备。

有了万全的准备之后，让宝宝自己练习吃饭，就不会再难了。

需要注意：

❶ 要告诉宝宝，吃饭就是吃饭，要规规矩矩地坐在饭桌前，定时定量，不要养成一边吃饭一边看电视或玩玩具的习惯。

❷ 正确对待宝宝吃饭的问题，既不要批评打骂，也不必过于心急。

❸ 就餐气氛要轻松愉悦，吃饭时父母可以和宝宝一起谈论哪些食物好吃，哪些有营养，唤起宝宝对吃饭的兴趣。

❹ 不要强迫宝宝吃饭。如果一时不想吃，过了吃饭时间后可以先把饭菜撤下去，等宝宝饿了，有了迫切想吃的欲望时，再热热吃。几次过后，宝宝就建立了一种新认识：不好好吃饭就

意味着挨饿，自然就会按时吃饭。这个方法看似简单，做起来却不容易，因为首先要硬下心来，不能总担心宝宝饿，如果再给零食吃，会适得其反。

⑤ 饭桌教育只是一部分，平时也要有意识地多给宝宝灌输"好好吃饭，长得更快，变得更聪明"之类的观点。

⑥ 如果宝宝成功地自己吃饭，饭后父母可以用陪着一起玩作为奖赏，让宝宝产生关于吃饭的快乐记忆，以后就不会排斥吃饭。

❀ 为宝宝选择图书

图书同电视比起来，虽然少了动感和声音，但可以反复读，可以在任何时候读，听故事的同时还可认识字。

所有的宝宝都具有很强的求知欲，一本书到手，宝宝常会翻看数遍，即使能背下来了也仍爱不释手。教会了宝宝爱书，就交给了宝宝一把打开智慧之门的金钥匙。

为宝宝选择适合的图书，要从适合的年龄特征、内容的多样性和知识性、趣味性几个方面考虑。

❶ **首先要考虑宝宝的年龄**：宝宝在1岁左右，应选色彩鲜艳、图多字少、绘图准确的书。书不必太厚，最好一本一个简单而有趣的小故事。

1~2岁左右，仍以图为主，画面可以复杂一些，但绘图一定要准确，有些幼儿读物类图书中的小动物非牛非马，成年人也许看着可爱，但对宝宝来说，却会起误导作用。

2~3岁宝宝的书内容可以更丰富，画面可更复杂，文字也可相应增加。画面可以抽象一些，只要抓住特点，变形也不要紧。此时宝宝已基本能掌握小动物的主要特征，抽象可以增强其想象力。

近3岁时，选书的重点就要从以画为主，向以文字为主转移。故事的内容要生动有趣，有寓意、有知识的讲解，应输入正确的道德观，不要一味打打杀杀。有一些幼儿类图书的画面不美，主人公要么丑陋不堪，要么凶狠怪异，这类读物会对宝宝的心理造成不良影响。

❷ **不一定要选特定的幼儿读物**：两岁以后，书的范围、书的内容都可以多样化。比如，结合宝宝喜爱的玩具选书，不仅可以提高看书的兴趣，也能深化某方面的知识，使宝宝在玩中学到有益的知识。

有一些宝宝偏爱某些玩具，对和这种玩具相关的知识都表现出极大的兴趣。不妨从"专业"书中挑一些书让宝宝看，做一些深入浅出的讲解。一些原本宝宝学不了的知识，在这种玩中学，就能很快掌握。有些宝宝俨然一个小专家，让成年人也自叹弗如，并不是宝宝是"神童"，而是教育的必然结果。

❸ **注意内容准确**：父母认为宝宝反正是瞎看，买书往往只注意趣味性。宝宝就书中内容提问时，往往敷衍一句，糊弄过去。看似小事，却为宝宝不求甚解的读书习惯埋下了伏笔。3岁是宝宝记忆的关键时期，此时如果给宝宝灌输错误知识，宝宝可能因"先入为主"而始终当作正确的来掌握。

好的幼儿读物要有趣味性，形式和内容都要多样化。小故事、小知识、小测验、儿歌、动手填图、手工制作……都能大大调动宝宝读书的兴趣。

❀ 学习刷牙

宝宝20颗乳牙出齐时，就应该教宝宝学习刷牙。刷牙可清除食物残渣，消除细菌滋生的条件，防止龋齿，同时能按摩牙龈，促进血液循环，使牙周组织更健康。

刷牙要用竖刷法，将齿缝中不洁之物清除掉，刷上牙床由上向下，刷下牙床由下向上，反复6～10下，动作不要太快，要将牙齿里外、上下都刷到。选用两排毛束、每排4～6束、毛较软的儿童牙刷，每次用完甩去水分，毛束朝上，放在通风处风干，避免细菌在潮湿的毛束上滋生。每天早、晚都要刷牙，尤其晚上更重要，避免残留食物在夜间经细菌作用而发酵产酸，腐蚀牙齿表面。

❀ 宝宝不爱刷牙怎么办

大部分的宝宝刚开始都会排斥把牙刷放入口内，敏感的宝宝可能还会有呕吐感。

开始教宝宝刷牙时，可以先选一支大小适中、软毛的儿童牙刷。市面上的牙刷颜色非常鲜艳，有些还有卡通图案，可以吸引宝宝的注意力，也有分龄（0～2岁，3～5岁，6～9岁）。因为刚长出乳牙的婴儿正处于口腔发育期，先让小孩把牙刷当作玩具放入口内，让宝宝不会排斥牙刷在口腔中的感觉，不必马上要宝宝学会自己刷牙。父母每天刷牙时，让宝宝也拿着小牙刷在旁边观摩，听任宝宝自己在口中比画。

慢慢地，父母在宝宝学习刷牙的动作之后，开始教宝宝正确的刷牙方式，"左刷刷，右刷刷，上下刷"。宝宝自己刷完之后，除称赞之外，可以让宝宝躺下，头向后仰再检查一下刷干净没有。

每次宝宝刷完牙，可以让幼儿躺在自己的大腿上，用小刷头、软刷毛的牙刷轻刷宝宝牙齿（无须使用牙膏），顺便检查牙齿是否刷干净。每次临睡前帮宝宝刷牙和使用牙线，也是一项很好的亲子活动。如果要使用牙膏，只需少量，而且要多漱几次，以免吞下太多的氟化物。

各阶段牙齿保健方法：除了刷牙之外，还要帮宝宝使用牙线，至少每天睡前一次清除牙缝间及牙龈下的牙菌斑和食物残渣。因为乳牙的缝隙比较大，食物容易塞在牙缝，如果没有清除出来，会造成相临两颗牙齿间的蛀牙，肉屑、菜渣更容易塞入，恶性循环导致蛀牙越来越多。

提高刷牙乐趣：儿童用牙刷刷头通常比较短，宝宝手腕不够灵活，所以可以选用刷柄较粗的牙刷，方便小手抓握。此外，色彩鲜艳的牙刷能够提高刷牙的兴趣。从小让宝宝看着父母亲刷牙，2~3岁起就可以让宝宝在游戏中学习刷牙，熟悉刷牙的动作，必要时可选用电动牙刷作为辅助，以免宝宝因刷牙劲力不足而刷不干净。

给宝宝建立起生活时间表

为宝宝建立生活时间表，这样会让宝宝每天在同一时间想做同一件事情，慢慢形成习惯。

宝宝的生活时间表：

6：30~7：00　起床，大、小便；

7：00~7：30　洗手，洗脸；

7：30~8：00　早饭；

8：00~9：00　户内外活动，喝水，大、小便；

9：00~10：30　睡眠；

10：30~11：00　起床，小便，洗手；

11：00~11：30　午饭；

13：00~13：30　户内外活动，喝水，大、小便；

13：30~15：00　睡眠；

15：00~15：30　起床，小便，洗手，午点；

15：30~17：00　户内外活动；

17：00~17：30　小便，洗手，做吃饭前准备；

17：30~18：00　晚饭；

18：00~19：30　户内外活动；

19：30~20：00　晚点，洗漱，小便，准备睡觉；

20：00~次日晨　睡眠。

✿ 如何放手让宝宝活动

宝宝走得稳了，活动范围扩大了，随之而来的是开始有了独立性的萌芽。妈妈要布置一个能满足宝宝需求的活动环境。这时的宝宝对一切都充满好奇心，有一种喜欢活动、喜欢探索的冲动。

妈妈对他的温情和爱抚在他的眼中已经不如以前重要了，妈妈的关照有时可能变成了一种限制，宝宝甚至不愿接受。所以，妈妈不妨适当地放开手，布置一个适合他运动需求的环境，如一块安全的空地、秋千、木马等，对喜爱摇晃、跳跃的宝宝，是很有用的。

 小贴士

妈妈要善于观察，找出宝宝喜好的活动，让宝宝尽情玩耍。

✿ 注意预防宝宝口吃

大约90%患口吃的人是从1岁多开始的。这时宝宝急于讲话，一时张口结舌，使要讲的话重复几次，如果情绪紧张，这种情况不断重演，容易形成口吃。

父母不要勉强宝宝在生人面前说话，因为紧张时容易出现口吃，以后说话就会讲得不顺利。父母有急事让宝宝帮忙时，也切忌讲话太快、太突然，要平心静气地慢慢讲，不要让宝宝心情紧张，以免再度引起口吃。

有些宝宝本来讲话很好，但看到口吃便模仿，由于模仿重复发音，因此也会变成口吃。父母发现这种情况不必过于着急，暂时不让宝宝学说话，用几天到一周的时间把重点放在搭积木、拼图、穿珠等动手操作的项目上。宝宝在心平气和时，不知不觉地一面动手一面就会说出正常、顺利的句子来。

 小贴士

宝宝过了2岁，说话顺利之后就不容易发生口吃，但是如果在2岁之内不能矫正，就会成为习惯而使口吃长久保持，这时就要找专业医生帮忙矫正了。

科 学 喂 养

❋ 1岁幼儿的喂养特点

1岁左右的宝宝，逐渐变为以一日三餐为主，早、晚牛奶为辅，慢慢过渡到安全断奶。如果正好在夏天，为了不影响宝宝的食欲，可以略向后推迟1~2个月再断奶，最晚不要超过15月龄。

以三餐为主之后，家长一定要注意保证宝宝辅食的质量。如肉泥、蛋黄、肝泥、豆腐等含有丰富的蛋白质，是宝宝身体发育必需的食品，而米粥、面条等主食是宝宝补充热量的来源，蔬菜可以补充维生素、矿物质和纤维素，促进新陈代谢，促进消化。宝宝的主食主要有米粥、软饭、面片、龙须面、馄饨、豆包、小饺子、馒头、面包、糖三角等。周岁宝宝每日的膳食量大致可以这样供给：粮食100克左右，牛奶500毫升加糖25克（分早晚两次喝），瘦肉类30克，猪肝泥20克，鸡蛋1个，植物油5克，蔬菜150~200克，水果150克。

有些家长为了增加宝宝的营养，给宝宝喝麦乳精，麦乳精是以糖为主的食品，含蛋白质很少，热量虽高但达不到宝宝生长发育所需的营养要求。长期食用，会抑制宝宝的食欲，引起营养不良。要想宝宝长得健壮，家长必须细心调理好宝宝的三餐饮食，将肉、鱼、蛋、菜等与主食合理搭配。这么大的宝宝，牙齿还未长齐，咀嚼还不够细腻，所以要尽量把菜做得细软一些，肉类要做成泥或末，以便宝宝消化吸收。1岁的宝宝，鱼肝油要加3滴，每日2次，钙片每次1克，每日2次。

✿ 宝宝膳食制作

三鲜蛋羹

把1~2个鸡蛋打入碗中，加少许食盐和凉开水打匀，放入锅中蒸熟，然后再切几个新鲜虾仁与炒好的肉菜末放进碗中搅匀，再继续蒸5~8分钟，停火后即可食用。

混合菜糊

将土豆、胡萝卜洗净，上锅蒸熟，去皮压烂成泥。番茄用开水烫去皮，切成碎块，放入锅中煸炒，再加上少许食盐与土豆泥、胡萝卜泥、肝泥和熟肉末，一起炒熟后食用。

果羹

将苹果、百合、山药、梨、莲子洗净，去皮、去核，切成小片，加上琼脂一同放在火上，加水煮热。离火加白糖，凉后食用。没有琼脂可用藕粉代替。

✿ 宝宝断奶后的食谱特点

从每天保证600毫升奶，逐渐过渡到以粮食、奶、蔬菜、鱼、肉、蛋为主的混合食品，这些食品是满足宝宝生长发育必不可少的。

适当喂养面条、米粥、馒头、小饼干等，以提高热量。

经常给宝宝吃各种蔬菜、水果、海产品，提供足够的维生素和无机盐，以供代谢的需要，达到营养平衡的目的。

经常食用些动物血、肝类，以保证铁的供应。

烹制方法多样化，注意色、香、味、形，且要细、软、碎。不宜煎、炒、爆，以利消化。安排婴儿食品要注意各种营养的合理搭配，以保证宝宝身体生长发育的需要。

✿ 不适于1岁宝宝食用的食物

❶ 一般生硬、带壳、粗糙、过于油腻及带刺激性的食物对幼儿都不适宜。有的食物需要加工后才能给宝宝食用。

刺激性食品如酒、咖啡、辣椒、胡椒等应避免给宝宝食用。

❷ 鱼类、虾、蟹、排骨肉都要认真检查是否有刺和骨渣后方可加工食用。

❸ 豆类不能直接食用，如花生米、黄豆等，另外，杏仁、核桃仁等这一类的食品应磨碎或制熟后再给宝宝食用。

❹ 含粗纤维的蔬菜，如芥菜、金针菜

等，因2岁以下小儿乳牙未长齐，咀嚼力差，不宜食用。

⑤ 易产气胀肚的蔬菜，像洋葱、生萝卜、豆类等，宜少食用。

⑥ 油炸食品。

另外，宝宝都喜欢吃糖，但一定注意不能过多，否则既影响宝宝的食欲，又容易使宝宝发生龋齿。

❀ 少给宝宝吃油炸食品

目前自选商场内提供各种各样的油炸制的半成品食物，如鸡块、羊肉串等，它们为家庭制作油炸食品提供了极大的方便。这样一来，宝宝吃油炸食品的机会就越来越多了。但是，如果宝宝经常食用油炸食品，对他的正常发育是很不利的。

油炸食品在制作过程中，油的温度过高，会使食物中所含有的维生素被大量地破坏，使宝宝失去从这些食物中获取维生素的机会。

而且，制作油炸食物时反复使用以往使用过的剩油，里面会含有10多种有毒的不挥发物质，对人体健康十分有害。另外，油炸食物也不好消化，易使宝宝的胃部产生饱胀感，从而影响宝宝摄取其他食物的兴趣，影响宝宝的食欲。

 小贴士

妈妈如果从小就不让宝宝吃一些味道重的油炸食物，就可以避免宝宝禁不住油炸食物的诱惑而哭闹。

❀ 保证宝宝的饮食合理

宝宝营养的摄入要均衡，过剩和不足都不利于宝宝的健康，甚至会诱发多种疾病。

在幼儿期摄入糖分过多或吃太多高热能食品，会导致肥胖症，还会加大成年后发生心血管病症的概率，同时也妨碍宝宝参加社会性活动。含蛋白质的食物摄入过多，会加重宝宝肝、肾等的负担，会影响宝宝的生长发育。而维生素A、维生素D等摄入过多时，会引起中

 小贴士

宝宝三餐若没吃好，妈妈可以给他吃点儿点心，吃点心时间也要尽量固定。点心可以是牛奶、水果或妈妈做的食物。

毒，影响宝宝的健康。

一般来说，此时宝宝每天的食量为：肉类50克，鸡蛋1个，牛奶或豆浆250克，豆制品30～40克，蔬菜、水果200克左右，油10克左右，糖10克左右。

注意宝宝饮食安全

不注意饮食安全会引起宝宝胃肠道疾病或食物中毒，父母要保证宝宝饮食安全。

❶ 不吃变质、腐烂的水果、蔬菜等食物。

❷ 最好不吃剩菜、剩饭，如食用剩饭菜，首先检查食物有无异味，同时需加热到100℃，持续20分钟左右。

❸ 不要给宝宝选用熟肉制品、腌制品，如火腿肠、红肠、粉肠、肉罐头、袋装烤鸡烤鸭等。这些食物加入了一定的防腐剂和色素，且细菌易繁殖，必须高度警惕。

❹ 一般生硬、带壳、粗糙、过于油腻及带刺激性的食物对幼儿都不适宜。有的食物需要加工后才能给宝宝食用。

 小贴士

饮食安全不仅与食物有关，也与宝宝的卫生习惯密切相关。父母要教育宝宝饭前便后要洗手，吃东西前一定要洗干净自己的小手。

不可缺少健脑食品

对于大脑发育来说，豆类是不可缺少的植物蛋白质，黄豆、花生豆、豌豆等都有很高的营养价值。

要给宝宝多吃杂粮，包括糯米、玉米、小米、红小豆、绿豆等，这些杂粮的营养成分能满足身体发育的需要，搭配食用能使宝宝得到全面的营养，有利于大脑的发育。动物内脏，动物肝、肾、脑、肚等，既补血又健脑，是宝宝很好的营养品。鱼虾类及其他如蛋黄等食品中含有一种胆碱物质，这种物质进入人体后，能被大脑从血液中直接吸收，在脑中转化成乙酰胆碱，可提高脑细胞的功能。尤其是蛋黄，含卵磷脂较多，被分解后能释放出较多的胆碱，所以幼儿最好每日吃点蛋黄和鱼肉等食品。

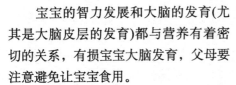

有损宝宝大脑发育的食物

宝宝的智力发展和大脑的发育(尤其是大脑皮层的发育)都与营养有着密切的关系,有损宝宝大脑发育,父母要注意避免让宝宝食用。

有损宝宝大脑发育的食物:

❶ 腌渍食物。腌渍食物包括咸菜、榨菜、咸肉、咸鱼、豆瓣酱以及各种腌制蜜饯类的食物,这些食物含盐分过高,会损伤脑部动脉血管,造成脑细胞的缺血、缺氧,造成宝宝记忆力下降,智力迟钝。

❷ 含铝食物。油条、油饼,在制作时要加入明矾作为涨发剂,而明矾(三氧化二铝)含铝量高,常吃会造成宝宝记忆力下降,反应迟钝。

❸ 煎炸、烟熏食物。鱼、肉中的脂肪在经过200℃以上的热油煎炸或长时间曝晒后,很容易转化为过氧化脂质,而这种物质会导致大脑早衰,直接损害大脑发育。

❹ 含铅食物。过量的铅进入血液后很难排除,会直接损伤大脑。爆米花、松花蛋、啤酒中含铅较多,传统的铁罐头及玻璃瓶罐头的密封盖中,也含有一定数量的铅,妈妈也要让宝宝少吃。

> 💟 **小贴士**
>
> 含有味精的食物将导致1周岁以内的宝宝严重缺锌,而锌是大脑发育最关键的微量元素之一,因此即便宝宝稍大些,也应该少给他吃加有大量味精的过鲜食物,如各种膨化食品、鱼干、泡面等。

适合宝宝食用的含钙食品

对于小孩来说,奶类是其补充钙的最好来源,母乳中500毫升含钙170毫克,牛奶含钙600毫克,羊奶含钙700毫克,奶中的钙容易被消化吸收。蔬菜中含钙高的是绿叶菜。如大家熟悉的油菜、雪里红、空心菜、太古菜等,食后吸收也比较好。给宝宝食用绿叶菜,最好洗净后用开水烫一下,这样可以去掉大部分的草酸,有利于钙的吸收。

豆类含钙也比较丰富,每100克黄豆中含360毫克的钙质,每100克豆皮中含钙254毫克,含钙特别高的食品还有海带、虾皮、紫菜、麻酱、骨髓酱等。

✿ 维护宝宝记忆力的卵磷脂

卵磷脂具有调节人体代谢、促进大脑和中枢神经发育、增强体能、调节血脂、保护肝脏等重要的生理功能。对宝宝来说，卵磷脂的主要功能是促进大脑细胞的健康发育。如果宝宝出现卵磷脂缺乏，将直接导致脑细胞膜受损，造成脑神经细胞代谢缓慢、免疫力及再生能力降低，影响宝宝的大脑发育。

蛋黄、大豆、鱼头、牛奶、动物脑、骨髓、心脏、肺脏、肝脏、肾脏、酵母、芝麻、蘑菇、山药、黑木耳、谷类、红花子油、玉米油等食物中都含有卵磷脂。但含量最多的还是大豆、蛋黄和动物肝脏。

父母只要给宝宝摄取足够种类的食物，就不必担心会有缺乏的问题，同时也不需要额外补充含卵磷脂的营养品。

 小贴士

卵磷脂可以调节肾功能，加快体内水分的排泄。因而，在秋冬等干燥季节多给宝宝吃含卵磷脂丰富的食物时，应注意为宝宝适当补充水分。

✿ 保护宝宝甲状腺与智力发育的碘

人类大脑发育的90%是在胎儿、新生儿和婴幼儿期完成的。在这个时期中，碘和甲状腺激素对脑细胞的发育和增生起着决定性的作用。如果在这时候宝宝出现碘缺乏，将会使宝宝出现智力低下、甲状腺肿大、身材矮小等身体症状。

补碘最好的途径就是食补。海带、紫菜、海白菜、海鱼、虾、蟹、贝类等食物中含有丰富的碘，可以多吃。为了预防缺碘，市面上出售的很多婴儿奶粉和大部分食盐中都添加了碘，也是宝宝补充碘质的良好来源。

1岁多的宝宝对碘的需求量为平均每天50微克左右。平时膳食中使用含碘的食盐，再适当吃一些海带、紫菜、鱼、虾、贝类等食物，就可以满足宝宝身体和智力发育的需要。过多地为宝宝补充碘，反而对宝宝的健康有害。

 小贴士

宝宝是否缺碘、是否需要服用碘剂来补碘，都需要经过尿碘化验后由医生决定，切不可为宝宝滥用补碘药。

❈ 给宝宝适当吃些硬食

宝宝若长期吃细软食物，则会影响牙齿及上下颌骨的发育。因为宝宝咀嚼细软食物时费力小，咀嚼时间也短，可引起咀嚼肌的发育不良，结果上下颌骨都不能得到充分的发育，而此时牙齿仍然在生长，会出现牙齿拥挤，排列不齐及其他类型的牙颌畸形。

若常吃些粗糙耐嚼的食物，可提高宝宝的咀嚼功能，乳牙的咀嚼是一种功能性刺激，有利于颌骨的发育和恒牙的萌出，对于保证乳牙排列的形态完整和功能完整很重要。宝宝平时宜吃的一些粗糙耐嚼的食物有白薯干、肉干、生黄瓜、水果、萝卜等。

智 能 提 升

❈ 激发宝宝的创造能力

一个发育正常的宝宝，大脑存在着无限潜能，在宝宝出生的两年之内，要开发宝宝的灵感、直觉、创造性、感性等右脑的能力，对宝宝成人后的创造能力极其重要。

图形激发法：

与婴儿说话时，指给宝宝看相对应的物品，则婴儿的右脑就会反映出这个物品的形象来，日常生活中养成用图形记事的习惯，就能刺激右脑，使其逐步激活、强化。

空间激发法：

空间识别能力也是右脑的一种重要功能，从小让宝宝拍吊在空中的球，开始会拍不到，练习一段时间以后，宝宝就能够准确地抓住球，这就是宝宝以自身协调的动作完成了空间识别。

绘画激发法：

培养宝宝对绘画的兴趣，对右

脑的刺激会更明显，要激活、强化右脑能力，就应该经常带宝宝欣赏美的工艺品、建筑、雕塑、邮票以及自然风景等。

❁ 弄清宝宝攻击性行为的原因

1岁左右的宝宝出现攻击性的行为很正常，但也不能对宝宝这种错误行为置之不理，否则宝宝可能养成打人的坏习惯。

宝宝也和成年人一样，不会无缘无故发脾气，如果宝宝咬了小朋友，肯定有自己的原因。1岁左右的宝宝还不会为自己解释，父母不妨站在宝宝的角度，看看究竟是什么原因让宝宝动用武力。

生理发展需求：

1岁左右的宝宝，口腔内牙齿、肌肉都不同程度地发育，很喜欢把东西放到嘴里咬，用以帮助缓解口腔发育带来的不适感。作为感知的一种方式，宝宝也会用咬东西的方式来了解事物。这种情况下要保证宝宝的安全，如果宝宝咬了别人，要给予严肃的批评，但不要惩罚。

确保自己的利益：

1岁左右的宝宝，不能准确地把握空间关系，经常会发现自己被小朋友挤到一个小空间里，出自条件反射，会不自觉地推开挡在前面的宝宝，或是对身边的小朋友采取武力进攻的方式，用以确保自己有充足的活动空间。

有时候宝宝打人是出于一种自卫，可能因为小朋友抢了玩具，或先打了自己，或被小朋友抓了头发。宝宝不能容忍被欺负，会全力维护自己的利益，这是一种本能。

心情不好：

宝宝在心情不好的时候，会选择自己的方式发泄不满情绪。比如，在饿了、累了、尿布湿了时心情会很糟糕，这时候最容易出现宝宝之间打闹的情况。另外，宝宝正在学习各项技能的时候，遭遇失败后心情会跟着变坏，打人的行为就很容易出现了。

 小贴士

宝宝的大脑不是一个要被填满的容器，而是一支需要点燃的火把。多和宝宝一起游戏，给宝宝快乐、自由、富于想象的空间，使宝宝在轻松玩乐中开发右脑的潜力。

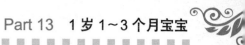

及时制止宝宝的攻击性行为：

当宝宝可能出现攻击性行为时，父母应当及时制止，用最简单的语言清楚、严肃（但不是威胁）地告诉宝宝"不可以打人，不可以咬人"，然后把宝宝的注意力吸引到别的有趣事情上，比如一个动画。对大一点的宝宝可以讲道理。

除此之外，在宝宝烦躁想攻击别人的时候，可以为宝宝提供其他选择。比如可以教宝宝使劲跺脚来发泄自己的不满，或者教会宝宝，如果下次生气了，可以到父母身边寻求帮助。

在宝宝没有依靠攻击来解决问题时，就应该鼓励正确行为，让宝宝能意识到这样做才对，应当表扬宝宝，如："你把玩具让给小朋友玩，你是个好宝宝。"

对待宝宝的攻击行为要注意：

不要训斥打人的宝宝。宝宝并没有意识到自己的行为是错误的，突如其来的训斥只会让宝宝感到莫名其妙。

不要因为宝宝打人而揍宝宝。宝宝不会理解父母的用意，只会觉得受伤害，会让宝宝不再信任父母。

不要鼓励宝宝报复打小朋友，如果"受害人"反过来报复，最终结果只会是"受害者"越来越多。

> **小贴士**
>
> 父母和宝宝玩的时候，不要咬宝宝，更不要打宝宝。如果说："我要吃了你！"并把小家伙的脚趾或手指放到自己的嘴里，那么宝宝会很自然地尝试对别人这样做。

宝宝自言自语不是病

有些宝宝一边做游戏一边嘀嘀咕咕，自言自语。父母看见这种现象感到很奇怪，甚至认为宝宝得了病。其实这是一种正常的生理现象，是幼儿学习语言时的必经过程，不必担心。

人类的语言，有内部语言和外部语言之分。1~3岁幼儿，是以学习外部语言为主的。到了4~6岁时，其内部语言才开始形成。幼儿的自言自语正是从外部语言向内部语言过渡的一种表现。

幼儿的思维是具体形象思维，他只能单独地思考问题。但由于幼儿的语言、动作调节功能的发展尚不完善，还不能控制发音器官的活动，便出现了既有说出声音的特点，又有自己对自己说话不发出声音的特点。也就是既有外部语言，又有内部语言。宝宝到了6岁以后，自言自语的现象会逐渐消失。但如果到了八九岁还常常自言自语，那就可能是病态，要带宝宝到医院去检查、治疗。

❋ 怎样应对宝宝的任性

宝宝长大了，开始有了自己的主见，不再是那个特别听话的小天使，会变成让父母无可奈何的淘气鬼。倔犟的小家伙往往不肯听招呼，让东偏西，母子间一次又一次地过招，会使喜欢把一切事物都控制得有条不紊的父母没有办法，开始产生莫名的失落感。

要知道，在这个年龄段，宝宝必然会经历一个个性发展的阶段，属于正常现象，父母可以通过下面的方法应对任性的宝宝。

❶ **疏导宝宝的情绪**：当宝宝因任性而哭闹时，如果父母用平静、轻柔的声调承认宝宝的感情，并帮助他消除顾虑，宝宝就可以重新获得控制。因此，一旦发现宝宝表现出任性行为，父母可以平静地对宝宝说："我知道你现在很生气。但是尖叫、乱踢不管用，如果你尖叫、乱踢，我没法帮助你。现在我们不闹了，我们来想想办法，看怎样让你感觉舒服点。"

❷ **消除宝宝任性的苗头**：父母要学会客观地评估宝宝的要求是否合理，如果合理，就要及时满足宝宝的需求，并且不附带任何条件，千万不要拖延到宝宝哭闹后才满足他，否则就会助长宝宝靠哭闹来控制父母的习惯。如果宝宝的要求不合理，父母一定要语气和缓、坚定且简明扼要地告诉宝宝这个要求不对，不能满足。对宝宝的要求只需拒绝一次，说理也只说一次，

决不重复、唠叨。这样可以让宝宝感觉到父母态度很坚决，没有回旋的余地。

❸ **撤销对宝宝的注意**：如果宝宝按他惯常的策略哭闹，父母可以在保证其安全的情况下，故意忽略他，既不要试图分散他的注意力，也无须给他讲道理，或训斥宝宝，更不要心疼地劝说宝宝。事实上，宝宝哭闹的时候根本听不进任何劝解，相反，父母对宝宝任何形式的注意只会变相地鼓励他的任性行为。

❹ **不要迁就宝宝**：当宝宝逐渐趋于平静时，父母可为刚刚哭闹过的宝宝进行简单的清洗，然后温和地引导他做该做的事情。这时宝宝尚未完全平静，因此父母不要急于给宝宝讲道理，也不要急于向宝宝表达心疼之意，更不要流露出歉疚的情绪或者因为心疼而迁就宝宝的行为，否则父母的努力就会前功尽弃。

❺ **掌握讲道理的时机**：等宝宝完全平静后，父母可以心平气和地和宝宝讨论所发生的事，明确地告诉宝宝为什么不能答应他的要求，并且让宝宝明白，无论如何，父母都不会答应他的不合理要求，也不喜欢宝宝的任性。如果宝宝有什么要求一定要好好地说，需要引起父母注意时要采取合适的方式。

❻ **转移宝宝注意力**：当宝宝正在任性地吵闹时，大声责骂或者讲道理都无济于事。此时，父母可以采取转移注意

力的方法，用别的有趣的事情或者玩具来吸引宝宝，终止宝宝的任性行为。

◎ **防止宝宝产生挫折感**

为了防止宝宝的任性行为，父母可以为宝宝提供一些有趣的玩具或组织一些很有意思的游戏与活动，让宝宝在游戏与活动中获得一些愉快的情绪体验，防止宝宝产生不必要的挫折感。

需要注意的是，宝宝任性行为的纠正不是一天两天的事情，更不可能一次见效，因此，父母一定要有足够的思想准备，持之以恒地坚持自己的原则，帮助宝宝逐渐克服任性行为。

给宝宝创造"破坏"空间

1岁的宝宝，对世间万物充满好奇，在认识世界上万事万物的同时，什么东西都要动一动、碰一碰、试一试，加上这时的宝宝已经具有独立性，能走，会灵活运用双手，因而，也往往是一个令父母头痛至极的"淘气包"和"破坏大王"。

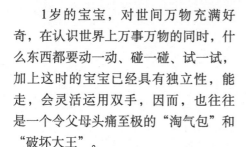

在这个年龄段的宝宝，往往会把家里能拿到手的一切东西都来摆弄上一番，当然，最终会毁坏掉不少东西，父母为此对他又爱又恨，一旦急了，难免给宝宝一点教训，甚至打骂他。然而，对待宝宝这种无知的探索行为的苛责和管教，会损坏宝宝正在萌发中的好奇心，同时毁掉宝宝的创造性能力。

给宝宝适度的"破坏"空间，满足和培养宝宝的好奇心，在家庭教育中是一个极其重要的方面。其实，宝宝如果对某种物件产生兴趣，不妨加以正确诱导，使宝宝在破坏的过程中得到更多的知识。比如，可以当着宝宝的面，把一只气球从空瘪的原状吹胀，再把气放掉，甚至拍破，还可以让宝宝自己试试。再比如，做父亲的可以和宝宝一起动手，把机械玩具拆开来，看一看玩具为什么会动，然后，再当着宝宝的面一一装好。当然，最好能让宝宝自己动手装，装不上时再帮助他。这样一来，既满足了宝宝的探索心理，又培养了宝宝的动手能力，一举两得，何乐而不为呢？

培养宝宝的记忆能力

对小孩子来说，没有趣味，也就没有记忆。兴趣是幼儿记忆的推动力。生动有趣的事物容易形成兴奋点，留下巩固的痕迹。多种感官协同记忆要幼儿记住的东西，就该让他有多种感知，使各种感官从一个目标接受刺激，在皮层的各个相应区域同时兴奋，形成多方面的信息联系，联系通路越多，痕迹越巩

固，记忆保持的时间越长久。

多用重复记忆法，幼儿记东西需要多重复，重复就是对神经联系的强化，使记忆不断巩固。常用联想法联想即回忆、再现，联想能力即记忆的准备性。通过联想旧的，帮助识记新的，发挥经验在记忆中的作用。

❀ 宝宝初学走路

1周岁的孩子90%可迈出第一步，在良好的训练下可走得更好。独立走路，不是一件轻而易举的事，走得好就更难了。

行走要具备必要的条件：

❶ 头和身体的比例发育协调

1周岁左右的孩子，相对来看头大脚小。因此走起路来东摇西晃，难以平衡。

❷ 全身骨骼肌肉发育成熟

1周岁孩子骨骼系统布满血管，组织不坚实，骨的纤维组织基本由软骨组成。因此，还无力支持直立行走的姿势。

❸ 两腿和全身的动作必须协调一致

初练行走，不免有些胆怯，想迈步，又迈不开。成人伸出双手做迎接他的样子，孩子大着胆子跟跟跄跄能走几步，赶快扑进成人怀里，非常高兴。如果成人站得很远，他因没有安全感而不敢向前迈步，因此成人要靠近些给予协助。迈开步子以后，仍不能走稳，好像醉汉般左右摇晃，有时步履很慌乱、很僵硬，头向前，腿在后，步子不协调，常常跌倒，仍需成人细心照料。

在这个阶段，应鼓励孩子走路，创设条件，使他安全地走来走去。对那些大胖子和"小懒蛋"，更该多加帮助，使他们早些学会走路。

❀ 陪宝宝到户外玩游戏

孩子大些便喜欢活动，但他的手脚、躯干动作的协调还需要训练。妈妈要常带孩子到户外玩，除了让他自由活动外，还可以做一些游戏。这些游戏由妈妈和孩子一起做，或比赛做。

原地双脚跳，看谁跳得多。妈妈可以

 小贴士

孩子会走以后，给他一个拖拉玩具，拖拉玩具是传统游戏玩具。拖拉游戏可增强孩子学走的兴趣。过去有简单的小鸭车，现在有各种有声响的玩具，色彩鲜艳，更能引起孩子的兴趣。

说："我们都是小青蛙，呱、呱、呱。"

独脚站。妈妈说："我们俩是大公鸡，金鸡独立。"左、右脚轮流站立。

左脚原地跳3次，右脚原地跳3次。

正步走。妈妈口里喊着"一二一，一二一"。

在地毯或草地上前滚翻，前滚翻不要要求姿势正确，不要勉强翻过去，只要一滚即可。

玩的时候要注意孩子的安全，不要太勉强，时间不要太长，玩10~15分钟即可。孩子不要穿皮鞋，玩的场地要平整。

妈妈带孩子到公园散步，妈妈要常提出问题，然后自己说答案，比如："这是什么？""这是花。""这花是什么颜色？""这花是红色的。""那人是谁？""那是老爷爷。"启迪孩子思考。

户外游戏为孩子提供训练四肢和躯体肌肉的机会，使其在大脑指挥下更协调地活动，对锻炼小儿的耐力、灵敏性、反应性都很有益。

❀ 注意增加宝宝的词汇量

1岁多的孩子还不能讲完整的句子，他能理解妈妈的话，但他讲不出那么多词。妈妈与孩子讲话时要注意自己的语言，说话要简洁、完整，使孩子能听懂、能模仿，不要随便说："拿过来。""站那边去。"而是说："把小狗熊拿过来。""你站到门外去。"

孩子没有那么多词汇，也不会将词汇连贯起来，他说的话常常是："饿。""花儿。""公园。"妈妈要帮他把句补齐："宝宝饿了。""花儿真好看。""妈妈和宝宝上公园。"并让孩子复述一遍。家长切记不要随着孩子说："宝宝吃包包。""宝宝上梯梯。"一定要用标准的句子和词汇教孩子说话。

❀ 亲子游戏推荐

◎ 包糖

平时把糖纸留下，放在书中压平。玩时让孩子用橡皮泥做糖的样子，用糖纸一块一块包起来。

目的：练习手的精细动作。

◎ 推车走

用童车将孩子带到平坦的户外，让孩子下来自己推着车走。孩子还走不好，把握不了手推和迈步的协调关系，因此妈妈还要帮他扶着车。

目的：练走。

◎ 给洋娃娃喂饭

方法：幼儿这时已经能很好地握持小勺子了。做游戏时，教幼儿做给洋娃娃喂饭的动作，嘴里一边说："不哭不哭，好宝宝，好好吃饭，吃饭长肉。"

目的：培养关心、爱护他人的情绪。

◎ 玩积木

玩积木时，将积木搭起来，看孩子能搭几层，然后将积木排起来，排成长队。

目的：练习手的动作。

◎ 听口令

让孩子站好，听妈妈口令，妈妈说"矮了"，他就蹲下去，妈妈说"高了"，他就站起来。

目的：练习反应速度。

◎ 学动物叫

拿一套识字卡片，挑出猫、狗、鸡、鸭、羊、牛等，问孩子："猫怎么叫？""狗怎么叫？"让孩子一一学叫。

目的：认动物、发音。

◎ 开口说

在孩子有什么要求时，他会做出表示，但没有用语言。妈妈要鼓励他用简单的词语表达出来，而不是轻易满足他。

目的：鼓励孩子开口说话。

◎ 认红色

妈妈拿一个红色的球，告诉孩子这是红色，然后把各种玩具摆在他面前，让他将红色的挑出来，如红色的积木、插块、布块、瓶盖，等等。一次只能玩一种颜色。

目的：学习抽象概念，发展概括能力。

疾病防治

❋ 游泳后眼睛充血怎么办

许多孩子从泳池出来后，双眼红红的，这是为什么呢？

有两种可能，一是游泳池中所放的消毒剂对眼睛会造成刺激；二是强烈的阳光照射对眼睛刺激而产生的充血反应。这两种情况一般1~2天就可以消失，无须多虑。

如果结膜充血持续不退，就要注意是否由细菌感染而引起的结膜炎，需要去医院处理。

❋ 注意防治小儿尿道感染

泌尿道感染是小儿时期的常见病，是指产尿、潴尿和排尿的通路即肾盂、输尿管、膀胱、尿道任何一个部位有细菌感染。泌尿道感染主要是大肠杆菌和葡萄球菌直接侵入尿道、膀胱、肾盂和肾实质引起的泌尿系感染。女孩发病的机会远远多于男孩，主要原因在于：

❶女孩的尿道短而宽，尿道括约肌薄弱，细菌较容易侵入。

❷女孩的膀胱输尿管交界部位的"活瓣"作用也较弱，当膀胱内压增高时，又可引起尿液反流而引起肾脏的感染。

❸女孩尿道口和肛门的距离较近，易被细菌污染，尤其女婴易受尿布上的粪便污染，故女孩发病较多。

泌尿系感染的诊断一旦明确，在急性期应卧床休息，让宝宝多饮水以增加尿量，使细菌和脓液及早排出，并在医师指导下用强力有效的抗生素，治疗要彻底。

急性泌尿系感染经治疗后多能迅速恢复，但如疗程不足，可使病情反复发作，变成慢性感染。特别是由于肾和肾盂的慢性炎症在迁延多年后可发展至肾功能不全，应引起重视。

带病儿定期随诊很重要，急性期疗程结束后，每月随诊一次，共3个月，如无复发可认为治愈。

尿道感染的预防：

❶消除各种诱发因素，注重卫生，保持外阴部清洁。

❷宝宝大便后要清洗臀部，尿布要经常用开水烫洗，宝宝要注意会阴部卫生。

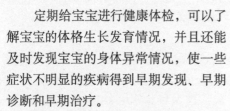

❋ 定期为宝宝进行体检

定期给宝宝进行健康体检，可以了解宝宝的体格生长发育情况，并且还能及时发现宝宝的身体异常情况，使一些症状不明显的疾病得到早期发现、早期诊断和早期治疗。

另外，在定期体格检查时，还能从保健医生处得到科学育儿的知识指导，了解许多有关宝宝喂养、护理、卫生保健和早期教育等方面的新理念。但不可盲目听从，要选择正规医院，找有经验、负责任的医生。

❶如果宝宝没有什么异常表现，一年查一次就可以了。

❷一般1岁宝宝就是测身高、体重，查微量元素和血常规，还可以查视力、智力、气质等。体检内容包括体重、身高、坐高、头围、胸围、囟门闭合情况、出牙情况、喂养指导、动作发育，血常规等，男孩还要看看"小鸡鸡"。

❸医生需要结合宝宝的病史或健康史，才能更好地评估宝宝的健康现状。宝宝有什么疾病状况、不良习惯等，妈妈都要主动跟医生讲明。

Part 14

1岁4～6个月宝宝

生 长 发 育

❀ 宝宝的生理发育

爸爸妈妈对刚出生的宝宝多项生理发育指标往往很在意，到1岁后反而不在意了。其实，对1岁后的孩子的多项生理发育指标爸爸妈妈也应了解全面。

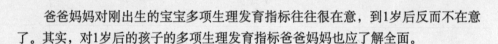

宝宝的生理发育表	
生理发育	标 准 值
体　重	男孩的平均体重约为11.16千克 女孩的平均体重约为10.83千克
身　高	男孩的平均身高约为82.31厘米 女孩的平均身高约为81.62厘米 女孩的平均坐高约为50.79厘米，男孩的平均坐高约为50.96厘米
头　围	男孩的平均头围约为47.54厘米 女孩的平均头围约为46.52厘米
胸　围	男孩的平均胸围约为49.08厘米 女孩的平均胸围约为47.32厘米
其　他	宝宝牙齿此时大约萌出12颗牙，已萌出上下尖牙 宝宝的前囟门在这一阶段会关闭，头骨骨缝完全接合

☕ 小贴士

宝宝的前囟门在这一阶段会关闭，头骨骨缝完全接合。如果宝宝此时囟门仍未关闭，属异常现象，有可能是因为骨骼发育迟缓，需要带宝宝做检查。

❀ 宝宝的感觉发育

宝宝对新奇的事物给予越来越多的关注，对客体的永久性认识也日益成熟，注意力也更容易集中。

宝宝的感觉发育表	
感觉发育	标 准 值
动　作	宝宝的手指精细动作越来越灵活，他会用小勺吃饭，会自己端着杯子喝水，还会自己脱鞋子、帽子，还能两步一个台级地上楼梯
语　言	宝宝能够说出自己的小名，也会使用一些简单的句子和父母进行交流，当然，他已能理解更多的词语含义，高兴的时候他还会哼唱一些简单的歌曲
社交能力	此时的宝宝喜欢别人指挥自己做事，会帮妈妈或爸爸拿东西，如递食品、拿拖鞋等，也会把自己吃完饭的空碗交给妈妈，能按照大人的提醒大小便，白天基本上不会再尿裤子

❀ 宝宝的心理发育

宝宝的感情表达也丰富起来了，高兴的时候放声大笑，生气的时候闹得很凶。有的宝宝生起气来会不让父母抱，抱他的时候拼命向后仰。若是站在地上，他会使劲跺脚来表示愤怒。一些脾气特别大的宝宝，有时竟哭得憋紫了嘴唇，甚至发生抽搐。有些宝宝一旦哭起来就久久不能停息。不管宝宝属于哪种类型，这都不是教育的问题，而是取决于宝宝的个性。

这个阶段的宝宝渐渐地变得不听话了。你让他吃饭，他偏不吃，你要让他这样，他偏要那样。出现这种抗拒行为的原因，主要是这时的宝宝已开始逐步认识到自己是一个独立的个体了，有时甚至不接受父母的劝阻，明明知道是父母不同意的事，却偏要坚持干下去。转移宝宝的注意力是消除宝宝抗拒行为的好办法。如果宝宝要玩一个脏玩具，你可以给他一个新鲜的玩具取而代之，或开始一项有趣的活动，这样比简单地禁止他玩脏东西效果要好得多。

啪!

家 庭 护 理

❀ 善待左撇子

"看，你又用左手!"

妈妈拼命指导宝宝用右手做事情，但是宝宝就是改不过来。

"我用左手得劲儿，右手却不听使唤，为什么就不能使用左手呢?"

宝宝的心情是无可非议的。对他提出的疑问和意见，我们应该理解。

家长的责骂，使宝宝对使用左手似乎有一种罪恶感。每逢受到指责时，就像做什么坏事被人发现了似的，吓得心惊胆战。

如果这种情况持续下去，使挫折感、罪恶感，以及劣等感郁积在胸，总有一天会在行动上发生不良问题。

对于这种天然的、不可抗拒的问题，如此挑剔指责，也会给儿童带来走投无路的绝望感。

首先，做母亲的必须抛弃蔑视左撇子的成见。

人的能力发挥在右手上也好，左手上也好，这是无关紧要的事情，应当允许宝宝们自由地使用左手。用左手做事也不会发生任何困难，现在左手用剪刀、机器等各种用具已应有尽有。

我们也可以设法取得儿童的合作，让他们也愿意练习使用右手，从而达到左右两手都能使用用具的目的，使他们感到"两只手都可以用，真方便呀"，产生一种喜悦之情。

❀ 让宝宝安全舒适地过夏天

夏天，宝宝（特别是2岁以前的婴幼儿）调节体温的中枢神经系统还没有发育完善，对外界的高温不能适应，加上炎热天气的影响，使胃肠道分泌液减少，容易造成消化功能下降，很容易得病。所以，夏季妈妈要从衣着、饮食、睡眠等各方面关注宝宝健康。

❶ 衣着要柔软、轻薄、透气性强。宝宝衣服的样式要简单，像小背心、三角裤、小短裙，既能吸汗又穿脱方便，容易洗涤。最好穿吸水性强、透气性好的布、纱、丝绸布料的衣服，宝宝不容易得皮炎或生痱子。

❷ 食物应富有营养。夏天，宝宝宜食用清淡而富有营养的食物，少吃油炸、煎烹等油腻食物。

❸ 饮食卫生。夏季，细菌繁殖传播很快，宝宝抵抗力差，很容易引起腹泻。夏天给宝宝喂牛奶的饮具要消毒，生吃瓜果要洗净、消毒，水果必须洗净后再削皮食用，冷饮之类的食物不要给宝宝多吃。

❹ 勤洗澡。每天可洗1~2次，为防止宝宝生痱子，妈妈可用马齿苋（一种药用植物）煮水给宝宝洗澡，防痱子效果不错。

❺ 补充水分。夏天出汗多，妈妈要给宝宝补充水分，否则，会使宝宝因体内水分减少而发生口渴、尿少。

 小贴士

夏季鲜牛奶要随购随饮，其他饮料也一样，放置不要超过4小时，如超过4小时，应煮沸再喝，察觉到变质，千万不要让宝宝食用，以免引起消化道疾病。

 根据天气情况给宝宝增减衣服

宝宝还不能表达身体的感受，父母应该根据天气情况给宝宝增减衣服。

一般情况下妈妈都会为宝宝穿上比较多的衣服。宝宝活泼好动，容易出汗，结果，湿了的皮肤和衣服被凉风一吹，便易着凉，这才是内热的真正原因。宝宝一般不怕冻着，最常见和最易发生的反而是热着。有经验的老人也常说，宝宝冻着的病1帖药就能治好，宝宝热着的病10帖药才能治好。

一般而言，父母可以掌握这样一个经验，父母穿多少，宝宝穿多少。同时要保持宝宝皮肤和衣服的干爽，如此宝宝既不会受到热着的威胁，也不会受到冻着的威胁，父母也就可以放心地照料宝宝了。

 小贴士

午睡时也应让宝宝换上睡衣或脱掉外衣等，否则起床后极易着凉。

❉ 宝宝吹空调如何避免患空调病

　　如果使用空调不当，宝宝受冷空气侵袭，容易引起感冒、发热、咳嗽等病症，俗称空调病。让宝宝吹空调时遵守一定的原则，空调病是完全能够避免的。

❶ 空调的温度不要调得太低，以室温26℃为宜；室内外温差不宜过大，比室外低3℃～5℃为佳。另外，夜间气温低，应及时调整空调温度。

❷ 空调的冷气出口不要对着宝宝直吹。

❸ 由于空调房间内的空气较干燥，应及时给宝宝补充水分，并加强对干燥皮肤的护理。

❹ 晚上睡觉时，给宝宝盖上薄被或毛巾被，特别要盖严小肚子。

❺ 定时给房间通风，至少早晚各一次，每次10～20分钟。大人应避免在室内吸烟。如宝宝是过敏体质或呼吸系统有问题，可在室内装空气净化机，以改善空气质量。

❻ 空调的除湿功能要充分利用，它不会使室温降得过低，又可使人感到很舒适。

❼ 出入空调房，要随时给宝宝增减衣服。

❽ 不要让宝宝整天都待在空调房间里，每天清晨和黄昏室外气温较低时，最好带宝宝到户外活动，可让宝宝呼吸新鲜空气，进行日光浴，加强身体的适应能力。

❉ 宝宝1岁半还不会走路怎么办

　　1岁半的宝宝还不会走路，属于发育落后了。最好请医生检查一下，对症治疗。

　　宝宝不会走路的原因很多，首先应考虑宝宝大脑的发育有没有问题，腿的关节、肌肉有没有病，再有，父母有没有训练过宝宝走路，宝宝是否爬过，站得好不好，是否曾经用屁股坐在地上蹭行过，是否过早地用了学步车，这些因素都会影响宝宝学会走路或推迟走路的时间。

　　宝宝一般在1岁左右就会走了，如果到了1岁还不能站稳，可以看看他的脚弓是不是扁平的。扁平足是足部骨骼未形成弓形，足弓处的肌肉下垂所致，父母可以帮他按摩按摩，并帮他站站跳跳。有的是脚部肌肉无力，无法支撑全身重量，大人要帮他增加肌肉力量。

🌸 宝宝啃指甲怎么办

宝宝吮指和啃指甲的毛病，是由许多原因造成的。例如，有的宝宝吮手指感到舒服，也就是快感。吮手指是婴儿自我抚慰的行为。如果三四岁依然这样做，那就是由于感到无聊、困倦和欲望得不到满足所致。其中，多数是由于感到无聊、困倦，少数由于欲望得不到满足。

还有的宝宝啃指甲，是由于精神紧张，为了消除紧张情绪而啃指甲。虽然通过啃指甲可以消除紧张情绪，但是没有快感。

使用警告办法来纠正宝宝的坏毛病，不仅不起作用，还会给宝宝造成罪恶感和无能为力感，其结果适得其反。可以通过其他内容，如进食、逗玩、游戏，转移他对这一行为的注意。

发困时和无聊时的吮指，可以不理他，视而不见。至于有些宝宝在欲望得不到满足时，不分时间、地点，热衷于吮手指，甚至达到不想做儿童游戏的程度，则多半是由于他感到谁也不注意、谁也不理自己。这种情况，通过适当的关注和爱护可以纠正。仅仅警告宝宝不要吮手指，不仅不起作用，而且会适得其反。

科学喂养

❋ 提升宝宝智力的DHA、ARA

DHA是构成神经传导细胞的主要成分，对脑细胞的分裂、增殖、神经传导、神经突触的生长和发育都起着极大的促进作用，在宝宝的大脑发育过程中扮演着极为重要的角色。

ARA是一种对大脑和视神经发育具有重要促进作用的物质，如果宝宝在成长过程中缺乏ARA，大脑和神经系统发育将会受到严重影响，身体的发育也会受到阻碍。

正常宝宝每天每千克体重应当补充20毫克DHA、40毫克ARA，早产宝宝每天每千克体重应当补充的

DHA和ARA的量则分别是40毫克和60毫克。DHA和ARA之间的比例，以1∶1.8～1∶2为最佳。

蛋黄、深海鱼类、海藻等食物中也含有丰富的DHA和ARA。

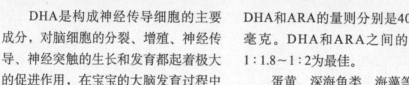

小贴士

为宝宝选择含有DHA和ARA的配方奶粉时，最好选用罐装奶粉。因为罐装奶粉的密封性比较好，可以防止DHA和空气接触而氧化变质。

❋ 选择适合宝宝吃的水果

给宝宝选用水果时，要注意应与宝宝的体质、身体状况相宜。

舌苔厚、便秘、体质偏热的宝宝，可以多吃寒凉性水果，如梨、西瓜、香蕉、猕猴桃等，这类水果有助于败火。

秋冬季节宝宝患急、慢性气管炎时，吃柑橘可疏通经络、消除痰积，因此有助于治疗。

当宝宝缺乏维生素A、维生素C时，多吃含胡萝卜素的杏、甜瓜及葡萄

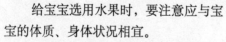

柚，能给身体补充大量的维生素A和维生素C。在秋季气候干燥时，宝宝易患感冒咳嗽，可以经常给宝宝做些梨粥喝，或是用梨加冰糖炖水喝，因为梨性寒，可润肺生津、清肺热，从而止咳化痰，但宝宝腹泻时不宜吃梨。

另外，宝宝皮肤生疮时也不宜吃

桃，以防加重病情。

小贴士

柑橘一次不能过多食用，如果吃多了，会引起宝宝上火。

❀ 给宝宝吃水果要适度

水果多性寒、凉，而小儿"脾常不足"，中医认为脾胃为后天之本，生化之源，但小儿脾胃虚弱，消化吸收功能差。另外，为满足小儿不断生长发育的需要，对饮食营养要求迫切，从而加重了脾胃的负担。两者相互矛盾，一旦饮食失调，可致脾胃功能紊乱，而水果大多为寒凉之品，且伤脾胃，由此可知，小儿不能多吃水果，一定要有节制。

一些水果如杏、李子、杨梅、草莓中所含的草酸、安息香酸、金鸡纳酸等，在体内不易被氧化分解掉，经新陈代谢后所形成的产物仍是酸性，这就很容易导致人体内酸碱度失去平衡，吃得过多还可能中毒。

一些水果可致水果病，如橘子性热燥，可上火，令口舌发燥，过食会造成叶红素皮肤病，皮肤与小便发黄及便秘等；又如柿子，若空腹时吃得过多，易导致柿石症，症状为腹痛、腹胀、呕吐；还如荔枝，因其好吃，极易吃多，可导致四肢冰凉、多汗、无力、心动过速等；菠萝，多吃易发生过敏反应，出现头晕、腹痛，甚至产生休克。

吃太多水果会引起水果尿病。水果吃多了，大量糖分不能全部被人体吸收利用，而是在肾脏里与尿液混合，使尿液中糖分大大增加，长此以往，肾脏极易发生病变。

因此，宝宝吃水果一定要适量，不能因为宝宝爱吃，家长就多多益善。

❀ 宝宝怎样吃鸡蛋更健康

鸡蛋除含优质蛋白质、脂肪类外，还含有多量维生素A、胡萝卜素、卵磷脂及矿物质等，对宝宝的营养价值很大。

宝宝吃鸡蛋要注意以下几点：

❶ 绝对不能吃生鸡蛋，因为生鸡蛋结构紧密，还含有抗消化道蛋白酸的物

质，使蛋白质难以消化吸收。蛋类只有煮熟后，蛋白质结构才变得松散，所含抗消化道蛋白酸物质才能被破坏，易被人体消化吸收。

❷ 给宝宝吃全蛋时，要细心观察宝宝无过敏现象后才可继续喂食。

❸ 鸡蛋不是吃越多越好。吃蛋过多，会给宝宝带来不良的后果。6个月以内的宝宝每天吃半个蛋黄即可，6个月之后可每天吃一个蛋黄，到宝宝能吃全蛋时，可每天吃1个鸡蛋。

❹ 正在出疹的宝宝不要吃蛋，因为鸡蛋会加重宝宝的过敏反应。

 小贴士

鸡蛋吃法多种多样，就营养的吸收和消化率来讲，煮蛋为100%，炒蛋为97%，嫩炸为98%，老炸为81.1%，开水、牛奶冲蛋为92.5%，生吃为30%～50%。对宝宝来说，蒸蛋羹、蛋花汤最适合，因为这两种做法能使蛋白质松解，极易被宝宝消化吸收。

❈ 宝宝多吃巧克力有害无益

巧克力是一种以可可豆为主要原料制成的含糖食品，它的味道香甜，食后回味无穷，很受宝宝的喜爱。

巧克力含蛋白质很少，含维生素也非常少，它不能满足宝宝生长发育中的营养需要。吃巧克力后宝宝会有饱腹感而影响食欲，再好的饭菜他也吃不下去，打乱了良好的进餐习惯，直接影响了宝宝的营养摄入和身体健康。宝宝吃巧克力还会诱发口臭和蛀牙，并使宝宝发胖。巧克力中的草酸，还会影响钙的吸收。

 小贴士

宝宝如果非常爱吃巧克力，父母要鼓励宝宝限量食用巧克力，不能强行禁止食用，应逐渐减量，同时，家中也要尽量少放巧克力。

❈ 不要给宝宝多吃冷饮

很多宝宝在夏天吃冷饮没个够，冰棍、汽水、冰激凌……这样好不好呢？宝宝在天气非常热的时候可以吃些冷饮，以防中暑，但是不能没有限度，因为大量的冷饮进入胃内，会使胃壁的小血管收缩，血流减少，温度降低，抑制

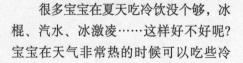

消化酶的活力，抑制胃酸分泌，造成宝宝食欲下降，另外，冷饮一般含糖量比较高，甜食吃多了也会影响宝宝食欲。

❀ 宝宝饮用酸奶要注意什么

❶ 空腹饮用酸奶的时候，乳酸菌容易被杀死，酸奶的保健作用减弱，饭后胃液被稀释，所以饭后2小时左右再给宝宝饮用酸奶为宜。

❷ 饮用酸奶时不要加热，酸奶中的活性乳酸菌经过加热或者开水稀释后，便会大量死亡，不仅特有的风味消失，营养价值也大量损失。

❸ 不宜一次给宝宝饮用过多酸奶。正常健康的宝宝每次饮用酸牛奶不宜过多，以150~200毫升为佳。

💗 小贴士

市场上有很多由牛奶、奶粉、糖、乳酸、柠檬酸、苹果酸、香料和防腐剂加工配置而成的乳酸奶不具备酸奶的保健作用，购买时妈妈要仔细识别。

❀ 夏日宝宝胃口不好，如何保证营养

夏日宝宝胃口不好，怎样让宝宝吃得好？

❶ 少食多餐。夏天一般来说昼长夜短，宝宝活动水平又比较高，消耗也是比较大的。所以宝宝除了正餐两餐要吃好外，妈妈还可在两餐之间适当给宝宝加一些点心。

❷ 保证蛋白质的充足供应。夏天既要保证充足的蛋白质，又要注意清补，不能太油腻。妈妈应该选择脂肪含量少一点、蛋白含量高一些的肉制品，比如鸡肉、鸭肉、猪肉、鸽子肉。

❸ 多吃清热利湿的食物。中医认为"长

夏多湿"。清热的食物在盛夏时吃，而利湿的食物整个夏天都要吃。这类食物大都为夏熟的果菜，如西瓜、苦瓜、桃、乌梅、草莓、西红柿、绿豆、黄瓜等。

❹ 多吃苦味食物。适当多吃一些苦味的食物，能清泄暑热，增进食欲。

❺ 多吃点温热食物。夏季饮食一般以温为宜，在早、晚餐时喝点粥大有好处，如绿豆粥、赤豆粥、荷叶粥、莲子粥、百合粥、银耳粥和冬瓜粥等都能生津止渴，清凉解暑，又能补养身体。

 小贴士

夏季给宝宝做饭的时候，尽量用清蒸、清煮，避免油炸煎炒这几种做法。

宝宝缺锌怎么办

人体内有10多种主要元素，它们是碳、氢、钠、镁、氧、氮、磷、硫、氯、钾和钙等，此外还有许多种微量元素。虽然这些微量元素仅占人体重量的万分之几，但也是维持人体生理功能所不可缺少的，锌就是这些微量元素之一。

锌是人体中许多酶的主要成分，在蛋白质合成和氨基酸代谢过程中，锌也是不可缺少的成分，尤其在幼儿生长发育期间，更是重要。锌还是唾液蛋白质的基本成分，在味觉方面有重要功能。

锌缺乏时，对各系统都会产生不良影响。宝宝如果患锌缺乏症，在学龄前和学龄期可表现为生长迟缓。性成熟延迟也是缺锌的一个显著表现。锌缺乏症的小儿因味觉减退引起厌食，并可出现异食癖。严重缺锌的小儿精神发育落后。

通过化验血浆或头发，可判断宝宝是否缺锌。

正常儿童每天每千克体重需要锌0.25～0.50毫克，锌的主要来源靠食物，肉类含锌量比较高，水果蔬菜中则很少。缺锌的小儿除应在医生指导下服用锌制剂外，还应注意饮食。锌也不能服用过多，过量的锌会抑制人对铜的吸收，从而造成宝宝体内铜的缺乏。

宝宝挑食、偏食怎么办

宝宝1岁左右已会挑选他自己喜欢吃的食物了，如果处理不好，很容易造成宝宝挑食、偏食的习惯。妈妈要不断更新食物味道，并且以身作则，防止宝宝偏食。

怎样使宝宝不挑食、偏食：

❶ 引起兴趣。宝宝一般习惯于吃熟悉的食物，因此对宝宝开始出现

偏食现象时，不必急躁、紧张和责骂，应采用多种方法引起宝宝对各种食物的兴趣，如对偏爱吃肉不吃蔬菜的宝宝可告诉他："小白兔最爱吃蔬菜。"以引起宝宝的兴趣。

❷ 以身作则。宝宝的饮食习惯受父母的影响非常大，所以父母要为宝宝做出榜样，不要在宝宝面前议论哪种菜好吃，哪种菜不好吃。

❸ 食物品种、烹调方法的多样化。每餐菜种类不一定多，2~3种即可，但要尽量使宝宝吃到各种各样的食物。对宝宝不喜欢的食物，可在烹调上下工夫，如宝宝不吃胡萝卜，可把胡萝卜掺在他喜欢的肉内，做成丸子或做成饺子馅，逐渐让宝宝适应。

小贴士

　　如果想尽办法，宝宝仍不愿吃某种食物，也不必着急，可用与这种食物营养成分相似的食品代替，或过一段时间再让他吃。

✿ 秋季宝宝如何吃更健康

　　秋天气温开始下降，天气也变得干燥起来。宝宝适应能力差，皮肤稚嫩，同时经过夏季，人体消耗较大，免疫力也下降，病毒便会乘虚而入。因此，做好饮食调整，对维护宝宝健康十分重要。

宝宝秋季饮食调整：

❶ 给宝宝多喝水，保持宝宝体内水分平衡。

❷ 少吃上火食物、偏咸食品，热量过高的油炸食品和一些热性水果，

如荔枝、桂圆、橘子等，也应尽量少吃。

❸ 营养调理，荤素搭配，粗细搭配，做到平衡饮食，才能减少秋季发病。

❹ 要注意饮食卫生，不吃生冷食品。

小贴士

　　秋季应当适当地带宝宝去户外活动，定期给玩具和食具煮沸消毒。

智能提升

❋ 宝宝独立性的发展

独立行走之后，1岁多的宝宝身体发育更加强壮，大脑功能更加灵活，具备了一定的独立能力，不再喜欢被妈妈搂在怀里，也不再愿意事事都等待着家人代办，宝宝会强烈要求亲自动手做事情。

吃饭要自己吃，尽管拿着勺子显得笨拙，吃得杯盘狼藉，却吃得很香；穿衣要自己试着穿，虽说会把袜子蹬得个底朝上，衣服扣子张冠李戴、穿得歪歪扭扭，但还是觉得美滋滋的；喝水要自己动手，别看会洒得满身都是，衣服也会弄湿，却会因为是自己动手而喝了一杯又一杯。

如果父母对宝宝的这些成功及时和适度加以鼓励和赞赏，小家伙独立做事情的兴趣会越来越浓。

宝宝出现这种独立自主的精神和愿望，在幼儿心理发展过程中具有特殊意义，标志着自我意识的发展、各种能力的发展和个性的形成。

❋ 不要抑制宝宝的独立活动

独立能力强的宝宝，喜欢自己哄自己玩，不再缠着妈妈，也不再哭闹着离不开家人。在独立的游戏中，宝宝会感到特别有兴趣，情绪饱满，心情愉快。一只小皮球，滚来滚去多好玩；一个小石子扔出去，捡回来再扔也饶有兴致；

一只小盒子里的东西，可能拿出来再放进去，放进去再拿出来，重复多遍的动作，宝宝丝毫不厌烦；如果没有这些小小的玩具，宝宝日渐灵巧的手指头，会用来抠、挖墙上的小洞洞、被子角上的空隙……总之，精力充沛、身体健康的宝宝，总不愿意闲着没事可做。

就在这十几次、几十次滚球的活动中，在不厌其烦的重复动作中，宝宝的视觉观察能力、目测距离能力和空间知觉能力都得到了训练，反复的动作使宝宝的大脑得到了行动性思维能力。在行动的同时，又在不知不觉间学会了概括。于是，宝宝明白了怎样运用自己的小手和小脚，做什么样的动作能把球踢得滚出去，怎样使用拇指和食指配合，才能捏拿住小物件……满周岁以后的小家伙，淘气、顽皮、可爱，却不会白白地淘一场，于淘气、可爱之中练就了本领、长了才干、增加了智慧。

在各种独立活动中，促进了宝宝独立能力的发展，也会引起性格的变化。此后，宝宝变得越来越积极、主动，增强了克服困难的意志，认识到自己的能力，加深了自我了解。

如果培养得当，宝宝会从此不再完全依赖于父母，开始独立生活，这样不仅能减轻父母的负担，更重要的是，及早锻炼了宝宝的手脚，发展了大脑的各项功能，培养出各种能力，宝宝成为一个动手能力很强、自理能力很强的生命个体。

❀ 宝宝"傻大胆"不可取

有的宝宝"天不怕、地不怕"，什么事情都敢做，别的小朋友不敢干的事情，他敢干，别的小朋友不敢去的地方，他敢去。这样的宝宝，大部分是由于父母过分迁就造成的。无论做什么事情，无论后果如何，都用不着担心、害怕，因为宝宝不知道产生的后果，不知道会对他自己有什么影响，听任发展下去很可能变成"无法无天"。

勇敢，并不是什么都不怕，"傻大胆"的宝宝是很容易发生危险的，或者损害别人，或者伤及自己。

让宝宝知道怕什么，应该让宝宝具备正常的惧怕心理。健全的惧怕感，要从小培养。要让宝宝逐步认识到自己的行为可能有好的结果，也可能有不好的后果，要争取好的结果，避免不好的后果。

"我爬上这墙头，万一摔下来会摔伤的。"

"我打了小朋友，小朋友会疼的。"

"我不把玩具收拾好，爸爸妈妈会批评我的。"

……

让宝宝逐步学会无论干什么事情前，都考虑一下可能的后果，对不好的后果有惧怕感，这种惧怕感有助于激励宝宝的积极行为，抑制消极行为。因此，逐渐让宝宝形成健全的惧怕感是非常必要的，可以避免宝宝干一些"傻事"。

不可一味使用儿化语言

宝宝在1～2岁时，常常喜欢用单词或简单句子表达自己的想法，如"糖糖"、"蛋蛋……要"。细心的父母会发现，宝宝在这段时期所用的语言，一般只有名词和动词。有时候一个词可以表示多种意思，名词也会作为动词来用。这种现象只会在宝宝1～2岁时出现，所以又称儿化语言。

千百年来，几乎所有的母亲们都自觉地用儿化语言与婴儿交流，并逐渐教会宝宝掌握母语，这种方法相当有效。其实，当父母与宝宝以儿化语言交流时，会有意放慢说话的速度，复杂的长句也会被拆分成简单的短句和单词，同时还使用夸张的身体语言。这样，宝宝更容易理解词句的意义，从而使学习语言的速度明显加快。

事实表明，宝宝更喜欢这样的说话方式，它有助于母子间打破语言的隔阂。不过，这并不表示宝宝不能从规范化语言中学习，只是用儿化语言可以使宝宝学得更快一点。不过，父母在使用儿化语言时，应当尽量避免过多地模仿婴儿无意识的发音或一味地简单重复，减弱父母在语言学习中的引导作用。

在宝宝长到2岁以后，就应当逐渐使用规范语言，这样做才有利于宝宝语言能力的发展。使用规范语言的环境，更容易帮助宝宝完成语法结构的学习。"因为……所以……"、"虽然……但是……"这样的句子中含有一定的逻辑意义，有利于宝宝的认知发展。规范的语言环境，对宝宝的认知水平有潜移默化的影响，有利于宝宝人际交往能力的发展。

不宜对宝宝说的话

宝宝是这个世界上最单纯、最不应当受到伤害，却又最容易被伤害的群体。弱小而又敏感的宝宝对父母的评价，可以形成一种心理反应。父母的肯定，会让宝宝心花怒放，父母一句无心的责备，也会在宝宝幼小的心里形成难

小贴士

爱迪生小时候被老师列入"笨宝宝"之列，但他母亲却一直在鼓励他，认为他会成功，终于，爱迪生成了一位伟大的发明家。其实，每一个宝宝都是天才，只是父母缺少发现，缺少培养的方法，才会使天才的桂冠与宝宝擦肩而过。

以磨灭的阴影。

为了给宝宝的心灵留下一份快乐的记忆，无论宝宝做错了什么事，父母永远记住不要对宝宝说这些话：

❶ "傻瓜、没用的东西！"

❷ "你简直是个废物！"

❸ "你可真行，竟能做出这种事情！"

❹ "住嘴！你怎么就是不听话呢？"

❺ "我说不行就是不行！"

❻ "我再也不管你了，随你的便好了。"

❼ "求求你别再这样做好吗？"

❽ "你若考了100分，我就给你买……"

❾ "你做这种事，真让我伤心透了！"

❿ "又做错事了，你简直是坏透了。"

❀ 做客或聚会时怎样兼顾 "小尾巴"

妈妈走到东，宝宝就跟到东；妈妈走到西，宝宝就跟到西；妈妈出门，宝宝死缠烂磨地要跟着去。对于这类黏人的宝宝，人们将其戏称为妈妈的"小尾巴"。

做客时：

如何让宝宝在大人的活动中不感到无聊呢？如果在无奈中带宝宝去做客，可以采取以下的办法：

❶ 事先电话通知对方。在带宝宝去别人家做客之前，最好事先打电话通知主人，要带宝宝去，让对方有所准备。如果主人家有小孩，那就有个伴，可以一起玩。如果没有，一方面可以请他们准备一些小宝宝玩的东西，另一方面，可以根据自己宝宝的兴趣，带上一两本宝宝喜欢的图画书或画笔什么的。

❷ 给宝宝心理准备。在去别人家之前，还必须给宝宝介绍一下要去的地方，比如主人家住在哪里，家里有哪些人，告诉宝宝去别人家里要懂礼貌，不可以太吵闹。

❸ 尽量照顾宝宝。在和朋友聊天的时候，可以让宝宝在一旁玩玩具、看书、画画或和别的小朋友、大人玩。宝宝喜欢看图画书，对他说："妈妈和阿姨有话要说，你在这里自己看书，看完再讲给妈妈和阿姨听，好不好？妈妈就坐在你旁边，有事就叫妈妈，好吗？"

❹ 需要注意的是，要尽量让宝宝坐在自己附近玩，这样可以看到并照顾到宝宝。宝宝万一有什么需要，可以随时说，宝宝也会感觉比较安全，不会因为陌生的环境而感到寂寞。

聚会时：

❶ 如果宝宝硬要缠着跟随参加父母和朋友的聚会，要事先通知朋友，看有没有机会把朋友的宝宝也带上，这样既是大人的聚会又是宝宝的聚会，宝宝就不会感觉很无聊了。

② 聊天时，要记得把宝宝介绍给朋友认识，同时可以针对宝宝的特点和兴趣让他觉得开心。比如你的宝宝喜欢听故事，就可以告诉宝宝：某某阿姨最喜欢讲故事了，她有很多有趣的故事可以讲给你听，可以去找她玩。抓到了宝宝的兴趣点，宝

宝就不容易感到无聊了。

③ 如果只有你一个人带宝宝出来，可以让宝宝和朋友轮流说话、玩游戏，这不仅能提升宝宝的语言智能和人际关系智能，还是减少宝宝无聊感的好方法。

带宝宝逛超市和菜场

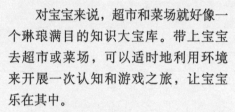

对宝宝来说，超市和菜场就好像一个琳琅满目的知识大宝库。带上宝宝去超市或菜场，可以适时地利用环境来开展一次认知和游戏之旅，让宝宝乐在其中。

在去超市或菜场之前，可以先跟宝宝说这次要买什么东西，让宝宝帮你一起去寻找并挑选，同时告诉宝宝不可以在里面跑和玩，也不要因为东张西望而走丢了。根据宝宝的年龄，还可以利用

超市或菜场，给宝宝做一些相应的认知游戏。

由于年龄比较小，可以让宝宝坐在购物车里，一边和宝宝挑选商品，一边教宝宝认识各种各样的商品或物品。如果宝宝对某种物品感兴趣，可以详细地解释，如有必要的话，可以买下来，还可以问问宝宝，为什么喜欢这样的物品。

选择完某样物品之后，可以交给宝宝，让宝宝放到购物篮里。

朗诵儿歌

孩子们都喜欢朗诵儿歌。儿歌词句简短，内容生动，想象丰富，节奏优美，朗朗上口，适合孩子的接受能力。儿歌可以发展孩子的想象、思维和记忆，还可以训练孩子发音、学说普通话。家长教孩子朗诵儿歌，要注意选择。当孩子做错事时，不宜责骂他，可以和他一起读儿歌，用儿歌来教育他，

让他知道什么是对，什么是错。例如孩子在大人睡午觉的时候闹着要玩，可以教他《小花猫，别喵喵》：

小花猫，别喵喵，小弟弟，别哭啼，爸爸昨夜上夜班，现在正在睡觉呢。爸爸一觉睡得香，醒来干活有力气。

让宝宝比较大小

妈妈可以准备各种杯子、球、盒子等物品，每次游戏时选一种，比如球，选两个大小不同的球，告诉孩子哪个大，哪个小。然后母子两人扔球玩或踢球玩，运动一会儿，再把球捡回来问孩子："你告诉妈妈哪个是大球，哪个是小球？"再比如拿两个塑料玩具碗，一大一小，让孩子比一比哪个大、哪个小，让孩子把小碗装在大碗里，使孩子理解什么叫大，什么叫小。反复比较，反复装进去、拿出来，孩子慢慢会悟出大、小的意义。

玩这个游戏是让孩子通过游戏对物品大小有个概念，并能把物品从小到大排列起来，使他明白不仅有数，还有大碗小碗之分，小的比大的小，能放在大的中间。这是对数字的最基本、最形象的认识。有了大小的概念，孩子才知道排列，逐渐才有对顺序的理解。

认识世界上的东西有大小的不同，是最初级的根据外表的分类方法。记忆是靠特点分类来记忆的，这是学习和记忆的开端。

妈妈除了跟孩子玩识大小的游戏外，还可玩分别形状、色彩的游戏。妈妈可以制作简单的教具，一点点帮助孩子认识形状，认识色彩，然后分门别类地归在一起。孩子在游戏中，在自由地、随意地摆弄各种东西的同时，可逐渐认识木头、金属、塑料、棉布等，在游戏中学到很多。

小贴士

妈妈可以一边练习一边教宝宝唱儿歌："小棉帽，头上戴，像朵花儿惹人爱。小小蜜蜂看见了，嗡嗡嗡嗡把蜜采。"

❀ 学脱鞋袜、衣裤

孩子对脱鞋袜最感兴趣，在睡觉前可把这当作游戏。开始时妈妈先帮孩子解开鞋带，把鞋子脱出后跟，让他自己用手把鞋子从脚上拉下来，这样容易取得成功，会使他感到高兴，产生信心，他就能愉快地和你配合做这个游戏。脱袜子时也要帮他先脱过后脚跟。

脱衣服先从单衣开始学，首先妈妈帮助他解开纽扣，再让他把手臂向后伸直，教他如何拉袖子脱出手臂。以后就可叫孩子自己试脱。脱裤子比较难，可让他把裤子拉下臀部退到小腿处，再坐下来把裤腿从脚上拉下来。

每次脱衣服、鞋袜时妈妈要在旁边协助孩子，一边轻柔地指导他，一边告诉他衣物的名字，如鞋、袜子、衬衫、

短裤、背心、毛衣等。

在孩子脱衣不成功时妈妈不要急躁，更不要说"你怎么这么笨"这样的话。学脱衣服、鞋袜是要教宝宝克服困难，培养孩子的独立性格，而不仅仅是学习脱衣服。

❀ 模仿生活中的各种声音

日常生活中常常伴随着各种各样的响声，例如下雨天人们常常可以听到"轰隆，轰隆"的打雷声；有人按门铃时，门铃就会发出清脆、悦耳的"叮咚、叮咚"声；有电话打进来的时候，电话又会发出"零——零——"声。

听到这些声音的时候，大人都可以跟着重复、模仿，同时，叫幼儿也跟随着一遍遍地模仿。经常重复，反复练习，不但可以丰富幼儿听声模仿的能力，提高幼儿对各种声音的注意力，还可以提高幼儿对声音的好奇心和敏感性，提高幼儿听觉与动作的统

合能力。

游戏：模仿动物叫声

妈妈可以从动物图片上，找到他喜欢的图片，如小狗、小猫、小鸡、小鸭、小羊等。可以给他讲故事、唱儿歌，一边讲，一边让孩子出示图片。如：小鸡唱歌叽叽叽，小鸭唱歌嘎嘎嘎，小狗唱歌汪汪汪，小羊唱歌咩咩咩，小猫唱歌喵喵喵。一边说还可以一边做动作。这样反复游戏后，再让宝宝模仿动物的叫声和动作。

🌸 亲子游戏推荐

◎ 投进倒出

给孩子一个空塑料瓶，让他把木块、塑料块投进瓶里，再倒出来，反复玩耍。

目的：练习手的精细动作。

◎ 学画画

妈妈和孩子一起画，孩子无意画个圆，妈妈就往上添几道画成太阳，孩子画一条曲线，妈妈就在线的一端添一个飞筝。

目的：增添孩子画画的乐趣。

◎ 捡树叶

妈妈和孩子各拿一个小篮子，到户外干净的广场上捡飘落在地上的树叶，两人比赛，看谁捡得多。

目的：练习动作准确性。

◎ 角色游戏

妈妈和孩子玩买卖东西的游戏。准备各种零碎物品和用纸片做的"钱"，母子俩一个买一个卖。

目的：角色游戏，让孩子理解物的所属关系。

◎ 大象爬啊爬

方法：和宝宝相对而坐，对宝宝说，"我是大象，你是小象，咱们一起去外面玩吧"，让宝宝跟在你后面爬行。爬了一会儿，你说，"咱们就在这儿做游戏吧"，这时你用手触地，身子变成拱形，让宝宝钻或爬过去。最后还可让宝宝骑在你的背上再爬几圈。

目的：锻炼方向控制能力和平衡能力。

◎ 摇一摇

方法：妈妈坐在床上抱着宝宝，宝宝两条腿分开，面朝妈妈，坐在妈妈的两腿上。

妈妈用两手搂抱住宝宝的后背，然后，带着宝宝一边前后方向地摇动，一边使自己的身体向前移动。

妈妈在带着宝宝一起摇的时候，可以念一些欢快的儿歌，如："摇呀摇，轻轻地摇。宝宝乐，妈妈笑。摇到外婆家，宝宝仔细瞧一瞧……"

此游戏也可由爸爸躺在床上，两腿弯起，让宝宝坐在爸爸的两膝盖上，爸爸双手握住小宝宝的两只小手，宝宝面对着爸爸。爸爸的两条腿不停地摇动，使小宝宝觉得像坐在小船上一样摇晃。

目的：锻炼宝宝的平衡能力，使宝宝感到愉悦和舒适。

疾 病 防 治

❋ 怎样护理哮喘发作的宝宝

宝宝哮喘发作时的护理非常重要，应注意以下几点：

① 发作时家长不要惊慌，更不要让孩子看出家长的不安。

② 哮喘缓解后，让孩子慢慢喝些水，并做腹式呼吸。

③ 按医嘱服药，服药后观察20分钟。

④ 如果孩子感到胸闷，应采取坐位式半卧位。

⑤ 室内空气要新鲜，注意空气的流通，家长不要在室内吸烟。

⑥ 孩子服药后睡一会儿，4个小时后再服药。如果服药后还不能缓解，应带孩子看医生。

⑦ 缓解后如果孩子想吃饭，只让他吃八分饱，过饱胃向上压迫膈肌，易引起呼吸不畅。

⑧ 大人要表现得很自然，让孩子感觉

到缓解后就没事了。

不应禁止宝宝运动：

哮喘发作是由于各种原因引起的，疲劳也是引起哮喘发作的原因之一，例如孩子忘乎所以地玩耍、活动等，都可能引起发作，但不能因为哮喘便禁止孩子运动。父母的任务是控制孩子运动量不要太大，不要过度疲劳。可以让宝宝逐步增加运动的强度，使他的身体得到锻炼。

有的父母就怕哮喘发作，不是积极地满足孩子参加运动的要求，而是一味限制孩子运动。从长远看，这对孩子的身心健康无益。一般来说，在孩子不发作时，父母也要细心关注，不要让他着凉，但着装也不要太厚。

❁ 宝宝中暑了怎么办

宝宝刚刚中暑时，可出现恶心、心慌、胸闷、无力、头晕、眼花、汗多等症状。轻度中暑，可有发烧、面红或苍白、发冷、呕吐、血压下降等症状。重度中暑，症状不完全一样，可分为以下三种：一是皮肤发白，出冷汗，呼吸浅快，神志不清，腹部绞痛；二是头痛，呕吐，抽风，昏迷；三是高热，头痛，皮肤发红，说胡话，昏迷。

宝宝中暑了，可以按照以下步骤处理：

◎ 刚中暑者可立刻到阴凉通风处躺下，喝淡盐水。

◎ 轻度中暑者也要到阴凉通风处，除喝淡盐水外，吃些人丹、十滴水，涂些风油精，如发烧，应用湿毛巾敷头部，物理降温，如血压下降，要急送医院。

◎ 重度中暑者，迅速送医院抢救。

❁ 如何处理眼、耳、鼻的异物

异物进入眼里，可引起刺痛、流泪，较大、较硬的异物还会伤害眼结膜，处理方法是：

❶ 异物进了眼里，叫孩子不要乱揉，应该提起眼皮轻轻抖动，让眼泪把异物冲出来。

❷ 可往眼里滴1~2滴眼药水，既可预防发炎，又可冲出异物。

❸ 家长可把手洗净，让孩子向上看，用手按住下眼皮往下拉，可看下眼睑内有无异物。用拇指和食指提起上眼皮，食指轻轻一按，拇指将眼睑往上翻，可看上眼皮内有无异物。如有异物，可用棉棒蘸水将异物粘出。

幼儿常会把小的物件塞在耳内，也可能有小虫爬进耳内，如不处理，可发生感染。处理方法是：

❶ 让孩子把头歪向一侧，患耳向下，让异物滚出来。

❷ 如果是小虫入耳，可向耳内滴几滴温水或植物油，使小虫浮出来。

❸ 如果在家里不能排除异物，要尽快去医院检查，千万不要自己试着用镊子或耳勺挖取。

幼儿有时把纸团、花生、豆子、小球等塞入鼻孔，如家长未发现，会引起感染、出血。处理方法是：

❶ 花生、豆粒、纸团等如未泡涨，可用擤鼻涕的方法将其擤出。如已泡涨，则需医生处理。

❷ 如果是小虫子进鼻腔，可用纸捻刺激鼻腔，使孩子打喷嚏，将虫子喷出。

❸ 不要自己胡乱给孩子掏，否则易进入咽喉部、气管，引起窒息。

❋ 注意预防气管异物

一旦气管进入固体或液体物质，便会发生堵塞，影响气体交换。异物掉入气管后，引起的症状很明显，但症状的严重程度与异物的大小、性质和掉入气管的部位有关。

矿物性异物很少引起炎症反应；动物性异物，如鱼刺、骨等对气管黏膜刺激较大；有些植物性异物，如花生米、

豆类等可引起严重的呼吸道急性炎症，甚至发生支气管堵塞；光滑、细小的金属异物对气管黏膜刺激很小；尖锐的异物，可能刺破附近的组织，引起其他并发症；表面生锈的异物对黏膜刺激较大。异物在气管内存留的时间愈长，对身体危害愈大。

异物掉入呼吸道后，首先引起剧烈的咳嗽，甚至咳出血，并有气喘、呼吸困难、呼吸声音异常等一系列表现。较大异物堵塞总气管时可引起窒息而死亡。随后咳嗽表现为阵发性。过一段时间后，异物可引起炎症反应，患儿出现体温升高、咳痰、呼吸困难等症状。如异物堵塞支气管，则可引起下端的肺气肿或肺不张，患儿感到胸闷，这时的情况更严重了。

气管异物是危险的急症，应分秒必争地送宝宝去医院抢救，绝不能耽误。在医院，医生可根据异物的部位，在喉镜或气管镜检查下，把异物取出。

父母不要给孩子玩小物件，宝宝吃饭时不要逗引他笑，跑跳时不要吃东西，尽最大可能地避免异物进入气管。

Part 15

1岁7~9个月宝宝

生 长 发 育

❋ 宝宝的生理发育

宝宝一岁半以后，宝宝的身体发育的个体差异较大，只要不小于或者大于平均值的30%均属于正常。

宝宝的生理发育表	
生理发育	标 准 值
体　重	男孩约13.7千克；女孩约12.5千克
身　高	身长男孩约92.6厘米；女孩约90.1厘米 坐高男孩约54.02厘米，女孩约53.06厘米
头　围	男孩约49.8厘米 女孩约48.5厘米
胸　围	男孩约51.1厘米 女孩约49.5厘米
其　他	此时宝宝大约萌出16颗牙，已萌出第二乳磨牙

❋ 宝宝的感觉发育

宝宝的感觉发育表	
感觉发育	标 准 值
动　作	宝宝此时能双脚起跳，并连续跳几下，还能跟着音乐跳舞，并且能在大人的示范下做体操，会把脚尖踮起来够东西，能跨过10厘米左右高的横杆

续表

宝宝的感觉发育表	
感觉发育	标 准 值
语 言	宝宝的词汇量逐渐增多，已能说出100个左右的单字或词，宝宝还会将双词或单词简单地组合在一起表达出自己的意思，如"宝宝睡觉"、"宝宝出去"等。随着宝宝语言理解力和表达能力的提高，宝宝越来越喜欢和别人进行语言交流
社 交	当宝宝有要求时，而大人交代等一会儿，宝宝会安静地等待3~5分钟。另外，宝宝更喜欢随着大人做事了，并且善于察言观色，很容易从大人的脸上确定自己做的是对的还是错的

❀ 宝宝的心理发育

这个时期的宝宝能告诉母亲说要小便，也能自己拿勺子吃饭，可以说能自立行动了。但在宝宝内心深处，仍然对母亲有着一种割舍不断的依恋，这种依恋常表现为要把母亲拉到自己的身边。在自立与依赖之间摇摆不定，可以说是这个时期宝宝的特征。

父母一方面要允许宝宝在某些方面存在依赖心理，以尽可能地使宝宝幼小的心灵得到安慰；一方面又要鼓励宝宝，使他向自立方向发展。也就是说，父母在这个时期照料宝宝的主要任务是使宝宝心理、性格健康成长，让他养成在一些事情上依赖父母，而另外一些事情自己处理的习惯。

宝宝能认出几个月前见过的亲人，当然，一些日常用品的名称宝宝也能记住，其思维处于直觉行动的初级阶段，想象力处于初步的萌芽阶段。在数学能力方面，宝宝已能分辨出大的、小的、圆的与方的物体，能理解全部和部分的概念。

宝宝喜欢模仿成人做事，喜欢自己奔跑、上下楼梯、玩橡皮泥，能回答父母提出的一些简单问题，喜欢哼唱儿歌，也喜欢在纸上信手涂鸦。

家庭护理

✿ 怎样给宝宝选择衣物

给宝宝选购衣物，首先要注意穿着舒服，厚薄合适。

由于幼儿皮肤娇嫩，出汗多，所以给宝宝穿棉布衣服最好。棉布衣服具有柔软、吸汗、透气性好，保暖性强、好洗等优点，在价格上也便宜。宝宝的内衣要穿纯棉衣裤，轻柔暖和，洗换也方便。宝宝的毛衣不要高领的，否则会刺激宝宝的皮肤。

冬季，宝宝一般都要穿棉衣裤，棉花要松软，不要做得太厚，便于宝宝玩耍、活动。夏季，应给宝宝用浅色的小薄棉花布做汗衫、短裤、背心。宝宝穿着舒服、吸汗，也容易散热，不宜穿涤纶料的衣裤，因为化纤制品不吸汗，有时还会产生静电刺激宝宝皮肤。在款式上，要选择简单、宽松、便于脱穿的式样。要考虑到小儿生长发育的特点，由于小孩的关节和骨骼正处在生长发育阶段，如给宝宝选择类似牛仔裤、紧身式的衣服，会影响血液循环，不利于宝宝生理的发育。在选择帽子、大衣、披风时，可以选些美观大方、新颖别致的款式，同时也要注意脱穿方便，这样既可以体现宝宝的朝气蓬勃、天天向上的气质，又照顾了宝宝的生理特点。宝宝的鞋子要大小合适、跟脚、柔软、轻便，鞋面透气性要好，鞋底不宜太厚，也不宜太软。随着宝宝的生长发育，一般3个月需要换一号鞋子。

✿ 宝宝边吃边玩怎么办

有的宝宝一边吃饭一边玩，饭凉了才吃了一点点，妈妈还得热了给他吃，真急人。

"妈妈总是唠叨：快点、快点。她就知道一个劲儿地催我，爸爸不也是边看报纸或者边看电视，还有时边喝着酒，边聊着天儿吃饭吗？"

宝宝内心里感到极大的不满，因为他觉得为什么总是责备他不该边玩边吃，大人为什么就可以呢?不错，的确有些大人也是边聊边喝酒，一顿饭吃半天。可是小宝宝和大人的不同之处在于小孩是边吃边用手摆弄东西，或者是离开饭桌到处乱窜。

首要的是妈妈从心理上不要把吃饭和玩分开。在餐桌上一边进餐，一边轻松愉快地交谈着，从一方面来看是在吃饭，但从另一方面来看，也是在玩。虽然自古以来似乎就有"食不言寝不语"的教导，但是吃饭的气氛应该是愉快的。

即使宝宝在玩儿，只要他也在吃饭就可以了，主要的问题是只玩不吃。遇到这种情况，不是斥责他，而是要规定一个时间范围，超过这个范围就收拾桌子，之后，即使宝宝喊饿，也不要给他饭吃。

这样做是为了让宝宝接受教训，亲身体验到自作自受的"因果定律"。这里重要的是温和的态度和不声不响的实际行动，而不是絮絮叨叨。

❀ 怎样避免宝宝尿床

宝宝夜间尿床是因为这个年龄的宝宝在熟睡时不能察觉到体内发生的信号。防止宝宝尿床，父母要为宝宝制订合适的生活制度。

父母要尽量避免能够导致宝宝夜间尿床的因素，如晚餐不能太稀，少喝汤水，入睡前1小时不要让宝宝喝水，上床前要让宝宝排尽大小便，入睡后父母要定时叫醒宝宝排尿。一般宝宝隔3小时左右需排一次尿，父母要掌握好宝宝排尿的规律。

也有些宝宝刚开始可能不配合，一叫醒他就哭闹，不肯排尿，这时父母一定要有耐心，注意观察宝宝排尿的时间、规律，在宝宝排尿之前叫尿，时间长了，形成习惯，就不会尿床了。

 小贴士

即使偶尔宝宝的被褥尿湿了，父母也不要责备宝宝，以免伤害宝宝的自尊心，造成宝宝心理紧张，使得症状加重。

❀ 宝宝语言滞涩，说话困难怎么办

有时宝宝想说什么，但说不出来。

大家可以想一想，在这种情况下，儿童的心理是什么状态?——焦急。越是催他快点说，焦急的心情越严重，越说不出话来。

儿童有好多话想说、想聊，这个也想告诉妈妈，那个也想讲给妈妈听，可是不能流畅地说出来，第一句话就堵住了。他拼命努力，急于把话说出来，可是，结果恰好相反，越着急越讲不出话来。

在这种时候，你越是催他快说，说清楚，快快说，他越发紧张，也就更不能流畅地说出来，这是他有意识地努力去讲的结果。催促的效果，适得其反。

语言贵在自然地脱口而出。有意识地努力去讲，就会变得不自然起来，因而不可能讲得好。父母要忌用会引起心理紧张的语言。要为幼儿建立不着急、心情舒畅的谈话气氛，也就是要耐心地等待。因为在幼儿的头脑里，想说的话很多，可是表达技术尚未充分掌握。周岁以后的幼儿，大多容易陷入这种状态。

这种情况，极其类似于众多乘客一下子涌到狭窄的检票口，当然会出现堵塞现象。这种现象称作语言滞涩，与口吃有所区别。

在这种状态下，如果以催促或性急的态度对待宝宝，会加强他的心理紧张程度，最后把他逼成真正的口吃。可以在不抢先的情况下，对他讲的话加以补充。重要的问题在于用宽容的态度耐心地等待着，高高兴兴地听他谈话的内容。

❀ 宝宝被动吸烟的危害

香烟燃烧之后会产生3000多种化合物，其中大多数都是对身体健康有害的，如焦油、尼古丁、一氧化碳、吡啶等，这些物质对宝宝的影响不可忽视。

二手烟对宝宝的危害:

❶ 宝宝容易患支气管炎、细支气管炎或肺炎。

❷ 如果爸爸在宝宝进餐时吸烟，很容易影响宝宝的食欲。

❸ 会增加宝宝患急性或慢性中耳炎的可能性。

❹ 影响智力发育。尼古丁在体内分裂后所制造的可丁尼，会使宝宝的阅读、数学和推理平均成绩越来越低。

 小贴士

建议被动吸烟的宝宝应该更多食用富含维生素C的食物或者额外补充维生素C。富含维生素C的食物包括柑橘类水果、草莓、甘蓝和土豆。

科学喂养

❋ 宝宝宜进食适宜的脂肪食品

脂肪是产热量最高的营养物质，1克脂肪可以产生37800焦耳的能量，它比蛋白质或糖类氧化时所产生的能量要高出1.25倍。

脂肪能够使人增加食欲，如果膳食中缺乏脂肪，宝宝往往食欲不振，体重增长减慢或不增长，皮肤干燥、脱屑，易患感染性疾病，甚至发生脂溶性维生素缺乏症。脂肪摄入过多，宝宝易发生肥胖症。宝宝膳食中脂肪摄入要适量。

❋ 要给宝宝补充适量的糖类

糖类也称为碳水化合物。食物中的糖类大多是淀粉，食用后在体内分解成葡萄糖后，才能迅速被氧化，进而供给机体能量。

糖类能促进宝宝的生长发育，如果供应不足会出现低血糖，容易发生昏迷、休克，严重者甚至死亡。糖类的缺乏还会增加蛋白质的消耗而导致蛋白质营养素的良性利用。但是饮食中糖类摄取过量又会影响蛋白质的摄取，而使宝宝的体重猛增，肌肉松弛无力，常表现为虚胖无力、抵抗力下降，从而易患各类疾病。

糖类含量丰富的食品有很多：米类、面粉类、红糖、白糖、粉条、黑木耳、海带、土豆、红薯等。

> **小贴士**
>
> 宝宝在此阶段每天需要的糖类在100克左右，而且应该与脂类、蛋白质及其他类食品搭配食用，做到营养均衡。

✿ 宝宝要少吃零食

由于人们生活水平的提高，很多家庭的宝宝想吃什么就买什么，家里也经常准备很多糕点、汽水、可乐、巧克力、话梅糖等，使宝宝养成了爱吃零食的习惯。零食吃得多，扰乱了宝宝胃肠道的正常消化功能，降低了正餐的食欲。零食吃得越多，宝宝越不正经吃饭，饭吃得越少。长期下去，造成恶性循环，宝宝会出现营养不良、消瘦，严重的会影响生长发育。

家长须注意少给宝宝吃零食，特别是饭前不要给宝宝零食，让他感到饥饿，好好吃饭。另外，要给宝宝安排好一天的活动，不要让他把注意力总放在吃零食上。改变了吃零食的习惯，才能多吃饭，身体健康。

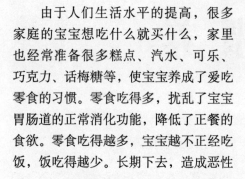

宝宝喝太多饮料对身体发育特别不利，尤其是碳酸饮料，如可乐、雪碧。

宝宝爱喝饮料怎么办

① 爸爸妈妈一定要统一战线，千万不要发生跟妈妈要不到，跟爸爸要就有的现象。而且，妈妈一定要耐得住宝宝哭闹、撒娇。宝宝的拗都是一时的，但养成好习惯却可以受用一辈子。

② 爸爸妈妈要做表率，自己喝着可乐却要宝宝多喝水，最没有说服力。宝宝喜欢向爸爸妈妈学习，如果看到爸爸妈妈口渴了就倒杯水喝，自然就学着喝水。

③ 妈妈最好不要买，也不要在家里储存饮料，让宝宝渴了就只能喝开水。就算偶尔让宝宝解解馋，也要当场就喝完。

④ 可以试着跟宝宝有个约定，如一个星期可以喝一次可乐，或周末的时候可以喝珍珠奶茶等，让宝宝解解馋。

⑤ 妈妈可以在果汁里兑点水，降低饮料的甜度，这样可以防止宝宝对饮料上瘾。

 小贴士

妈妈可以自己用榨汁机榨新鲜的果蔬汁给宝宝喝，这样比较安全、营养，当然也要定时定量。

❀ 宝宝可常吃猪血

猪血是保健的佳品。

猪血中的血浆蛋白被人的胃酸分解后，可产生一种能消毒、滑肠的分解物。这种物质能与侵入人体内的粉尘和有害金属微粒起生化反应，最后从消化道排出体外。猪血是一种良好的动物蛋白资源。它的蛋白质含量比猪肉、鸡蛋都高。它含有18种人体所必需的氨基酸。猪血具有补血功能，其中所含的微量元素铬、钴，可防治动脉硬化等疾病。

猪血中还能分离出一种创伤激素的物质，这种物质可将坏死和损伤的细胞除掉，并能为受伤部位提供新的血管，从而使受伤组织逐渐痊愈。这种激素对器官移植、心脏病、癌症的治疗都有重要作用。

❀ 宝宝生病怎样调整饮食

宝宝一旦生病，消化功能难免会受到影响，引起食欲减退。作为父母千万不可操之过急，而应该合理调整宝宝饮食，最好给宝宝提供易消化而富于营养的软饭、菜肴。

宝宝生病的饮食调整：

❶ 对持续高热、胃肠功能紊乱的患儿，考虑给其喂食流质食物，如米汤、牛奶、藕粉之类。

❷ 一旦病情好转，则应由流质食物改为半流质食物，除煮烂的面条、蒸蛋外，还可酌情增加少量饼干或面包之类。

❸ 倘若患儿疾病已经康复，但消化能力还未恢复，表现为食欲欠佳或咀嚼能力较弱时，则可提供易消化而富于营养的软饭、菜肴。

❹ 一旦宝宝恢复如初，饮食上就不必加以限制。这时应注意营养的补充，包括各类维生素的供给，并应尽量避免给宝宝吃油腻和带刺激性的食物。

❋ 宝宝过量进食危害大

1. 增加胃肠道负担。过量进食后，胃肠道要分泌更多的消化液和增加蠕动，如果超过宝宝的消化能力，就会引起功能紊乱，发生呕吐、腹泻，严重的可发生水电解质紊乱和全身中毒症状。

2. 造成肥胖症。长期过量进食，造成宝宝营养过剩，体内脂肪堆积，成为肥胖症。

3. 影响智能发育导致"脂肪脑"。因摄入的热能过多，糖可转变为脂肪沉积在体内，也沉积在脑组织，形成肥胖，使脑沟变浅，脑回沟减少，神经网络发育欠佳，使智能下降。过食可引起脑血流量减少，因为饱餐后，血液相对地集中于消化器官的时间较长，使脑部血流量减少的时间也延长，经常过食，使脑经常处于相对缺血状态，势必影响宝宝脑发育。

❤ 小贴士

睡前更不能让宝宝吃得过饱，睡前吃得过饱易导致消化紊乱性疾病，造成夜间磨牙，发生遗尿，造成宝宝睡眠惊醒、烦躁不安。

智能提升

❋ 不要为宝宝旁观游戏着急

这一阶段的孩子，喜欢站在一边看大孩子们玩游戏。在家长看来，孩子并没有玩儿，可是他却说："我在玩儿哪。"家长感到这是很奇怪的现象。

在孩子自己看来，他在享受旁观游戏的乐趣，的确也是在玩儿。当他专心致志地观察着别的孩子做沙坑游戏的时候，自己也沉浸在沙坑游戏里了。

这是由于同龄儿童之间的人际关系还没有形成，孩子的心理还处于不会积极主动地参加其他孩子的游戏的状态。儿童心中，似乎有一种看不见的心理障碍还不能打破，暂时只能看着别人玩儿，即处于旁观游戏阶段。

在家里只和母亲打交道的孩子，还不可能马上与外边的孩子建立起朋友关系。这种旁观游戏不是由于他胆怯或懦弱，应该把这看成是正在培育着人际关系的抵抗力。

当孩子处在这种阶段的时候，绝对不能催促他。最好的教育秘诀是等待他自然地习惯起来。比如，母亲可以把他带到公园之类的地方去，然后自己尽管读书或织毛衣，把孩子放开，不要管他，任他自由行动。

孩子暂时会处于旁观状态，这是儿童游戏的一个发展阶段，必须让他充分地体验这个阶段的生活。儿童的智力发育是不能越过任何一个阶段的。

等到儿童的心理抵抗力培植起来以后，会很自然地跳进沙坑里去玩，并过渡到下一个阶段——平行游戏阶段。

❋ 培养宝宝的想象力

培育宝宝的想象力，需要扩大宝宝的视野，丰富宝宝的感性知识。两岁左右的宝宝可以多多认识周围环境、托儿所和家庭附近地区的新鲜事物，认识

 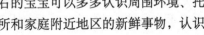

一定的社会环境，如商店、邮局、图书馆、影剧院、当地的名胜古迹，有条件的可以去看一看乡村辽阔的田野，看一看农作物生长、成熟和收获的过程。应当常常带宝宝出去，让宝宝观察大自然的变化，经常与宝宝交谈，启迪思路，唤起丰富多彩的想象力。

想象力是在各种活动中发生和发展的，给宝宝丰富多彩的活动机会，充分发挥每一名宝宝的创造才能，给宝宝插上想象的翅膀，让活泼、愉快的宝宝尽情、大胆地想象。

❶ 模仿，是想象力发展的起步。幼儿常常从模仿开始自己的再造想象，模仿得越像，再造得就越是自如。在模仿的过程中，逐步学会抓住事物的本质特征，建立本质间的联系。在此基础上，逐步把各种事物间的必然联系重新组合起来，进而发展了创造性的想象能力。

❷ 游戏，是最好的想象活动，宝宝只需说一声"咱们假装……"，便能开始有趣的构思，创造出爸爸、妈妈、解放军、老师、警察、医生等各行各业的形象。表演游戏时，进入小猫、小狗、小兔的神话世界，创造出新奇有趣的角色和形象，使再造想象得到更快的发展。

❸ 适当做一些美术活动，让宝宝动手画，动手做，动手创作，比如两只大公鸡昂首对话、太阳底下做早操、帮助妈妈做事情、用泥塑造自己的玩偶、剪纸粘贴。手指尖的活动会使想象力更加新颖，更别具一格，更富于创造性。

❹ 早期教育应当把着眼点放在发展宝宝的观察力、想象力方面。看图讲述、编故事的结尾、说说画画、做做说说……在成年人的启迪下，学会有系统地描述事物、描述人物的内心活动、再现人与人之间的关系，把想象能力提高到新的水平。

❀ 让宝宝参与选择穿什么衣服

宝宝每天穿什么衣服通常由爸爸妈妈决定，很少有妈妈征求宝宝意见。其实，现在宝宝对衣服颜色的选择已经有了自己的看法，已有了一定审美眼光，有一种从众、趋同心理，往往与妈妈的眼光不同。

在给宝宝穿衣服时，妈妈可以和宝宝讨论衣服的颜色，告诉宝宝你将选红色的袜子来配他红色的衬衫，并说蓝色毛衣和白色裤子搭配会显得很好看等。

如果他不同意，非要穿他自己想要穿的衣服，妈妈不应该制止，而是偶尔夸夸宝宝选的衣服真好看。

 小贴士

1岁多的宝宝可以逐渐培养自己穿、脱衣服，宝宝的衣服不要有许多带子、扣子，内衣可为圆领衫，外衣钉2～3个大按扣即可，使得宝宝容易穿脱。

❀ 培养诚实的品质

教育宝宝做诚实的人，不隐瞒自己的过错，勇于改过。要使幼儿切实做到这些，最主要的是父母的教育态度。如果对宝宝的过错一味指责，很难培养宝宝这种品质。发现宝宝说谎时，应当分析说谎的原因，有针对性地解决。例如，宝宝要买彩色笔画画，遭到父母拒绝，结果会去私拿邻居家的；宝宝做错了事，怕挨骂、挨打而说谎，为了虚荣心而说谎；等等。若是父母不分青红皂白批评宝宝，是解决不了问题的。

父母应处处以身作则、成为宝宝的榜样。宝宝待人不真诚、私拿别人的东西、说谎，有可能受到过家人不良行为的影响，这种潜移默化的影响，会使宝宝形成根深蒂固的恶习，不可掉以轻心。

❀ 培养勤劳俭朴的好品德

幼儿勤劳俭朴的品质是通过劳动来培养的，可以从以下几个方面着手：

宝宝能做到的事自己做。自己穿衣，洗脸、刷牙，吃饭，收拾床铺、玩具等。自我服务劳动，能培养幼儿生活的条理性和独立生活的能力，为宝宝参加家务劳动和社会公益劳动打下良好基础。

参与家务劳动，能使幼儿对家庭关心、爱护，成年以后知道主动关心别人，与各种人都保持良好的关系。通过劳动获得生存的能力，长大后用自己的双手创造幸福、美满、和谐的家庭。通过家务劳动，增强宝宝的参与意识和劳动观念，可以让宝宝洗碗筷、打扫居室卫生、择菜、就近处买小物件等。通过劳动，培养幼儿爱惜劳动成果，培养幼儿热爱劳动和节省、俭朴的好品质。家庭生活习惯养成方面要做到不浪费水、电、食品，不与人攀比衣着、玩具，女宝宝不浓妆艳抹、不戴首饰等。

✳ 养成文明礼貌习惯

文明礼貌的行为，是精神文明的标志，文明礼貌的行为习惯是从小开始长期实践而形成的。培养文明礼貌的行为，家庭教育应当要求幼儿从小不骂人，不讲脏话，待人和气、热情、有礼貌，别人讲话不插话，不打断别人说话，要尊老爱幼，在别人家做客时，不乱翻东西，吃饭要守规矩，等等。

应要求宝宝事事处处不能只顾自己，要和小朋友一起玩，共同分享食品和玩具，能遵守游戏规则，收拾玩具。通过多种活动让宝宝与别的宝宝友好相处。

游戏：礼貌做客

到了周末，全家准备到奶奶家做客，应事先做一些指导，使宝宝表现得有礼貌。进家门口，先问爷爷奶奶好。当爸爸妈妈给爷爷奶奶送礼物时，不可争着要先打开。当爷爷递来吃的东西时要先拿最小的，并且马上说"谢谢"，不要做客时乱翻抽屉和柜子取东西，需要什么用具，要"请"奶奶拿。离开爷爷奶奶家时要说"再见"。做客表现好回家后应该及时表扬。

✳ 培养勇敢的性格

勇敢与人的自信心和自觉克服恐惧心理的能力结合在一起，必须从小开始培养。要教育宝宝敢于在陌生的集体面前说话、表演；鼓励宝宝参加力所能及的体育活动和各类游戏活动，培养宝宝的自信心；要求宝宝在黑暗中或听到大声音或遇到打雷、刮风、下雨的天气不惊慌、不害怕，能克服各种困难坚持完成任务；教育勇于承认自己的过失和错误。

日常生活中，父母应当注意运用正确的教育方法，经常鼓励和支持宝宝参加各种有益的活动，不要随便指责、嘲笑、挖苦和恐吓宝宝，以免形成幼儿遇事胆小、畏缩的心理。

为培养宝宝的勇敢品质，父母要教给宝宝相应的知识和技能，使宝宝产生足够的自信心。宝宝的胆怯行为，大多数是因为缺乏自信心产生的，而自信心又建立在必要的知识技能基础上。例如，幼儿会对雷电、风暴感到恐怖，对待在黑暗中感到不安，是因为缺乏相应的知识和相应的能力。父母应当给宝宝讲解有关知识，教一些相应的技能和方法，宝宝的恐惧感就能减轻。

宝宝怕困难，往往是因为对自己的能力缺乏信心所致，如果宝宝确实能力较弱，天赋较差，父母对宝宝的要求应尽可能符合宝宝的实际水平，还应给宝宝以具体指导和帮助。宝宝完成了力所能及的事后，要立即给予肯定，不管这事多么小、多么微不足道，鼓励和肯定教育，是令宝宝增强自信心的关键。

还可以用现实生活中的实事、故事、电影、戏剧等文艺作品中富有勇敢精神的形象来影响和教育宝宝，帮助宝宝克服恐惧心理。

❄ 不要忽视宝宝的性别角色

做父母的，总会希望男宝宝有个男宝宝样，女宝宝像个女宝宝样。但是，对于尚处在幼儿期的宝宝来说，这种要求显然有些早。

如果宝宝整天只是和妈妈待在一起，几乎没有和爸爸在一起生活的体验，心目中就很难建立起与爸爸的一体化感受。在游戏中，他会提出要扮演自己熟悉的妈妈的角色，因为自己对爸爸不了解，不知道应当怎么样去做。

这类情况的出现，是值得现代家庭中的父母们反思的。做爸爸的尤其应当反省一番，多与宝宝待在一起，和宝宝玩一玩，不要因为自己的压力大、工作忙而忽视了宝宝的心理发育和家庭教育。

父母，是宝宝成长过程中的直接学习榜样，父母自身所为，无时无刻不在影响着宝宝的心理发育和人格形成。多亲近宝宝一些，努力把爸爸的形象牢固地培植在宝宝的心目中，不仅是一种责任，更是育儿百年大计中不可或缺的环节，一旦做到了，定会其乐无穷。

游戏：性别区分练习

结合家庭成员教孩子认识性别，如"妈妈是女的，姥姥也是女的，你是男的，爸爸也是男的"，逐渐让小孩能回答"我是男孩"。也可以用故事书中图上的人物问"谁是哥哥"、"谁是姐姐"，以区分性别。

❄ 多给宝宝一些父爱

父爱就是父爱，它与母爱有明显的区别。父爱就是以父亲的、男性的自然性别特征去爱宝宝，去影响宝宝。父亲

跟宝宝说话，不要像母亲那样娇、嗔，什么"小乖乖、小宝贝、小心肝"之类，而是应操着粗犷的男性声调，或者

直呼其名，或者高声喊叫，其行为、动作也应是果断而有力，毫不含糊。父亲的表情也要丰富，时而严峻、坚决，时而热情、微笑，处处自然地流露出男性风度，使宝宝感到男性的力量。

帮助孤僻的宝宝

对待孤僻的宝宝，应当首先给予其锻炼机会，不要剥夺宝宝应当具有的社会交往机会。比如，和小朋友们一起玩，自己去做一点力所能及的"冒险"的事。

当带上宝宝到一个陌生环境时，可以预先告诉宝宝一些应该注意的事，然后，就让宝宝自己去闯荡。当然，父母可以在一旁悄悄地观察宝宝，在宝宝真正有危险时，不至于毫无准备。这样反复做的次数多了，宝宝就不会再惧怕陌生人和陌生环境了。

当然，如果有条件，最好让宝宝上托儿所、幼儿园，在集体环境中陶冶性情。集体环境的优点，是可以给宝宝以适当的压力，使宝宝经常自己独立地、毫无依赖地处理问题。一些胆小、孤僻的宝宝承受外界刺激的能力差，很小的压力刺激都容易使宝宝感到害怕，无法适应。而与之相反的是，胆大的宝宝受刺激的能力高，自然能较好地承受外界刺激。因此，多给宝宝一些机会，让宝宝习惯于外界刺激，在幼儿成长教育中的作用十分重要。当宝宝对陌生的环境感到不陌生时，承受能力会在不知不觉之间提高，宝宝也会由胆小、孤僻而发生根本的改变。

另外，宝宝处在集体环境中，与人交往多了，也会受到一定的挫折，经受一些不愉快的体验，而所谓的挫折体验，能从反面教育宝宝，有利于加速宝宝的心理成长。

亲子游戏推荐

◎ 看书翻页

在给宝宝看书时，有意识地让宝宝自己翻页，开始宝宝总是五个指头一齐上，一叠一叠地翻。你要反复地给他示范，让他慢慢学会用三个手指以至两个手指一次翻一页，最后一页页地翻。

目的：训练手指的小肌肉运动，增强灵活性。

◎ 蒸小馒头

把宝宝的手洗干净，然后将揉好的面团端出来，教宝宝做小馒头，随宝宝任意捏成什么形状。然后将小馒头蒸出来，宝宝看见自己的劳动成果，会异常兴奋和得意。

目的：锻炼手指动作，培养热爱劳动的习惯。

◎ **分享食物和玩具**

要创造各种机会和小朋友一起玩，共做集体游戏（如拉大锯和盖房子游戏），建立起亲密的友情，要鼓励孩子把自己的玩具或食品主动拿出来和同伴分享。

目的：培养与同伴建立友情和分享物品的习惯。

◎ **玩拼图**

给孩子买一套拼图板或拼图积木。先买简单一些的，让孩子自己安安静静在一边研究。或是妈妈用硬纸板，刻下三角形、圆形、正方形三块。让孩子把三块纸片分别放回硬纸板的槽中。

目的：理解物的整体。

◎ **玩沙**

妈妈不要怕孩子玩沙脏，给他小桶、小铲，让孩子把沙铲进桶里再倒出来，还可用湿沙做各种形状的东西。

目的：学习量的概念。

◎ **穿彩珠**

妈妈和孩子玩穿珠游戏，妈妈穿黄色的，孩子穿红色的。

目的：训练手的精细动作并认识色彩。

◎ **听指令做事**

妈妈把一件物品放在孩子一边，然后要求他："帮妈妈把小球拿过来。"或："帮妈妈把小球放那边去。"

目的：训练孩子按大人的要求做。

疾病防治

❀ 宝宝勤洗手能减少疾病感染

手接触外界环境的机会最多，也最容易沾上各种病原菌，尤其是手闲不住的宝宝，哪儿都想摸一摸。如果再用这双小脏手抓食物、揉眼睛、摸鼻子，病菌就会趁机进入宝宝体内，引起各种疾病。宝宝勤洗手可以减少多种疾病感染的机会。

正确的洗手方法：

❶ 用温水彻底打湿双手。

❷ 在手掌上涂上肥皂或倒入一定量的洗手液。

❸ 两手掌相对搓揉数秒钟，产生丰富的泡沫，然后彻底搓洗双手至少10～15秒钟；特别注意手背、手指间、指甲缝等部位，也别忘了手腕部。

❹ 在流动的水下冲洗双手，直到把所有的肥皂或洗手液残留物都彻底冲洗干净。

❺ 用纸巾或毛巾擦干双手，或者用吹风机吹干双手。

♥ 小贴士

很多时候宝宝洗手只是蜻蜓点水，蘸点水，涂上肥皂，马上就冲掉，整个过程3～5秒钟就完事，甚至用手在水里蘸一下就算洗过了，这样洗手是很不到位的，妈妈要监督宝宝。

❀ 外伤的一般处理

❶ 先洗干净双手，再把孩子的伤口周围用清水、肥皂洗干净，用药棉、纱布或干净的毛巾、手绢将伤口周围擦干。

❷ 用干净的纱布或手绢暂时覆盖伤口，避免细菌侵入。不要对着伤口

咳嗽、打喷嚏。

❸ 伤口内若藏有沙土或异物（如玻璃碴、金属屑等），要用干净的纱布或手绢将其轻轻地擦出来。

❹ 用纱布垫、绷带或干净的手绢包扎伤口，再用胶布固定。包扎时，不要触摸纱布垫与伤口接触的部分，以免感染伤口。

❺ 不要用药棉或有绒毛的布块直接覆盖在伤口上，也不可用其他止血物品（如烟丝、止血散等）敷在伤口上。可以在伤口上涂红汞（红药水），或使用创可贴包裹伤口。

❀ 扎刺及割伤、擦伤的处理

竹、木、铁、玻璃、植物都可能刺伤皮肤，扎刺后，一要将刺挑出，二要消毒以防感染。

❶ 将镊子或缝衣针在火上烧一烧（用打火机或火柴点火）。

❷ 将伤口周围皮肤擦洗干净。

❸ 顺扎入方向将刺挑出或拨出。

❹ 刺挑出后，用手挤一挤，出口滴血时要涂些酒精。

❺ 如果刺扎得很深或很脏，要请医生处理，并注射抗破伤风预防针。

割破手指或皮肤是常见外伤，要注意止血后预防感染。

❻ 止血注意两点，一是将受伤的手指高举过心脏水平，二是用另外一只手的两个手指捏紧受伤指的指根。

❼ 把伤口周围用清水、肥皂洗干净，用纱布将伤口周围擦干。

❽ 可在伤口上涂红汞，或使用创可贴包扎。不可用药棉或有绒毛的布块直接盖在伤口上。

❾ 包扎后的伤口，不要再沾水。第二天可打开看一看，发现伤口周围红肿，请医生处理。

宝宝动作不稳，容易摔倒，擦伤也是很常见的，擦伤的处理方法是：

❶ 轻微的表皮擦伤，只要用酒精或碘酒涂一下，就可以起到预防感染的作用。如果不放心，可再薄薄地涂敷一层红药水。

❷ 伤口相对较深，需用干净的水清洗伤口。如果伤口里有泥沙，一定要清洗干净，否则会残留在皮肤中。

❸ 涂上抗菌软膏。连续使用抗生素药膏2~3天，直到擦伤处出现红黑色或黑色硬痂为止。

❹ 如有需要，可贴上创可贴。但包扎时间不宜过长，最好不要超过2天。

❺ 如果擦伤面积比较大，伤口大而深，受伤部位还粘有清洗不掉的脏物，要请医生帮忙处理。

✿ 烫伤、化学烧伤的处理方法

小烫伤指很小的局部受伤，皮肤发红或起泡，其处理方法是：

❶ 发生烫伤后，要立即冷却，将伤处泡入冷水中，或用冷水冲10～30分钟。如果还疼，可再泡20分钟。这个方法不仅可止痛，而且可使烫伤减轻。但要注意，不要使孩子着凉。

❷ 烫伤后伤处起的水泡，不要挑破。水泡的皮完整，可保护伤口，减少感染。

❸ 将伤处用肥皂轻轻洗净，可抹上獾油，然后用绷带轻轻包扎。

❹ 如果水泡已破，衣服粘在皮肤上，不可往下撕。

❺ 不可在伤口上乱涂东西，如什么食用油、白糖等。

❻ 不可在伤口上贴橡皮膏或创可贴，不能用棉花或有绒毛的纺织品盖在伤口上。

宝宝受到化学烧伤后，要先做处理，再送医院：

❶ 皮肤沾了强碱或强酸等，要迅速泡入水里，越快越好。不能泡的话，可用清水冲。水要更换，水量要大。

❷ 如果眼睛里溅入强酸、强碱，要用手把眼皮分开，用壶冲洗10～15分钟以上。一时来不及，可将头浸入盆内，叫孩子睁开眼睛，左右晃动。这样来争取时间，再改为用壶冲洗。冲洗时孩子要不停地眨眼睛。

❸ 如果眼内进了生石灰，应先把石灰粒用棉棒擦出，再用水冲，冲后用纱布盖在眼上送医院治疗。

❹ 衣服上有强酸、强碱，要将衣服脱掉，并注意不可粘到皮肤。

❺ 冲洗后请医生做进一步处理。

♨ 小贴士

为了防止失火或烧、烫伤，要妥善处理易燃、易爆品，家用汽油、煤油等要放到专门的地方，防止被宝宝拿去玩耍。浸有油的布或纸要及时清理掉。不要让宝宝到炉火旁玩耍。

Part 16

1岁10～12个月宝宝

生 长 发 育

❀ 宝宝的生理发育

现在宝宝快2岁了，与刚出生时的"小肉团"相比，已发生了翻天覆地的巨变。看看此阶段宝宝的生理发育指标。

宝宝的生理发育表	
生理发育	标 准 值
体　重	男孩约14.5千克；女孩约13.4千克
身　高	身长男孩约93.5厘米；女孩约91.6厘米
头　围	男孩约50.8厘米；女孩约49.5厘米
胸　围	男孩约52.3厘米；女孩约50.8厘米
其　他	到了2岁时，宝宝的脑重约为1000克，约占成人脑重的70%。大脑的绝大部分沟回均已明显，神经细胞约140亿个，并且不再增加；脑细胞之间的联系日益复杂化，后天的教育与训练刺激大脑相应区域不断增长，个体差异开始表现出来

❀ 宝宝的感觉发育

宝宝的感觉发育表	
感觉发育	标 准 值
动　作	宝宝在走路的方面进步较大，他已能从平稳走逐渐过渡到能倒着走、踢球走或跨障碍行走。在手的动作方面，宝宝手的肌肉动作有了较大的发展，他能投掷物品，而且其转动角度也在提高，精细动作也越来越灵敏

续表

宝宝的感觉发育表	
感觉发育	标准值
语言	宝宝逐渐明白人称代词的意义，会说"我"代指自己，"你"代指别人。当大人指着他的身体部位问名称时，宝宝可以说准确一部分。此外，宝宝能说出儿歌开头或结尾的一部分
社交能力	宝宝此时会与遇到的熟人打招呼。另外，宝宝此时独立自主的意识开始萌芽，喜欢自己完成某件事，有时候因为不喜欢妈妈参与而把妈妈赶走，但喜欢和比自己大的宝宝玩

❀ 宝宝的心理发育

宝宝仍然喜欢模仿成人的各种行为，他们会手忙脚乱地"扫地"、"收拾桌子"。宝宝还喜欢玩气球，喜欢带着物品上床玩，他们也喜欢将熟悉的物品根据其形状进行匹配。一些简单的宝宝乐器，如小鼓、小电子琴等都是他们喜欢玩的。

宝宝的独立性发展表现突出，常喜欢自己干，尽管其常常干不好，但在父母帮助或干涉他时，会闹脾气。宝宝独立意识的增强还表现在他会将玩具的玩法改变，如他可能会将汽车移到水中让它游泳，这既是宝宝独立性增强的表现，也是宝宝思维和创造力提高的表现。

宝宝的注意力集中的时间比以前长了，记忆力也增强了许多。这时的宝宝大约能掌握100个词语。他能够迅速地说出自己熟悉的物品的名称，会说自己的名字，也会说一些简单的句子，能够使用动词和代词，并且在说话时能变化音调。

这时的宝宝喜欢一页接一页地翻书看，给他看图片，他能够正确地说出图片中所画物体的名称。看到图中的人物也会给以恰当的称呼，看到年老的男人称为爷爷，看到年老的女人称为奶奶。

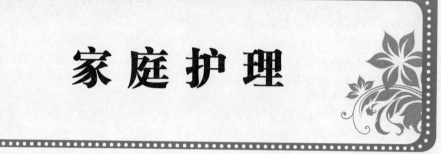

家庭护理

❁ 给宝宝进行冷水浴

1~3岁的宝宝，除了进行户外活动、开窗睡眠、做操，进行空气浴、日光浴以外，用冷水锻炼身体，也是增强体质、防病抗病的好方法。

进行冷水浴的方法：

❶ 冷水洗手、洗脸、洗脚：宝宝身体的局部受寒冷刺激，会反射性地引起全身一系列复杂的反应，能有效地增强宝宝的耐寒能力，少得感冒。水温以20℃~30℃为宜。

❷ 冷水擦身：先把毛巾在冷水中浸透，稍稍拧干，先摩擦宝宝的四肢，再依次擦颈、胸、腹、背部。

擦过的和尚未擦过的部位都要用干的浴巾盖好。湿毛巾擦完后，再用干毛巾擦。开始摩擦时的水温，最好与体温相等，每隔2~3天降低1℃，冬季一般降至22℃，擦身时室温以16℃~18℃为宜。夏季可随自然温度用冷水擦身。

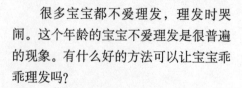 **小贴士**

晚上盥洗时仍要用32℃~40℃的温水，避免刺激宝宝神经兴奋，影响睡眠。

❁ 宝宝不爱理发怎么办

很多宝宝都不爱理发，理发时哭闹。这个年龄的宝宝不爱理发是很普遍的现象。有什么好的方法可以让宝宝乖乖理发吗？

❶ 理发时，要消除宝宝的恐惧心理。可以带宝宝和其他小朋友一起去理发，并跟宝宝说："宝宝和哥哥一起剪头发，看谁更乖一些。"也可

以妈妈和宝宝坐在一起理发，告诉宝宝理发不可怕。

❷ 妈妈可以自己买一套理发工具，让宝宝最喜欢、最亲近的人——妈妈给他理发，奶奶在旁边拿着玩具吸引他的注意力，一般很顺利就能把头发理好。关键是妈妈之前要学会比较好的理发手法，以免弄疼宝宝。

❸ 经常带宝宝去一家固定的理发店，与理发师熟悉熟悉，消除陌生感。

小贴士

　　看到宝宝不愿意理发时，千万不要强迫，这样更会加重宝宝对理发的恐惧心理，也不利于心理健康。

❀ 教宝宝正确地擤鼻涕

　　这个年龄的宝宝生活自理能力还很差，对流出的鼻涕不知如何处理，有的宝宝就用衣服袖子一抹，弄得到处都是，有的宝宝鼻涕多了不擤，而是使劲一吸，咽到肚子里。这些都是很不卫生

的，影响身体健康，同时也会将病菌通过污染的空气、玩具传染给别人。教宝宝自己正确擤鼻涕是很有必要的。

　　在日常生活中，最常见的一种错误擤鼻涕方法就是捏住两个鼻孔用力擤，因为感冒容易鼻塞，宝宝希望通过擤鼻涕让鼻子通气。这样做不卫生，容易把带有细菌的鼻涕通过咽鼓管（鼻耳之间的通道）弄到中耳腔内，引起中耳炎。中耳炎严重时会影响宝宝听力，甚至引起脑脓肿而危及生命，因此父母一定要纠正宝宝这种不正确的擤鼻涕方法。

　　正确的擤鼻涕方法是要教宝宝用手绢或卫生纸盖住鼻孔，两个鼻孔分别轻轻地擤，即先按住一侧鼻翼，擤另一侧鼻腔里的鼻涕，然后再用同样的方法擤另一侧鼻孔。

小贴士

　　用卫生纸擤鼻涕时，要多用几层纸，以免宝宝没经验，把纸弄破，搞得满手都是鼻涕，再在身上乱擦，极不卫生。

❀ 宝宝憋尿危害多

不少宝宝有过憋尿的经历，有的是迫不得已，有的则是形成了习惯。这种坏习惯一旦养成，久而久之，就会对宝宝的身体健康甚至大脑功能造成负面影响。

在日常生活中，家长就要让宝宝养成及时排尿的好习惯，要有意地提醒宝宝及时排尿。

在宝宝看电视和玩游戏前，让宝宝先去厕所，以免玩到入迷忘了排尿，并为宝宝定好排尿的时间，尽管有时宝宝还没到尿多的时候，也还是让他排尿。

带宝宝逛街的时候，要特别留意厕所的方位。一旦宝宝需要排尿，就可以带他找到地方。

如果发现宝宝经常憋尿，妈妈就要带宝宝去医院检查，看看宝宝的生殖系统是否发生了畸形，因为有些宝宝憋尿的原因跟生殖机能发生畸形有关。如果不是这种疾病，妈妈则应到心理咨询中心为宝宝寻求心理治疗。

☕ 小贴士

妈妈要及时发现宝宝憋尿的先兆。如当宝宝精神紧张、坐立不安、夹紧或抖动双腿时，就要赶快问问宝宝是不是想排尿。

科 学 喂 养

❀ 不要让宝宝一边走一边吃

不少家长早晨上班匆忙，常常带着宝宝一边走一边吃，这不仅有碍于公共卫生，且不利于个人健康。原因是人在吃东西时，食物进入口腔，通过咀嚼，使食物碎烂，又可以让唾液湿润食物，便于吞咽。由于食物刺激了口腔内的味觉神经末梢，这种刺激传到了中枢神经系统，产生神经反射，从而分泌大量的消化液，当大脑皮层的食物中枢兴奋起来的时候，人的食欲才产生。但在马路上吃东西，常得不到这样的结果。因为环境复杂，使人们的注意力分散、精神紧张等，这些因素会使食物中枢的兴奋性受到抑制，就会使人的食欲减弱。

此外，走路吃东西也往往由于咀嚼不好，吞咽过快，而使消化液分泌减弱，这样吃进去的食物，不仅会加重肠胃的负担，还会使食物在消化道内停留的时间延长，甚至发酵，这就会加重消化道黏膜的刺激，而引起消化道疾病。还有，马路上尘土飞扬，烟雾弥漫，极易污染食物。一些人在马路上随便用衣服或手绢擦擦就吃，很容易患胃肠炎、痢疾和蛔虫、姜片虫等病，若是再随便把吃剩的东西扔在大街上，那就不利于环境卫生了。

❀ 给宝宝一个良好的就餐氛围

良好的就餐环境和就餐气氛可以增进宝宝食欲，促进消化吸收，保证宝宝身体健康。

❶ 不要在宝宝吃饭的时候批评他，影响他的就餐情绪。宝宝在情绪不好时，大脑皮层对外界环境反应的兴奋性降低，使胃肠分泌的消化液减少，胃肠蠕动减弱，从而降低对食

物的消化吸收功能。这样就使食物在胃中停留的时间延长，使人没有饥饿感，吃不下饭，即使勉强吃下去，也常感到肚子不舒服。

❷ 不要过分要求宝宝吃饭速度快，提倡细嚼慢咽。如果在进食时充分咀嚼，在口腔中就能将食物充分地研磨和初步消化，就可以减轻下一步胃肠道消化食物的负担，提高宝宝对食物的消化吸收能力，保护胃肠道，促进营养素的充分吸收和利用。

❸ 不要让宝宝边听故事边吃饭、边看电视边吃饭。宝宝吃饭心不在焉，会减少胃肠道的血液供给及消化系统消化液的分泌，进而影响宝宝对食物中营养的消化吸收，而造成宝宝食欲不好、消化不良等。

❋ 宝宝饮水要科学

不喝冰水：

小儿喜动，活动量大，浑身是汗，十分口渴，总喜欢喝一杯冰汽水。尽管当时喝着舒服，但喝冰水易引起胃黏膜血管收缩，影响消化，还能刺激胃肠蠕动加快，出现肠痉挛，引起腹痛。

睡前不喝水：

不少小儿没有养成晚上自己控制排尿的习惯，在大量喝水后，很易遗尿。若是常因尿憋醒，会影响睡眠质量。

可适当喝些饮料：

最好是喝点果汁，如橘子汁、橙汁、西瓜汁、番茄汁等，这些饮料热量低，营养素多。此外，牛奶亦可多喝，因为其营养价值高。

不要喝生水：

小儿性急，当口渴难忍而又没有开水、凉开水时，有的小儿就要喝生水，尤其是农村的小儿，这样易发生胃肠道疾病。

喝水不要过快：

小宝宝不喝水则已，一喝水常一口气喝上一大碗，极易造成急性胃扩张，也不利于水的吸收。要给宝宝讲清不宜太快喝水的道理，养成慢慢喝、一口口喝的习惯。

❀ 维生素缺乏的食疗

维生素A

维生素A的主要功用是促进生长，保护一切黏膜及上皮组织的正常结构，又是合成眼视网膜视紫红质的重要成分。若缺乏则生长停滞，上皮组织角化，抵抗力下降，产生夜盲、干眼病。

防治维生素A缺乏症，应注意经常食用含维生素A丰富的食物。含维生素A的食物除鱼肝油外，最多的要数动物的肝脏。除此以外，富含维生素A的动物性食品还有奶、奶油、蛋黄等。在植物性食物中，各种新鲜水果及有色蔬菜如橘、杏、枇杷、红果、樱桃以及菠菜、韭菜、青红辣椒、番茄、胡萝卜、红薯、黄玉米等，均含有丰富的胡萝卜素。胡萝卜素是维生素A的前身物质，进入体内后，经肝脏胡萝卜素酶的作用转变成维生素A。一般正常成人每日吃含胡萝卜素丰富的蔬菜和水果150~250克，就能基本满足人体的需要。维生素A是一种脂溶性维生素，在食用富含维生素A和胡萝卜素的食物时，最好和脂肪一同食用。

维生素D

维生素D的种类很多，但只有维生素D_2和维生素D_3两种较为重要。维生素D_2主要来自植物性食物，如蕈类、酵母。各种植物油中所含的麦角固醇，经太阳光照射后，也可转变成维生素D_2。维生素D_3主要来自动物性食物，如鱼肝油、肝、乳、奶油、蛋黄等。此外，维生素D_3还可由太阳光照射皮肤合成。

饮食治疗的重点，就是要增加维生素D。除了多晒太阳外，可在膳食中多采用含维生素D丰富的食物。由于维生素D是一种脂溶性维生素，应适当配以含脂肪的食物，以促进维生素D的溶解和吸收。同时还应补充足量含钙质的食物如牛奶、酥鱼、排骨、炸小鱼、虾皮、带鱼、海带、发菜、芝麻酱、豆腐及各种绿叶蔬菜等。

维生素B_1

维生素B_1是糖代谢中丙酮酸氧化脱酸酶辅酶的重要成分。缺乏时，这种酶的合成受阻，糖代谢就无法进行，丙酮酸在体内堆积，刺激中枢神经，使大脑皮质反射产生多发性神经炎，引起肠蠕动减慢、消化不良或食欲不振，双腿酸软无力或伴有下肢水肿，并逐渐向上蔓延，还会导致心脏扩大和心力衰竭。

膳食中宜多选用各种动物性食品如蛋、乳、肉、鱼等，还可适当采用一些豆制品，除主食外尽量少吃甜食。富含维生素B_1的食物有各种粗粮、花生、黄豆、猪瘦肉、蛋黄以及动物内脏如肝、心、肾等，含量最多的是酵母。精白米中维生素B_1的含量仅为糙米的1/3。

维生素B_1是一种水溶性维生素，极易破坏。淘米和洗菜时，不宜在温水中浸泡太久；菜汤要保留食用，煮菜、煮粥、煮豆时不宜加碱；煮饭时不要丢弃米汤。

维生素B$_2$

患维生素B$_2$缺乏症时，主要在表皮组织出现病变，如阴囊炎、皮炎、口角炎、舌炎、角膜炎，除此之外，还可导致贫血。

一般含维生素B$_1$丰富的食物，也大多含有较多的维生素B$_2$，例如，动物的肝、心、肾，蛋黄、粮食、干果、黄豆以及发酵豆制品如豆瓣、豆豉、豆腐乳等。绿叶蔬菜中含量亦很丰富，多食以上食物，可以防治维生素B$_2$缺乏症。

维生素B$_2$是一种水溶性维生素，不仅不耐高温，而且易被碱和日光破坏，为此，存放、淘洗和烹调含维生素B$_2$丰富的食物时应予以注意。

维生素C

维生素C在人体内不能自己合成，必须由食物供给。正常人需要量每日为75毫克，有缺乏现象时，可增加至200～300毫克。

各种酸味重的水果如山楂、鲜枣、橘、橙、柠檬、番茄以及各种新鲜绿叶菜，均为维生素C的良好食物来源。动物性食物中含物生素C较少。

维生素C是一种水溶性维生素，性质极不稳定，很易氧化而被破坏，所以蔬菜、水果以新鲜为好。烹制中应注意：蔬菜应先洗后切，切碎后应立即下锅，并且最好现洗、现做、现吃；烹调宜采用急火快炒的方法，这样可减少维生素C的损失。维生素C在酸性环境中较稳定，如能和酸性食物同吃，或炒菜时放些醋，可提高其利用率。

烟酸

癞皮病是烟酸缺乏症的典型病。这种皮炎界限明显，对称地发生在左右手、左右额、两颊及其他日光照射的裸露部分，可使皮肤红肿发痒，继而发生水疱乃至溃烂。痊愈时结痂脱屑，并有色素沉着。

饮食治疗应在高蛋白、低脂肪膳食的基础上，多选用富含烟酸的食物。富含烟酸的食物有肝、肾、鸡、瘦肉、番茄、胡萝卜以及各种新鲜绿色蔬菜等。因烟酸亦可由色氨酸合成，所以富于色氨酸的食物如豆类、蛋类等亦可采用。

玉米中缺乏色氨酸，所以烟酸是以结合状态存在，不能被人利用，用玉米做主食的地区，常可发生癞皮病。但如能煮玉米粥或蒸窝窝头时稍加点碱，如5千克玉米面中加小苏打30克，不但做出来的食物味道好，而且能破坏其结构，从而使烟酸游离出来，可弥补玉米缺乏烟酸的缺陷。

❀ 宝宝可多吃豆制品

大豆又叫黄豆，外号植物肉。大豆的蛋白质含量很高，可达36.3%，1千克大豆的蛋白质含量，可顶2千克瘦猪肉、3千克鸡肉或12千克牛奶。大豆里的脂肪也很多，一般含量在16%～20%，比大米高5.5倍，比牛奶高3倍。大豆里还含有很多糖类、维生素、氨基酸和不饱和脂肪酸。

大豆里含矿物质每100克含钙367毫克，铁11毫克、镁224毫克，其他还有锌、锰、钴等十几种矿物质。这些都是人体不可缺少的微量元素。另外，大豆中还含有皂苷，可降低血液中的胆固醇；它的豆固醇能干扰血液中胆固醇在肠道的吸收；大豆中的卵磷脂，具有很强的乳化作用，能使血浆里的胆固醇保持悬浮状态，不致沉积在血管壁上，从而预防动脉粥样硬化。

最近研究发现，大豆中含有丰富的硒元素，它具有抗癌作用。

大豆中含有较多的磷脂。磷脂又分脑磷脂、卵磷脂、神经磷脂等，最近研究表明，脑磷脂可促进神经细胞生长旺盛，卵磷脂能产生乙酰胆碱，有加强记忆的作用。

大豆是我国的特产，它的营养价值很高。大豆的吃法，从科学上讲，用大豆生豆芽，或制成豆制品更有营养。

在豆芽中，以黄豆芽为最好，它清脆可口，营养极为丰富，在许多方面甚至超过牛肉。并且黄豆在发芽过程中，由于经过了一系列的生化反应，因而更易被人体吸收。

首先，黄豆芽的蛋白质含量在蔬菜中是最多的，超过猪肉和鸭蛋。其次，黄豆芽中磷的含量在蔬菜中占第一位，对儿童的生长发育很有益处。黄豆芽除了含有脂肪、糖类以及钙、铁等矿物质外，在发芽中还能合成维生素C和维生素P，而这些营养物质大都集中在豆芽瓣里，所以吃黄豆芽时不要掐头去尾，以免损失营养。

调整饮食增强宝宝抵抗力

要增强宝宝抵抗力，妈妈可以从调整宝宝的饮食做起。

❶ 多吃蔬菜、水果。天天五份蔬果，不只是成人饮食的信条，也适合推广到幼儿身上。宝宝若不喜欢蔬菜，可以将它剁碎，混合谷类或肉类做成丸子、饺子或馄饨，就容易接受了。

❷ 五谷类是人类的主食，谷类含胚芽和多醣，B族维生素和维生素E都很丰富，这些抗氧化剂能增强免疫力，加强免疫细胞的功能。

❸ 不要让宝宝偏食而导致营养失调。均衡、优质的营养，才能造就宝宝优质的免疫力，使宝宝轻轻松松远离病菌。

 小贴士

婴幼儿正值身体快速增长及脑神经发育期，对蛋白质及钙质的需求量相当高。因此，在食物的选择上可考虑增加一些像牛肉、鱼、鸡等肉类食品或豆制品。

智能提升

❀ 多为宝宝准备点故事

2岁左右的孩子最爱说，不住嘴地讲话。喜欢同周围人交谈，说话速度快，听起来滔滔不绝，实际上没说出几件事。多数语不成句，虽然胡乱瞎扯一气，却说得很起劲，管你爱听不爱听，他总是说个没完。有时自言自语，对着玩具说，对着小人书说，自己对着自己说。特别是学会一个新词，表现得非常高兴，到处滥用，反复重述，说个不停。

孩子2岁多，妈妈总得要多准备些小故事。这个年龄的宝宝最喜欢听故事，听得极为认真、细心、耐心，一遍不行，两遍也不满足，一个故事重复十几遍也不会厌烦。而且每一遍讲述时，不能马虎，更不能改变，谁喜欢给孩子讲故事，谁就能成为他最信赖的人。

这个年龄说话富有创造性，这种造词现象不是创造能力，正是词汇贫乏的表现，应注意多为孩子丰富词汇。他们在交谈中，也常出现逻辑错误，比如"我睡觉了天就黑了"、"我长大了妈妈就长小了"。之所以出现语言的逻辑错误，是因为他还没掌握事物间的因果关系。孩子说话也常出现错误发音和发音不清的现象。因为发音器官的调节功能很差，特别是平舌音和卷舌音很难发。可以多教孩子学说儿歌和绕口令，纠正发音。

根据这些特点，在与孩子交谈时，应注意丰富其正确、恰当的词汇，成人语音要准，给孩子提供标准语音的楷模。

游戏：打电话

通过打电话教孩子说自己的姓名、住址、爸爸妈妈是谁、正在做什么等。家长还可以教孩子说儿歌，以丰富孩子的词汇。也可以结合宝宝日常生活中经常遇到的问题让孩子回答，可以问如果你把别人的玩具弄丢了怎么办、如果你把别人的玩具弄坏了怎么办、把别人的玩具带回家里了应该怎么办等，训练宝宝的语言能力和解决问题的能力。

❀ 克服宝宝的分离性焦虑

在适当的年龄上幼儿园，是每个小朋友必然要经历的事。所以，在宝宝还没有上幼儿园的时候，就应逐渐培养宝宝对幼儿园的兴趣和习惯，避免宝宝产生分离性焦虑。

❶ 从小就让宝宝多与小朋友们接触，不要整天把宝宝关在家里，要让宝宝多找一些玩伴。和小朋友一起玩时，鼓励宝宝把自己的玩具拿出来给别人玩，培养宝宝合群、和他人友好相处的能力。这样的宝宝在集体的环境中会很受欢迎，使宝宝感到愉快，为适应幼儿园的环境、避免发生分离性焦虑症打下基础。

❷ 有意识地培养宝宝生活自理的能力，如吃饭、穿衣、洗手、洗脸、大小便等，如果什么事情父母都包办，宝宝过分依赖父母，就不能很好地适应幼儿园的生活，产生紧张、恐惧和焦虑。

❸ 在去幼儿园之前，可以带上宝宝去幼儿园参观，熟悉幼儿园的环境，并且给宝宝讲一讲幼儿园的生活，让宝宝看看小朋友们是如何愉快地在那里做游戏、溜滑梯、唱儿歌等，让宝宝对幼儿园有好感而产生向往。

❹ 在家可以先练习与妈妈分开，让宝宝逐渐习惯妈妈离开后的感觉，比如有意识地让宝宝单独待一会儿，不要总有父母跟着宝宝。逐渐地，父母与宝宝分开的时间加长，次数增多，让宝宝习惯于没有父母在跟前也觉得很自然，不会焦虑，这样，在去幼儿园时就不会总有与妈妈分离的忧虑。

❀ 为什么宝宝会吃着饭睡着

前一分钟，宝宝还啜吸着面条，一分钟后眼皮就耷拉下来，甚至还打起了小呼噜，这是怎么回事呢？食物太丰盛，会令人吃得生厌，这一点在年龄比较小的宝宝身上表现得特别明显。婴幼儿的大脑还不具备预料能力，也无法控制自己不希望发生的事情，而且宝宝无法区分"想睡觉"和"睡着了"两种状态。不管当时在干什么，宝宝只会听身体的话，所以只要感到想睡觉，身体状态就马上调整到自己想要的状态去。

如果宝宝吃饭时睡着了，父母要用手指把宝宝嘴里的饭抠出来，以防不测。防止宝宝吃饭时睡着的好办法，是事先让宝宝对吃饭心里有数，知道吃什么、吃多少，让宝宝知道吃饭的时候不能睡觉、睡觉有固定的时间。宝宝的习惯性特别强，如果每天吃早饭、午饭、晚饭和消夜的时间相对固定，就不大可能会在吃饭时睡着。

✿ 为什么宝宝有"不理智"的行为

宝宝的语言能力刚刚萌芽，掌握的那几个有限的词不足以帮助他很好地表达自己的感受和要求，表达自己的喜怒哀乐和要求主要是通过宝宝的感觉和动作方式。如宝宝生气时打自己的头、用头撞墙撞门、揪妈妈的衣服或打别人等，都是在用动作来表达自己的愤怒，这正是这个年龄阶段宝宝的特点。

宝宝个性很强，表现得就更加充分一些。只是这些动作不太恰当，不是伤害自己，就是伤害别人。选择一些动作作为表达愤怒的方式并不是宝宝的过错，1岁多的宝宝没有能力去鉴别哪些动作是有害的，哪些又是无害的，更不会知道这样的动作可能给自己带来什么样的危险。

 小贴士

宝宝的"不理智"行为任其发展下去，会给宝宝的身体造成危害，也会影响宝宝和别人的交往。父母需要耐心教育宝宝这些行为的是非对错。

✿ 宝宝爱"闹早"是怎么回事

"闹早"就是起床特别早，这样的宝宝有两种：一种是起来后情绪很好，另一种则不是那么情愿，看起来有点无奈。前一种是因为睡足了觉。宝宝需要的睡眠时间因人而异，有的需要12个小时，有的则只需要10个小时、甚至更短时间。如果宝宝总是起得很早，父母应该高兴才是，因为小家伙已形成自己的睡眠生物钟，只是宝宝的睡眠生物钟和父母的不太协调而已。

"闹早"起来以后，还显得睡眼蒙眬的一类宝宝，脾气暴躁、浑身软弱无力，在醒来后1～2小时内又会昏昏沉沉地重返梦乡，或者陷在沙发角落里看电视，或者动辄暴躁不已。心理学专家认为，宝宝早起以后表现出这些特征，证明还没有睡够。

一个健康、睡眠充足的宝宝，不需要更多的睡眠，所以，宝宝"闹早"起来后一般不会很快又想睡。对于这样的宝宝，最好不要强迫他再回去睡觉，但可以适当调整作息时间，以使宝宝的睡眠生物钟和家里人的相协调。

如果你家的宝宝脾气古怪，总是缺觉，那么睡觉时间可能需要提前1小时，有的甚至需要提前得更多。父母们往往误认为，让宝宝们早早上床，可能因为睡不着而越弄越晚。事实上，对于那些神经比较敏感，需要长时间睡眠的宝宝来说，早点上床去睡恰恰是非常必要的。

❀ 暗示教育有奇效

父母们一般都会遇到这样的场景：当宝宝吃手指时，父母会忍不住"啪"地打一下宝宝的手，大声喝道："不许吃手！"但是，当宝宝压力过大时，反而更想把手伸入口中。而在此时，如果只是对宝宝来个暗示，比如摇一摇头，或者用眼神示意宝宝别咬手指头，要比前一种方式更能令宝宝接受。这种现象说明，在某些时候，暗示教育效果要比简单、粗暴的呵斥和禁止行为有效得多。

一般说来，暗示教育包括语言、行为、榜样和情境教育几个方面。

❶ 语言暗示：在宝宝不想去幼儿园时，不必逼着宝宝答应去，可以这么说："在幼儿园要同小朋友一块玩玩具。"从中暗示宝宝，今天要上幼儿园，并让宝宝想到上幼儿园可以和小朋友一起玩玩具。也不要直接对宝宝说："不听话的宝宝才闹着不去幼儿园。"而换成："宝宝昨天不乖，他闹着不去幼儿园。"宝宝会明白，闹是不对的。

当父母要让宝宝对某一事件有深刻的印象时，不一定要反复强调，只需用暗示性的语言启发宝宝，就能达到目的。比如，教宝宝懂礼貌，可以问问宝宝："见到爷爷奶奶应该先说什么？"让宝宝自己说："问爷爷奶奶好！"

❷ 行为暗示：行为是直观的，最容易引起宝宝注意。一个小朋友敲一下门后笑着跑开，别的宝宝就可能也跑上去敲一下。所以，利用行为来暗示宝宝，也会起到很好的教育作用。比如，宝宝不好好地吃饭，父母可以模仿卡通人大力水手的样子，先吃一口菠菜，再伸一伸胳膊、蹬一蹬腿，宝宝就会明白你的动作暗示，知道吃好了饭力气大，而大口吃起来。

❸ 榜样暗示：有一个小朋友大声地哭，别的宝宝会随着一起哭起来。这时采用暗示的方法，可以让宝宝的哭泣停止。老师只需对没有哭的宝宝表示出赞赏，其他的宝宝就会向不哭的宝宝学习而停止哭闹。又如，妈妈听到奶奶进门的声音，急忙把桌上的水果收了起来，宝宝就可能从中接受到不良暗示：好东西不给奶奶吃。反之，妈妈把最大、最红的苹果拿给奶奶，宝宝也会从妈妈的行为中，学到尊敬老人的好品德。

❹ 情境教育：爸爸在书房写作时，宝宝有可能跑到爸爸桌前又叫又跳，此时，如果妈妈厉声制止当然也行，这时，如果妈妈蹑手蹑脚进屋，小声对宝宝说："咱们到外面玩吧。"这样效果会更好。

当宝宝不睡觉时，可以指一指旁边睡着的小花猫，暗示宝宝该睡了。也可以躺在宝宝身边装睡，宝宝在"大家都睡"的情境之下，也会很快

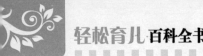
入睡。

对宝宝来说，暗示教育能够激发无意识的心理活动，让小家伙在轻松愉快的气氛中接受教育，比用强制性的、命令性的教育效果更好，更适宜亲子间的交流。

❀ 空间知觉练习

快2岁的孩子应逐渐发展空间知觉，小儿一般是先学会分辨上下，而后是分辨前后，最后才懂得左右。

为了发展孩子的空间知觉，家长要有意识地训练孩子。例如："把桌子底下的画片捡起来。""把床上的毛巾被递给我。"这样做可使孩子理解上和下。和孩子一起玩游戏时，一边跑一边喊："后边有人追来了，咱们快往前跑吧！"或者说："你在前边跑，我在后面追。"让孩子掌握前和后的概念。戴手套的时候，一边戴一边说："先戴左手。哟，右手还没戴手套呢！咱们再戴右手吧。"穿鞋、穿袜子时也这样，一边穿一边说。脱袜子时可以告诉他："先脱左脚呢？还是先脱右脚？"反复训练，孩子很快就会记住左右。

让孩子掌握空间概念是比较困难的，如果只是空洞地讲，孩子很难理解，必须结合实际，反复训练，才能逐渐掌握。

游戏：方位练习

让孩子将两手放在身体的前面和后面，或把物品放在身前和身后，使孩子明白前后。然后让孩子将物品分别放在桌子上面或桌子下面，练习分辨上和下。

❀ 培养数字概念

很多孩子到2岁已经会数到5甚至更多了，但他们根本不理解数字的概念，因此必须联系与数字有关的生活小事，反复训练，孩子才能逐渐对数字有所认识。

家长可以拿两个苹果，告诉孩子："这是几个苹果啊？我们数一数，1，2，是2个。""现在你拿一个苹果给爸爸。"还可以拿其他的实物或玩具，反复训练，让小儿感知1和2的实际意义。等他对1和2的概念明确了，再教3、4……也可以通过扑克牌游戏，提高孩子学习的兴趣。

准备一副比较漂亮的扑克牌，增加宝宝的兴趣，教宝宝分辨每张扑克牌的不同点，如颜色区分、点数之分、图案区分等。还可以教他玩拉大车的游戏或从小排到大、从大排到小的顺序排列游戏，根据孩子每天玩的情况给予适当鼓励。这个游戏可以训练孩子对物体的分辨能力和对数字的识别能力。

游戏：比较多、少和一样

取6个黑纽扣和6个白纽扣，放在桌上。

妈妈用3个黑纽扣摆一排，让孩子用"一样多"的白纽扣一对一地摆，然后问他是不是一样多。

妈妈拿3个黑纽扣，给孩子4个白纽扣。妈妈将黑纽扣摆一排，让孩子一对一对地摆，看看谁多谁少。

给孩子4个黑纽扣、3个白纽扣，让他配对，问他最后哪个多了，哪个少了，谁比谁多，谁比谁少。

可反复玩、反复练习，不仅要懂得多、少、一样的意义，还要懂得谁比谁多、谁比谁少、谁跟谁一样的比较含义。

❋ 教宝宝学计数

在生活中，各种事物都有数量关系。比如家里有1个妈妈、1个爸爸，孩子有1张床，爸爸妈妈有1张床；吃饭时每人有1个碗、1双筷子；等等。妈妈要充分利用日常生活中的各种事物来教孩子认数。特别是对3岁以前的孩子，需要让他们在直接接触的事物中获得数的感性认识。可以通过感觉器官，如视觉、听觉、运动觉、触摸觉等活动，认识事物。教孩子在日常生活中认识1是很重要的，1是数的基本单位，任何数都是由若干个数组成的。1也是一个数学概念，把1搞懂了，其他数就不困难了。

在生活中，还要让孩子懂得事物有的多，有的少，有的一样多。比如，摆放餐具，妈妈放好碗，让孩子放勺，放好后看看哪个碗里放多了，哪个碗里放少了，还是放得一样多。还可让孩子懂得分类和排序，把一堆水果分一分，苹果放篮子里，橘子放果盘里。把用过的旧电池按1号、5号、7号分开。把彩笔按长短不同排成一排。分类和排序是孩子学习计数的前提，孩子有了丰富的生活体验，学习计数就不困难了。

游戏：数糖果

妈妈和孩子坐好，妈妈用彩纸包孩子最喜欢吃的糖，一包包1块，一包包2块，一包包3块。包好后将三包位置打乱，让孩子挑一包，打开一看是1块，就告诉他"1"，然后再玩，反复1，2，3。

❀ 让宝宝玩泥巴

玩泥是孩子们都喜欢的，妈妈可以给孩子买些橡皮泥，锻炼孩子手的精细动作，发展手腕、手指和手掌的活动能力，使手脑协调。教孩子做泥工要一步步来，不能一下就让孩子做出一个什么。实际上只要孩子拿泥在玩，对他就有益。

❶ **学团泥**。把泥放在手心，双手揉，把泥揉成球。用红色可做糖葫芦，用其他颜色可做皮球；圆一点做鸡蛋，扁一点做橘子。

❷ **学搓泥**。把泥放在手心里，两手把泥搓成棍，棍搓得一样粗细也不容易。可以搓成笔，可以一头粗、一头细做成胡萝卜，也可做成小蜡笔。把棍按扁就是扁豆。

❸ **学压**。把泥揉成球以后，放在手心里，两手一合，压成圆饼状。

❀ 亲子游戏推荐

◎ 听口令

在日常生活中和游戏时，妈妈要留心，经常给孩子一些指令，命令他去做什么，如："再往前走三步。""把板凳拿过来。""拿一个苹果。"

目的：锻炼孩子对语言的理解，让孩子习惯听从命令。

◎ 当医生

给孩子一个布娃娃、一套医生用具。让孩子当医生，妈妈抱娃娃看病，或孩子抱娃娃看病，妈妈当医生。模仿医生用体温表量体温，用听诊器听诊，用注射器打针。

目的：模仿角色。

◎ 立定跳远

与孩子相对站立，拉着孩子双手，然后告诉孩子向前跳，熟练后可让孩子独自跳远，还可练习从最后一级台阶跳下并独立站稳的动作。

目的：训练腿部力量及身体协调性。

◎ 编花草

在假日，父母可与孩子到郊外去玩，跑跳之余，可以与孩子一起做采花的游戏。妈妈采下花草，编成一个花环，孩子一定很羡慕，妈妈便和孩子一起采集野花，做成花环戴在孩子头上，采集野草做成毛茸茸的小兔子，或编小花篮。孩子会因为这些各式各样的创造而愉快，他从观察自然事物、学习模仿制造中得到无尽的喜悦。

目的：观察能力训练。

◎ 学习等待

2岁多的宝宝，脾气急躁，尤其是想要的东西得不到时，就会发火，因此要让宝宝学会等待。带宝宝去游乐园，玩上滑梯、坐碰碰车或坐飞机等，都要经过排队、买票才能轮到玩，教孩子耐心等待，才可享受玩的快乐。等待在生活中是免不了的，要经常找机会让孩子学习忍耐。

目的：锻炼忍耐的性格。

◎ 钓鱼

用硬纸片做几条鱼，用曲别针夹做鱼头，用小棍做鱼竿，用小磁铁做鱼钩。将鱼放在地板上，用竿钓鱼，看谁钓得多。

目的：使孩子知道磁铁能吸铁，丰富生活常识。

◎ 编故事

与宝宝面对面坐下来讲故事或讲动物画片时，不断提问，引导孩子回答"如果……"后面的话，如龟兔赛跑时，小白兔不睡觉会怎样?小兔乖乖如果以为是妈妈回来了，把门打开后又是怎样?

目的：训练初步推理。

疾 病 防 治

❋ 头皮出血的处理

由于头皮的血液供应很丰富，外伤时出血较多。值得注意的是严重的头部外伤会引起颅骨骨折，有时还会出现脑震荡。如果有颅骨骨折的话，可出现以下症状：

❶ 耳或鼻孔有血液或混有血液的液体流出。

❷ 头皮损伤广泛，出血多，严重时出现休克。

❸ 脉搏缓慢。

如果发生脑震荡的话，可出现以下症状：

❶ 出现短暂的意识丧失，一般在几分钟到半小时之间。

❷ 清醒后记不清受伤经过和受伤以前的事情。

孩子头部出血，如果神志清醒，呼吸、脉搏正常，头皮损伤不严重，可用双手拇指对伤口两侧加压止血，或用干净的纱布垫盖在伤口上，再用绷带或毛巾包扎止血。如果出现意识丧失，要保持呼吸道通畅，密切注意呼吸和脉搏，尽快送医院。

❀ 宝宝鼻出血的处理

鼻出血很常见，如不是由外伤引起，可做以下处理：

❶ 让孩子坐下或仰卧在床上，头稍微前倾，而不是后仰。

❷ 捏鼻翼10分钟，慢慢放手。

❸ 用冷毛巾敷在鼻外或脖子后面，使血管收缩止血。

❹ 血止住后不要让孩子碰鼻子。

❺ 如果10分钟后不能止血，应尽快送医院。

❀ 小儿异食癖的原因

异食癖指爱吃一些非食物性的异物，如泥土、火柴头、墙皮、烂纸等。这样的孩子并不是淘气，而是有疾病。

异食癖与体内微量元素锌的缺乏有关，缺锌的小孩，容易食欲不好，有异食的表现，同时发育较差。这样的孩子应到医院查一下锌的含量，如果是缺锌，应根据医生的建议，按年龄补充硫酸锌或葡萄糖酸锌等锌制剂，症状就能够缓解。

另外，父母要关心孩子，调制可口的饮食，让孩子吃好，增加营养，如果只是打骂孩子，结果只能是在你看不见的时候孩子仍然偷偷地吃。

Part 17

2岁1~3个月宝宝

生 长 发 育

❀ 宝宝的生理发育

宝宝2周岁以后，宝宝的身体发育受遗传因素影响表现出较大差异。只要宝宝的精神、食欲、运动、语言等各方面都正常，妈妈就不必为宝宝比同龄宝宝稍微矮小或者高大而担心。

宝宝的生理发育表	
生理发育	标 准 值
体 重	满两岁以后，宝宝标准体重的简易计算公式为：体重（千克）=年龄×2+8（千克）（或7千克）
身 高	满两岁以后，宝宝标准身高计算公式为：身高（厘米）=年龄×5+80（厘米）（或75厘米）。宝宝的实际身高若不低于此数值的30%，就属于正常

注：由于宝宝2岁以后个体差异明显，此后宝宝的生理发育本书将不再列举参考值。

❀ 宝宝的感觉发育

宝宝的感觉发育表	
感觉发育	标 准 值
动 作	不论是大动作，还是精细动作，宝宝的活动都有了较大的提高。他特别爱动，常常是连跑带走的，还能交替双足上下楼梯，能用勺子或筷子吃饭，也能爬上楼探取物品。在精细动作方面，已能够穿1~3个珠子
语 言	宝宝能说出父母的名字，也会有目的地说出"谢谢"、"再见"等词语。会说一些简短的句子，如"这是我的"、"我做的"等，会使用人称代词"我"、"你"、"自己"，不过经常会出错

❀ 宝宝的心理发育

2岁后，幼儿的动作发育有明显发展，能自己洗手、穿鞋，看书时能用手一页一页地翻。手的动作更复杂、精细，有随意性，对幼儿心理发展有积极作用。在自我意识开始发展时，出现自尊心，家长在教育宝宝时，要耐心诱导，对待宝宝的每一点进步都要表扬，不要同别的宝宝比，要和宝宝自己的进步比。千万不要当着宝宝的面同别人议论："看人家早就会了，我家宝宝就是不会!"宝宝能懂得别人数落自己。损伤宝宝的自尊心，会使其心理发育受到障碍。宝宝能应用简单句，使用陈述语气。喜欢学三个字的儿歌，对儿歌的记忆是自然而然的，还不会有意识、主动地去记忆。记忆的东西不能保持很长时间，需要反复教，不断复习才能记住。

家 庭 护 理

❀ 如何保护宝宝的肾脏

幼儿期是肾脏疾病的多发期，感染和冷湿是宝宝患肾脏疾病的重要原因。

冬末春初气候多变，要重视防治上呼吸道感染及急性咽炎、急性扁桃体炎，这些疾病可因链球菌感染引起肾炎。而冷湿则可诱发肾脏疾病。动

 小贴士

应慎用对肾脏有毒性作用的药物。各种止痛药，如非那西丁、扑热息痛、阿司匹林等对肾脏都有损害。

物实验表明，皮肤及肾血管受冷刺激时，有一定的收缩反应，可加重肾脏的局部缺血，因此，要注意宝宝的保湿、防湿。

❀ 宝宝的清洁用品和卫生角的打扫

给宝宝专用卫生角，是为了让宝宝形成良好的卫生习惯，防止传染疾病。

宝宝的盥洗用具主要有盆：洗脸盆、洗澡盆、洗脚盆、洗屁股盆；毛巾：洗脸毛巾、擦手毛巾、浴巾、擦脚巾；其他：漱口杯、牙刷、梳子。把上述各种用具放在固定的取放方便的一个角内，使它成为宝宝卫生专用的一个角。

 小贴士

卫生角要经常打扫。各种盆、毛巾不宜混淆、替代，也不宜堆在一起，应分开放置；各种毛巾每天用肥皂分别搓洗一次，每周分别蒸或煮沸5～10分钟后晒干。

❀ 带宝宝去看病有什么学问

宝宝自己不会叙述病情，或是没有能力向医生讲清楚自己的病情，带宝宝看病前妈妈要做好必要的准备。

❶ 在带宝宝看病前，应该先给宝宝做好思想工作，要让宝宝对"去医院见医生"有一定心理准备，并应努力争取宝宝最大限度的合作。

❷ 应主动告诉医生宝宝过去的身体情况，如肝、肾疾病，血液病等，以便于医生在开药时尽量避免使用对这些疾病有影响的药物。如果宝宝及其他家庭成员曾经有过对某种药物过敏的历史，更要主动对医生说清楚，以免对宝宝身体造成不良影响。

❸ 如果宝宝腹泻，可以找个火柴盒或装中药丸的小盒子，留取一点大便标本，带到医院，否则化验时还得等宝宝大便留标本，耽误时间。

 小贴士

看病时，千万不要给宝宝化妆，虽然化妆后宝宝显得很漂亮，却会影响医生对宝宝面色的观察。

❀ 教宝宝危急时求助

危急时刻要从小教会宝宝向大人求助，常用的求救电话也要让宝宝记牢，或者将电话号码保存在电话中，并教会宝宝使用自动拨出功能，使他可以迅速拨打求救电话。

在指导宝宝向成年人求助之前要先教会宝宝哪些人是可以求助的。首先当然是家庭成员，其次是平时熟悉的邻居和家长的同事、朋友。如果是在家庭以外，应当尽量寻找警察、专业工作人员以求得帮助。

妈妈可以教宝宝认识一些工职人员穿的制服，例如警服、保安员的衣服、军服等。这样，宝宝就可以借助服装分辨出什么人可以求助。

 小贴士

在指导宝宝向成年人求助的同时，也要告诉宝宝不要随便相信陌生人。

❀ 宝宝最好不要戴很多饰物

戴饰物不利于宝宝的身心健康。

在宝宝玩游戏的时候，其他宝宝如果出于对饰物的好奇而去拉拽，就很容易勒伤宝宝的颈部。睡觉的时候有的宝宝喜欢将颈饰含在嘴里，如果线绳被咬断幼儿吞下饰物，后果将不堪设想。

饰物大多由金、玉、塑料等不同材料制成，宝宝喜欢将饰物含在嘴里，会使大量细菌进入口腔，影响宝宝的身体健康。另外，宝宝皮肤细嫩，容易对颈饰制品发生皮肤过敏，使颈部发痒、红肿。

另外，幼儿正处于模仿期，许多宝宝看到其他宝宝戴颈饰，也会缠着家长去买。这些都无形中给宝宝心理注入了成人价值观。

因此，为了宝宝的健康，在宝宝小的时候最好是什么都不要戴。

科学喂养

✿ 学做几样水果羹

🌸 鲜桃羹

【原料】 鲜桃两个。

【制作】 将鲜桃刷净毛，用水洗净，放入开水中烫一下，捞出剥去桃皮，然后剖开去掉桃核，再切成小块；再把水倒入锅内，加入白糖，放火上烧开后，下入切好的桃块，待再烧开后，用小火煨两分钟，将锅离火晾凉即成。

🌸 什锦果羹

【原料】 苹果、梨、香蕉、橘子各1个，糖莲子10颗，山楂糕50克，白糖75克，桂花少许，藕粉40克，清水1000克。

【制作】 先把苹果、梨、香蕉、橘子去皮、去核，用刀切成小丁儿，放入盘中，山楂糕也切成同样大小的丁儿另装碗待用；藕粉用少量清水调好；锅内放入清水烧开，下入白糖、糖莲子和苹果、梨、香蕉、橘子丁儿，待再烧开后，用小火煨一两分钟，并用调好的藕粉勾成羹，然后加入糖桂花离火，拌入山楂糕丁放阴凉处晾凉即成。

🌸 香蕉羹

【原料】 香蕉800克，牛奶600克，白糖120克，藕粉15克，清水适量。

【制作】 香蕉剥去外皮，用刀切成小片；藕粉用少许清水调好待用；将牛奶倒入铝锅内，兑入少量清水，置火上烧开，然后加入香蕉片，白糖，待再烧开后，将调好的藕粉徐徐倒入锅内搅匀，开锅后离火冷却即成。

🌸 菠萝羹

【原料】 鲜菠萝肉250克，红樱桃30克，冰糖80克，藕粉15克，清水适量。

【制作】 把菠萝切成与樱桃同样大小的丁儿；樱桃择去柄，用水洗净；藕粉用少许清水稀释调好待用；再将菠萝放入铝锅内，加入冰糖和适量清水置水上烧开，然后下入樱桃，待再烧开后，用小火煨两三分钟，并倒入调好的藕粉，边倒边搅匀，开锅后离火晾凉即成。

苹果羹

【原料】　苹果500克，白糖150克，藕粉20克，清水750克，鲜橘子皮一块。

【制作】　把苹果洗净，削去皮，用刀剖成两瓣儿，挖去果核，切成小碎块；藕粉用少许清水调开待用；再将切成碎块的苹果放入铝锅内，加入鲜橘子皮和清水，放旺火上烧开后用小火煮四五分钟，然后捞出橘皮，加入白糖，倒入藕粉浆，随倒随搅匀，待再烧开后，将锅离火晾凉即成。

宝宝营养缺乏有哪些表现

父母应当发现宝宝营养不良的一些征兆，及早采取措施，防患未然。

① 如果宝宝长期情绪多变、爱激动、喜欢吵闹或性情暴躁等，则是甜食吃得过多引起，应及时限制宝宝食物中糖分的摄入量，注意膳食平衡，否则宝宝很容易出现肥胖、近视、多动症等。

② 如果宝宝性格忧郁、反应迟钝、表情麻木等，应考虑其缺乏蛋白质、维生素等。需及时增加海产品、肉类、奶制品等富含蛋白质的食物，多吃蔬菜或水果，如番茄、橘子、苹果等，否则宝宝会出现贫血、免疫力下降等。

③ 如果宝宝经常忧心忡忡、惊恐不安或健忘，应考虑缺乏B族维生素，可及时增加蛋黄、猪肝、核桃以及一些粗粮，否则长期缺乏B族维生素会引起食欲不振，影响生长发育、脑神经的反应能力及思维能力等。

合理安排宝宝的早餐

早餐在每个人的生活中占据着很重要的位置，特别是正在快速生长发育的宝宝，早餐要品种多样、营养丰富。

给宝宝准备一份营养、健康的早餐，妈妈要注意以下几点：

① 早餐饮品变化多。除牛奶外，豆浆、麦片等都是宝宝早餐主食的好伴侣，妈妈可根据宝宝的口味选择不同的饮品，并且要不断变化。

② 品种多样丰富。宝宝的早餐应含有肉、蛋、奶及主食（细粮、粗粮），

小贴士

宝宝吃水果最好放在两餐之间。宝宝胃的容量很有限，吃水果会占去一部分胃的空间，别的就吃不下了。

这些食物能给宝宝带来生长发育所需的各种营养素，包括糖类、脂肪、蛋白质、水及维生素等。

③ 花样翻新。早餐食物品种力求多变，摆放力求漂亮、有趣，以增进宝宝的食欲。

❋ 有利于保护宝宝眼睛的食物

经常给宝宝吃些含蛋白质、维生素A、维生素C丰富的食物，对保护宝宝的眼睛也能起到很大的作用。

① 蛋白质是组成细胞的主要成分，眼组织的修补、更新需要不断地补充蛋白质。瘦肉、禽肉、动物的内脏、鱼虾、奶类、蛋类、豆类等，里面含有丰富的蛋白质，可以让宝宝多吃。

② 含有维生素A的食物对眼睛也有益，维生素A的最好来源是各种动物的肝脏、鱼肝油、奶类和蛋类，植物性的食物，比如胡萝卜、苋菜、菠菜、韭菜、青椒、红心白薯以及水果中的橘子、杏子、柿子等。

③ 维生素C是组成眼球水

晶体的成分之一，对眼睛也有益。各种新鲜蔬菜和水果，其中尤其以青椒、黄瓜、菜花、小白菜、鲜枣、生梨、橘子等含量最高。

④ 丰富的钙对眼睛也是有好处的，钙具有消除眼睛紧张的作用。豆类、绿叶蔬菜、虾皮含钙量都比较丰富。

小贴士

除了饮食上注意外，平常还要注意别让宝宝长时间看电视、电脑等，以防造成用眼疲劳。

智能提升

❀ 给宝宝做大脑深度体操

人们经常说，学东西不要死记硬背，要活学活用，要举一反三、触类旁通，这些学习方法之所以有高明之处，是因为调动了一种独特的思维方式——抽象思维，能让人对事物的注意力脱离其表面和本身，向纵深处延伸和发展。

2岁以上年龄的宝宝，已经孕育出抽象思维的萌芽，如果能抓住时机给予有效的引导，宝宝的小脑瓜肯定会越来越"灵"。

❶ 理解力训练：在家里，经常利用各种时机有意识地对宝宝提出一些"为什么"，让宝宝进一步思考、动脑筋，久而久之，养成宝宝自己发问的习惯，这样的方法可以逐步加深宝宝对事物的理解。

❷ 判断力训练：对这么大的宝宝进行锻炼，不必想得很复杂，只要用心，一次游戏，一次对话，一次逛商场，就可收到效果。

宝宝2岁以后，拿一本关于兔子的画册，画册上有白兔、黑兔、黄兔、灰兔。问一问宝宝，这些兔子一样吗?宝宝会摇摇头说不一样。那么兔子们有没有一样的地方呢?在父母的启发下，宝宝就能找出长耳朵、红眼睛、短尾巴等特征，归纳地说兔子都这样。显然，宝宝经此知道了兔子这个概念，而这个概念已舍弃了具体兔子的个体不同，如白、黑、黄、灰等。认识兔子以后，可以用同样的方法帮助宝宝认识狗，认识猫，再带宝宝逛几次动物园，进行实物跟概念之间的对照。

❶ 概括力训练：除了从同类事物中拿出一些实体东西让宝宝判断以外，还可以根据不同事物之间相同的属性，让宝宝概括出一些性质概念。比如，让宝宝寻找麻雀、蝙蝠、蜻蜓、飞机等事物的共同点，找到它们都会飞的特征。还可以把各种颜色归成若干类，使宝宝能够从中概

括出有关各种颜色的概念。

❷ 推理力训练：逻辑推理也是一项很重要的抽象思维，可以参考一些资料，设计有趣的题目让宝宝做。比如可以区分这样一组概念：①所有的动物都会死去；②狗是动物；③所以狗会死去；让宝宝判断这个说法对不对。第二组概念：①所有的桂花都在8月开花；

②现在公园的桂花都开了；③所以……让宝宝答出正确的结论来，这是从总到分式的推理。

还有从分到总的角度进行的概念；如：①苹果、梨、香蕉、西瓜都是水果；②苹果是水果；③梨也是水果；④香蕉、西瓜也都是水果。让宝宝把概念接着说下去。

 小贴士

学龄前的宝宝认识多少字并不重要，如果要求宝宝会认、会写大量的文字，甚至个别的还要求宝宝能够分辨"八、人、入"或"己、已、巳"等相近文字的细微差别，这种生硬的机械记忆只会挫伤宝宝的学习兴趣。

❋ 宝宝喜欢要别人的东西怎么办

宝宝要别人的东西，这主要是宝宝缺乏知识经验而好奇心又特别强所致，随着宝宝年龄的增长和知识范围的扩大，这种现象就会慢慢消失。

但是，妈妈绝不能因此而放任自流，等待宝宝的自然过渡和消失，而是要采取正确的态度和处理办法。放任自流和管得过严都会使宝宝形成对别人所有物的占有欲，看见别人有什么东西就想据为己有，那是一种危险的人格特征。要克服宝宝的这种现象，关键在于正确引导。

如果宝宝想要别人的饼干，明明家里有，可他偏要别人的，这时，妈妈不

要太强硬，而是在接受了别人的东西后和自己家里的做对比，让宝宝亲口尝，亲身体会到味道是一样的，以后他就不再要了。

有时宝宝要别人的东西，这种东西自己家确实没有，应尽可能把宝宝的注意力引向别处。

另外，交换玩具或食物可以满足宝宝的好奇心，还可以防止宝宝独霸和占有欲的产生。如宝宝要别人的玩具，就让宝宝自己拿着玩具用商量的口吻、友好的态度和小朋友交换着玩，使双方都受益。

❀ 别对宝宝说"不知道"

1岁半到2周岁的宝宝，不管看到或听到什么，总是会不断提问："这是什么？那是什么？"从这个时候开始，宝宝的语言能力急剧增长，几乎把所有精力都花在记事物的名称上。宝宝一旦知道所有的东西都有名称后，就开始胡乱提出问题，想要记住新的名字，这表明宝宝进入了"第一期的问题阶段"。到四五岁时，就进入"第二期的问题阶段"了。

大人对这一类询问通常不加以理会。2岁前后的"问题阶段"，宝宝所问的内容都相当单纯，总是让大人感到啰唆。其实，这绝不是啰唆。宝宝就是通过这种方法来记人名、认识事物的，这也是宝宝聪明的一种表现。

对待2岁宝宝不厌其烦的提问，要注意把握好几个原则：

❶ 反复做相同的回答

在记新名称时，只告诉宝宝一次是不够的，要反复做相同的回答，让宝宝真正确认这个名称后才算数。而且，在宝宝多问几次时，父母不可以用"刚刚才说过"为理由来加以责备，反而要更清楚地回答。

❷ 反问宝宝

不要光回答宝宝，偶尔反问宝宝"这是什么"是个好办法。宝宝如果会，一定会回答，答对以后要夸奖他，这样，可以增加宝宝的信心。这就是亲子之间的问答游戏，回答问题时，如果能举出实例是最好的。

❸ 父母的态度很重要

父母回答问题的态度相当重要，一旦给宝宝坏的印象，宝宝就不敢再提出问题了。再怎么忙碌，也尽可能正视宝宝的脸，满脸笑容地回答宝宝所问的问题。

2岁宝宝提出的问题，父母如果以大人能理解的答案加以回答，会使宝宝丧失兴趣。回答宝宝的问题，并不是要父母回答得非常圆满，而是要尽可能地让宝宝容易懂，宝宝懂了之后自然会满足，再继续提出新问题。

千万不要敷衍了事地回答宝宝的提问，因为这种方式绝不会满足宝宝；只有明确地回答问题，才能激起宝宝再提出问题的欲望，进而逐渐认识和理解周围的事物。

❀ 表扬宝宝的艺术

表扬是父母常用的一种鼓励宝宝的方法，用这种方法肯定宝宝的优点，鼓励宝宝的进步，效果很好。但表扬要讲方法、讲艺术，如果方法不对，会适得其反。

❶ 该表扬就得表扬。宝宝做出值得表

扬的事情，才能给予表扬，这样才能给宝宝留下深刻印象。

❷ 表扬要具体。父母应特别强调宝宝令人满意的具体行为，表扬得越具体，宝宝对哪些是好行为就越清楚。比如，两个小朋友在一起玩耍，一个小朋友摔倒了，爬不起来就哭了，另一个小朋友跑过去把他扶起来，帮他打净身上的土，把小朋友送回家。如果父母说你今天真乖，宝宝往往不明白"乖"是指什么。你可以这样说："你今天把小朋友扶起来送回家，你做得很好，妈妈很高兴，以后和小朋友一起玩耍，就像这样互相关心、互相帮助。"用这种方法既表扬了宝宝，又培养了宝宝关心别人、助人为乐的良好行为。

❸ 表扬要及时。如果宝宝做了某一件好事，父母应立即表扬，不要拖延。否则，时间过长，宝宝对这个表扬不会留下什么印象，更不能强化好的行为。

❹ 表扬、奖励相结合。宝宝表现得好，可以适当地给一些精神奖励和物质奖励，如给宝宝讲一个有趣的小故事，或给一个小玩具、小食品等，以鼓励宝宝继续努力。

 小贴士

当宝宝做了不妥当的事情时，如果无法教给他正确的做法，至少也应讲清他受责备的原因。尽管他不能完全理解，但他也会从大人的态度上，知道自己到底错在哪里。

❀ 不要规避钱的概念

传统观念中，父母大多不想与宝宝分享钱的快乐，其实大可不必。让宝宝早点接触到钱，未必不是好事，关键是要让宝宝对钱有个正确的态度，让他明白父母赚钱的不易。

首先，父母需要了解儿童的心理发展特点，耐心读懂宝宝的心。对于用钱奖励宝宝的父母来说，并不是想和宝宝做交易，而只是以此作为激励宝宝更努力地学习的一种方式。

要让宝宝知道世上没有不劳而获的金钱，要让他知道父母是怎么工作才得到钱的。不妨每天给宝宝提一些要求，待他完成了再给予奖励。最好给宝宝买一个储蓄罐，让他把"奖励"存起来。

❀ 好处多多的建筑游戏

建筑游戏是利用某些材料进行建筑活动的创造性游戏，幼儿非常喜欢利用木片、砖瓦、空盒、沙土等堆积各种东西。在幼儿园里最常玩的有用小型积木、大型箱式积木，进行有趣的土木建筑。这种游戏对心理发展的作用有：

❶ 培养丰富的想象力，满足表现欲望。积木的特点是形状多样，使用灵活，可以随心所欲地堆积、排列和掉换位置，有助于诱发幼儿的自由想象。

❷ 培养喜悦的情绪和表现力。当幼儿拿起一块块的积木进行堆积时，两只小手轻巧地活动，会有发自内心的喜悦。为了不使积木倒塌，需要保持适度的紧张感，从而培养幼儿较强的表现能力。

❸ 培养创造性的构造能力。在多种多样的积木里，挑选什么形状，用几块，按什么顺序，怎样排列、堆积、

组合，甚至还要加些美化装饰，都要费一番心血，而且要耐心，不慌乱，细思量，稳妥地使用手劲，方能建成理想中的建筑物，从而锻炼出创造的构思能力。

❹ 发展对数量和图形的理解能力。在积木游戏过程中，通过双手的活动，自然分解或合成立方体、长方体、圆柱体等多种几何形体，从而加深对几何形体的认识，加强对数的感知能力。

❀ 亲子游戏推荐

◎ 学分类

买一盒看图识字卡片，挑出碗和勺、笔和纸、菜和篮子、床和被子之类的图片，将它们打乱后摆在桌上，让孩子将它们按对应关系分别放好。

目的：理解物与物的关系。

◎ 数学游戏

用硬纸做1个立方体大骰子，在6面上涂不同数量的红点，每一面和它的反面的红点加在一起都是7。再做6张画有

1个点到6个点的卡片。

让孩子看骰子有点的画，再从卡片里找出相应的张。让孩子看骰子的反面是几点，并找出相应的卡片。用同样的方法找出3组卡片，对应排好，让孩子算一算每组两个数之和是几。

目的：知道7的分合。

◎ 剪五角星

剪五角星最好用红色或金黄色的纸。先教孩子跟着家长一步地将纸折为10层，这是剪五角星最关键的地方。折法：先将方形纸对角折成三角形，再将三角形靠整边的一个角折进2/3，在原处再折1次，成为8层的角，最后将余下的1/3的一个角反着折过去，折成10层，才能剪。剪纸时必须用左手捏住尖角剪整齐。

目的：训练空间想象能力及动手能力。

◎ 学画圆圈

用一张大纸放在桌上，让宝宝右手握蜡笔，左手扶纸在纸上涂画。家长示范在纸上画圈，握住宝宝的手在纸上做环形运动，宝宝就开始画出螺旋形的曲线，经过多次练习，渐渐学会让曲线封口，就成了圆形。

目的：培养创造力。

◎ 学习配对

先从已经熟悉的物品和图片开始。先找出2～3种完全一样的用品或玩具，如两个一样的瓶子、一样的积木、一样的盒子乱放在桌上。妈妈取出其中两个一样的东西摆在一起，说："这两个一样。"鼓励宝宝找出第二对和第三对。

再找出以前学习认物的图片，先选择3对乱放在桌上，请宝宝学习配对。以后学习新的物品和图片，使宝宝能从10、12、14、16～20张当中将图片完全配成对。

目的：培养认知能力。

◎ 玩套叠玩具

如套碗、套桶等玩具，按大小次序拆开和安装，父母可以先示范，指导孩子按次序拆装，孩子会聚精会神地装拆，可培养孩子的专注能力，学会大小顺序。通过手的操作，实地观察到套叠玩具一个比一个大，逐渐体会到数的顺序和对空间的认识。

目的：可培养孩子的专注能力及对空间与数的认识。

疾 病 防 治

❈ 小儿痢疾的预防

细菌性痢疾简称菌痢，是一种急性肠道传染病。菌痢的主要表现是发热、腹泻、大便脓血，伴有腹疼。菌痢的发病主要由食物污染引起，毒素的吸收会引起发热、全身不适。如果毒素首先侵犯中枢神经系统，就会引起脑中毒症状，患儿会抽风、昏迷、血压下降。

预防痢疾，一定要做到：

❶大便后、吃饭前给宝宝洗手，并养成习惯，最好用肥皂及流动水洗手，以防手上的致病菌随食品入口。

❷生吃的瓜果、蔬菜一定要洗干净、消毒。

❸腐烂变质、不新鲜的食品一定不给宝宝吃。

❹宝宝的餐具要专用并经常消毒。

❺如果家中有人得痢疾，应注意隔离，避免传染给宝宝。

如果宝宝得了痢疾，要及时到医院检查治疗，按医嘱服药，千万不要吃几次药觉得腹泻好一些了就自行停药。最好在服药3天后复查大便，便常规检查正常后再服2～3天药。一般疗程为7天。

除用药之外，还要注意适当休息，吃易消化的食品。如果宝宝高热，可服用退热药和物理降温。若发生中毒性痢疾，则应住院治疗。

❈ 防治宝宝患龋齿

龋齿，俗称虫牙、蛀牙，是幼儿最常见的牙病，多因宝宝食用过多甜食、缺乏钙、含着奶瓶睡觉、不注意口腔卫生等引起的。

预防牙病最有效的方法：刷牙

宝宝到了2岁以后，白生生的牙齿就基本长齐了，这时就该正式开始学刷牙了。

❶ 宝宝2岁后就可练习刷牙，养成早晚刷牙的好习惯，要给宝宝选择合适的牙刷和牙膏，要竖刷不要横刷。不能刷牙的要坚持漱口，在喂奶后给宝宝喝清水。

❷ 少让宝宝吃零食、甜食，尤其是睡前不要吃东西。

❸ 按时给宝宝添加辅食，练习宝宝的咀嚼能力。正确服用维生素D和钙制剂，增强牙齿强度。

❹ 口腔窝沟封闭是世界卫生组织和卫生部推荐的一种操作简单、预防效果较好的防龋手段，是用一种对人体无害也可自凝的合成有机高分子树脂，在牙齿的十字形窝沟内涂上，液态时它可渗入到牙齿表面的窝沟内，经光照后固化。

做好牙齿保健：

条件允许的话，在宝宝1岁左右就开始带宝宝去看牙医，并坚持每3个月一次的定期检查，为宝宝做牙齿保健，确保宝宝的乳牙健康。

宝宝临睡前一定要让他清洁口腔，不能让宝宝含着食物睡觉，以免食物残渣在口腔形成静止的有利于细菌生长的酸性环境，从而增大患蛀牙的概率。

❀ 防止小儿糖上瘾

红糖、白糖都属于精制糖，奶糖、水果糖、巧克力等也含有许多精制糖，吃精制糖过多对宝宝健康非常不利。

多吃糖会使血液变酸性，引起许多疾病。对一个几岁的宝宝来说，只要摄入不到10克白糖，即可导致其血液变酸性，所以宝宝尤其不应该多吃糖。国外有的科学家认为，当细胞经常被酸性体液包围时，就可能发生畸变，最终导致癌症的发生。

不少宝宝都非常喜欢吃奶糖，而许多父母也投其所好，宝宝喜欢吃什么，就买什么，这样做的后果恰恰是害了自己的宝宝。

人一生要长两次牙，先长出来的是乳牙，后长出来的是恒牙。宝宝的乳牙骨质比恒牙脆弱得多，最怕酸类物质腐蚀。而奶糖发软发黏，很容易残留在牙缝中。这些残留的糖经口内细菌作用，很快转化成酸性物质。加上工厂在制糖过程中为了促进蔗糖转化，也加有少量有机酸。这样一来，大量的酸性物质就会腐蚀牙齿，使牙的组织疏松、脱钙，形成龋齿。

小贴士

宝宝出牙后，在吃糖或吃含糖分的水果、食物后，要及时漱口、刷牙，以最大限度地减少存留成分。

Part 18

2岁4～6个月宝宝

生 长 发 育

❀ 宝宝的生理发育

宝宝长大了，躯体和四肢的增长比头围快。为了支持身体重量和独立行走，尤其下肢、臀、背部的肌肉日趋发达。由于骨骼增长快，钙磷沉着亦增加。

胃容量随年龄增长而增大，胃液的酸度和消化酶也逐渐增强。胰液消化酶的分泌有时受气候影响，炎热和生病时都会受影响而被抑制分泌。因此在夏季或生病时食欲会下降。

幼儿期肠管相对较长，小肠内有发育很好的绒毛，所以吸收能力很强，对正在生长发育，代谢需求旺盛的幼儿是很有利的。但是，由于肠道壁薄，通透性强，屏障功能差，肠道内的毒素也容易被吸收而引起中毒症状。因此，在饮食卫生方面应格外注意。

❀ 宝宝的感觉发育

宝宝的感觉发育表	
感觉发育	标 准 值
动 作	宝宝已成了家庭中的一名"劳动者"，他会帮助打扫卫生、收拾桌子，还会自己刷牙、洗水果，其手指灵巧性增加、技巧性加强，会用筷子夹起小粒的食物
语 言	宝宝复述故事的能力加强了。在信息表达方面，四字句、五言句增多，"我要吃水果"、"我要出去玩"是这一时期的常用语。也能按节拍，有节奏地朗诵儿歌

❀ 宝宝的心理发育

2岁后宝宝想象力开始出现，会把一种东西假想成另一种东西，如把一个小盒子当成汽车，边推边喊"汽车来了，嘟嘟"。思考问题和解决问题的方法，仍为直觉行动思维。思维和行动密切联系，在行动中思维，离开了行动便不再进行思维，如动手搭积木时，搭到哪里就想到哪里，一旦停止，也就对搭积木这事不再思索。幼儿的思维还很简单，处于开始发育阶段。

宝宝的记忆能力增强，记忆时间延长，可以复述较久前发生的事情。其思维变得活跃，对事物的认识突破习惯性。如在玩沙土堆时，他会做出一些不同的造型。

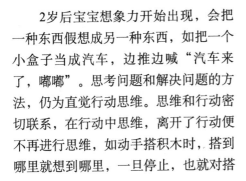

家庭护理

❀ 保护宝宝的听力

耳朵是人的重要感觉器官。听觉器官有一套敏锐、精确的装置。首先，耳翼把声音收集起来，经外耳道传到耳膜，振动中耳腔里的三个听小骨，它们把声音扩大，再传到内耳。内耳像一部电话机，把声能变为电能，通过像电线一样的听神经传到大脑神经中枢，这样就听到了声音。这套装置的任何一个部件发生故障，都会影响听力。

外耳道及中耳传导故障引起的听力下降，叫传导性耳聋。如有耳屎、耳疖、外耳道闭锁等，会使声音不能传入。听骨有了毛病，声音也不能传入内耳。内耳、神经、大脑的疾病引起的听力下降叫神经性耳聋。如链霉素和噪声可损伤内耳，腮腺炎会损害一侧听神经，大脑

炎可使听觉中枢失去辨别声音的能力。

幼儿的耳咽管较直、短而且宽，开口又低，细菌容易通过这个管子进入中耳，引起化脓性炎症，出现耳膜穿孔。因此喂奶时，要防止奶及呕吐物呛入中耳引起发炎。要教会宝宝一个鼻孔一个鼻孔地擤鼻涕，否则会将鼻涕挤进耳咽管。要防治鼻炎、鼻窦炎、扁桃体炎、腮

腺炎、脑膜炎，减少中耳发炎的机会。

在日常生活中，要净化宝宝生活的环境，减少噪声。家里的音响音量要适度，特别是不要在宝宝的房间放高音。在宝宝活动时，要注意安全，防止宝宝把小粒物塞入外耳道，小心尖锐物扎进耳内。不要随便使用链霉素、庆大霉素等药物，保护宝宝的听力健康。

❀ 宝宝锻炼身体要循序渐进

让宝宝锻炼要针对每个宝宝的特点和身体状况来安排，循序渐进。

开始锻炼时，宜采用只引起身体最低限度变化的锻炼强度和时间。在宝宝习惯了这种强度和时间后，才能逐渐地、小心地增加。锻炼时要随时观察宝宝的心率、呼吸及精神状态。如宝宝心率、呼吸加快，情神状态好，面色红

润，说明强度较合适；如呼吸急促，面色苍白，说明强度过大；锻炼后睡眠好，食欲佳，情绪稳定，说明锻炼强度适宜；若食欲减退，睡眠不安，情绪低落，头晕、头昏，说明强度过大。锻炼的时间，开始每次可持续2～3分钟，逐渐增加到10～15分钟。

 小贴士

要采用游戏的方法锻炼，有利于培养宝宝锻炼的兴趣、爱好和习惯。使宝宝在游戏中锻炼身体，得到成功和乐趣。

❀ 宝宝的视力检查

宝宝2岁半左右时，应进行一次视力检查。

我国大约有3%的宝宝发生弱视。宝宝自己和父母不会发觉，在3岁前如果能够发现弱视，4岁之前治疗效果最好。5～6岁仍能治疗，12岁以后就很难

治疗了。

视力问题会给宝宝以后学习和从事许多职业带来麻烦。如学习精密机械、医学，从事司机、飞行员等职业，就不能胜任。

视力检查可发现两眼视力是否相

等。如果因斜视，或两眼屈光度数差别太大，两只眼的成像不可融合，大脑只好选用一眼成像，久而久之，废用的一侧视力减弱而成弱视。或因先天性一侧白内障，上睑下垂挡住瞳孔。检查时发现异常，可及时治疗，避免这些问题。

❋ 不要突然唤醒熟睡的宝宝

高强度、高频率地喊叫不仅会损害处于睡眠状态宝宝的听觉系统，而且宝宝长期被惊醒会造成生理上的障碍。

宝宝被大声突然喊醒，一般会表现为神态呆滞，反应迟钝，不愿活动，进餐不香，学习时注意力不集中，有的则哭闹不止。这是因为叫声惊醒了大脑，而其他系统并没有随大脑的清醒而活跃起来。

妈妈适当提早叫醒宝宝的时间，喊宝宝起床时声音要细柔、悠长，轻轻按摩宝宝的腰椎和脊椎两边，直到把宝宝唤醒。轻声、低频率地呼叫和按摩，可避免喊叫带来的危害。

🍵 小贴士

喊宝宝起床，妈妈可以自己摸索一些小方法，例如将宝宝熟悉的儿歌故意念错，引起宝宝纠正，宝宝纠正后，妈妈乘势表扬宝宝。

❋ 给宝宝驱虫

寄生虫与人体争夺营养，诱发宝宝贫血，造成人体营养不良、发育迟缓等，既影响宝宝的体格发育，又损害宝宝的智力发育。

如宝宝出现身体消瘦，挑食，常肚子痛(痛得不严重，以脐周为主)，脸上有圆形白斑点，有的白眼球上有紫蓝色小斑点，因肛门瘙痒常挠屁股等，宝宝可能需要打虫了。

从肠道寄生虫的特点来看，虫卵大都附着于污染的手或蔬菜表面，而寄生虫的感染途径是口。2岁左右的宝宝接触虫卵的机会要少于大龄儿童，他们接触的东西一般局限于家中的物品和玩具，这些东西相当清洁，虫卵相对少或没有。吃蔬菜的种类与量也少得多，进入体内的虫卵也相应减少。而且虫卵在体内到长成大虫需要一定的时间，也就是说，待从口入的虫卵长成大虫，孩子也超过了2岁。因此，2岁以下小儿一般不需要服用驱虫药。

小贴士

在给宝宝吃打虫药的同时要补充维生素。

❈ 申斥宝宝睡觉不可取

这个时期的宝宝越发喜欢对妈妈撒娇，特别是睡觉的时候会缠着妈妈，不少妈妈不耐烦了，喜欢申斥、威胁宝宝睡觉，这是不可取的。

宝宝能自己说小便，能自己拿勺子吃饭，可以说能自立行动了，但是，在宝宝的内心深处，仍然有一种对妈妈割舍不断的依恋。这种依恋常表现为把妈妈拉到自己的身边。作为妈妈，如果拒绝宝宝的这种依恋，申斥宝宝，让他自己去睡，这样做会让宝宝的心里怀着对妈妈拒绝自己的怨恨，会比宝宝自己不能穿鞋更会留有后患。宝宝心底对妈妈的怨恨，会恶化他同妈妈的关系，从而妨碍宝宝与妈妈的合作，推迟白天的自立行动。

入睡前，宝宝想让妈妈在身边的话，妈妈就应该高兴地满足宝宝，让宝宝安心、快速地进入梦乡。在母子同睡一室的情况下，这样才是自然的。

❈ 宝宝午睡不可少

午睡对于1～3岁的宝宝来说是必不可少的。足够的睡眠，能使宝宝精神活泼，食欲旺盛，促进其正常的生长发育。

宝宝活泼好动，容易兴奋也容易疲劳，所以宝宝年龄越小睡眠时间越长，次数也越多。到了1岁半以后，白天还需睡一次午觉。因宝宝活动了一个上午，已经非常疲劳，在午后舒舒服服地睡一觉，使脑细胞得到适当休息，可以精力充沛、积极愉快地进行下午的活动。

许多宝宝不愿意午睡，妈妈要采取相应的措施。如果宝宝每天早上睡懒觉，到了午后还不觉得疲劳，自然不肯午睡。妈妈要注意调整宝宝的睡眠时间，早上按时起床，上午安排一定的活动量，宝宝有疲劳感就容易入睡了。

> **小贴士**
>
> 要在固定的时间安排宝宝午睡，节假日带宝宝上公园或到亲戚朋友家做客，也不要取消午睡。

科 学 喂 养

❋ 长期大量服用葡萄糖会引起宝宝厌食

宝宝经常食用葡萄糖，会引起厌食、偏食、龋齿、肥胖等不良后果。

平时食用的糖类，会先在胃内经消化酶的分解，再转化为葡萄糖被吸收，而服葡萄糖则免去转化的过程，直接就可由小肠吸收。如果长期以葡萄糖代替白糖，就会使肠道正常分泌双糖酶和其他消化酶的机能发生退化，影响宝宝对其他食物的消化和吸收。

小贴士

有些宝宝按进食的量和成分计算，摄入的营养素已能满足机体需要，甚至还超过一些，但体重达不到标准体重，皮下脂肪也不丰满。遇到以上情况，应首先考虑是否有慢性肠道疾病。

❋ 常给宝宝吃含胡萝卜素的食品

宝宝多吃胡萝卜对防治干眼症、夜盲症和反复的呼吸道感染有良好效果。

胡萝卜素不仅可以被人体直接吸收，还可以在肠道转化为维生素A，1分子的胡萝卜素可以形成2分子的维生素A，维生素A对防治干眼症、夜盲症和反复的呼吸道感染有良好效果。胡萝卜素还具有抗氧化的特殊功能，能够清除人体内的废物——活性自由基等，所以常给宝宝吃含胡萝卜素的食品对宝宝有好处。

胡萝卜素存在于许多水果和蔬菜当中，含胡萝卜素丰富的食品有南瓜、菠菜、胡萝卜、李子、番茄、橘子等。胡萝卜含胡萝卜素很丰富，但生吃很难将这些胡萝卜素吸收，因为胡萝卜素是脂溶性的，它几乎不溶于水，因此要将胡萝卜用油炒熟给宝宝食用。

 小贴士

人体对胡萝卜素的转化速度有一定的限制，让宝宝多吃含胡萝卜素丰富的食物也不会出现维生素A中毒。

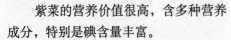 宝宝吃紫菜增强记忆力

紫菜的营养价值很高，含多种营养成分，特别是碘含量丰富。

常给宝宝吃些紫菜，对宝宝的身体很有好处，可使血浆中胆固醇的含量降低，对防止动脉硬化、降低血压有一定疗效。另外，吃紫菜还可以预防淋巴结核、气管炎和甲状腺肿大等疾病。紫菜所含丰富的钙、铁、碘元素，不仅可以预防宝宝贫血，而且可以促进宝宝的骨骼、牙齿生长和保健。紫菜中含有丰富的胆碱分子，有增加记忆的作用。

吃紫菜的方法很多，最常见的是做各种紫菜汤，如紫菜肉片汤、紫菜鸡蛋汤等，还可以制馅包饺子。

 小贴士

宝宝每次食用紫菜15克为好，胃肠消化功能不好的宝宝应少吃紫菜。为清除紫菜中的泥沙，食用前最好用清水泡发，并换一两次水冲洗。

 学做几种小点心

🌷 奶油可可冻

【原料】 奶油100克，琼脂6克，可可粉3克，白糖100克，牛奶4汤匙。

【制作】 将洋粉泡软。牛奶加白糖、可可粉搅匀，加水400毫升及琼脂熬成汁，晾凉。将奶油打起，与牛奶液搅匀，放入模子中，置冰箱中。

🌷 枣霜

【原料】 枣泥半碗，熟西米半碗，白糖2匙，柠檬汁2匙，蛋白2个。

【制作】 蛋白打起。将枣泥、西米加热，拌入柠檬汁及糖，再拌入蛋白，待半凉时，倒入碗中打起。盛入盘中放冰箱。

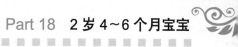

猕猴桃羹

【原料】猕猴桃200克，白糖50~100克，苹果1个，香蕉1根，水淀粉适量。

【制作】将苹果、香蕉洗净去皮，切丁。

猕猴桃洗净，包入纱布，将汁挤出。

猕猴桃汁加白糖，加水750克搅匀，置火上烧沸。

将苹果丁、香蕉丁倒入锅内，再煮沸，勾薄芡出锅，放凉即可。

红果汁冻

【原料】红果汁200克，白糖1匙，琼脂少许。

【制作】将果汁、白糖煮沸，洋粉溶化，离火冷却，用打蛋器将汁打起泡沫，倒入模子，晾凉，凝结，置冰箱。

食用时，将果冻倒出。

水果甜羹

【原料】无馅小汤圆适量，果脯丁75克，白糖75克。

【制作】小汤圆加水煮软，放入果脯、白糖煮沸即可。

银耳甜羹

【原料】银耳25克，白糖75克，水果丁75克，糯米小圆子100克。

【制作】将银耳煮软。

将圆子煮熟捞出放入银耳内，加糖、加水果丁煮开即可。

山药羹

【原料】鲜山药500克，水果丁75克，白糖75克。

【制作】山药去皮煮熟，切小块。水果丁、白糖、山药入水同煮即可。

✿ 学做几样西点

苹果派

【原料】混酥面350克，苹果900克，砂糖150克。

【制作】将混酥面250克擀成薄片，入炉烤熟。

把苹果去皮、核，切片加糖炒熟。

将苹果倒入排底，再将剩余的面擀成薄片，盖在排上，压紧边，刷上蛋黄。

入炉烤熟，晾凉切块。

芝麻圈

【原料】酵母粉3克，温水75毫升，面粉250克，鸡蛋1个，盐3克，融化的黄油3克，蛋黄1个，芝麻25克。

【制作】在小碗内放25毫升温水，将酵母溶解。

将200克面粉，加入鸡蛋、酵母、水、盐和黄油，使劲搅动，搅上劲后，加面粉少许，和成面团。

将面团在面板上揉到润滑有弹性，

揉成面团，放入涂过黄油的容器里，盖好。将发起的面做成圈，放入烤盘，再发。

刷上蛋黄，撒一层芝麻，入炉烤45分钟。

清酥面

【原料】 面粉250克，黄油250克，鸡蛋1个，盐3克，凉水75毫升。

【制作】 将面粉过箩，放入盐、打散的鸡蛋和凉水，和成面团。放入冰箱半小时。

把黄油化软，撒上少许面粉，压成方饼，放入冰箱冷冻。

把面团、黄油取出。将面擀成长方形，把黄油包起来擀开，叠三摺，再擀开，再叠三摺擀开。叠四摺擀开4遍。再叠一次，都放入冰箱冷冻半小时。

将清酥面放入冰箱冷藏，可做各种西餐小点心。

清酥苹果包

【原料】 银清酥面200克，苹果1个，砂糖15克，鸡蛋1个打散。

【制作】 将苹果去皮，切开去核。

把清酥面擀成薄片，切成方块，刷上鸡蛋，放上砂糖少许，包上一块苹果。

刷上鸡蛋，入炉烤熟。

智能提升

❈ 克服入园困难

进入幼儿园，是宝宝从家庭走向社会的第一步，宝宝有那么多需要适应的问题：没有爸爸妈妈，没有亲人，只有陌生的老师和同龄的小朋友；没人整天围着自己转，相反，吃点心、玩玩具都必须等待和排队……做父母的要为宝宝及早做好充足的准备，帮助宝宝更容易、更迅速地喜欢上集体生活。

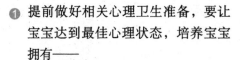

❶ 提前做好相关心理卫生准备，要让宝宝达到最佳心理状态，培养宝宝拥有——

自豪感：我已经长大了，所以我要上幼儿园了！

向往感：幼儿园里可以学好多本领，还有很多小朋友一起做游戏，可开心啦！

熟悉感：我知道幼儿园是什么样子，做什么事情，妈妈都告诉过我。

安心感：爸爸妈妈很爱我，老师也会喜欢我。

可以看一看幼儿园的生活：参观班级活动，观看小朋友们上课、游戏；瞧一瞧盥洗间、午睡房间等地方；喂一喂饲养角中的小动物；玩一玩幼儿园里的大型玩具……让宝宝感觉到，幼儿园是一个美好的地方，知道小朋友在幼儿园中做什么，逐渐建立"在幼儿园里真开心"的概念。

❷ 讲一讲幼儿园的故事：全家都对宝宝去幼儿园的行为表示肯定和赞赏。在和邻居朋友们玩耍时，故意大声表扬某个宝宝认识的小朋友，并得出结论："难怪呀，原来是上了幼儿园呀，宝宝如果上了幼儿园也会很棒的……"让宝宝对幼儿园产生一种期待的心理。

把宝宝要入园当作家里的一件喜事来讨论、迎接，让宝宝觉得入园是件高兴的事，使等待入园的过程充满乐趣。

常常给宝宝描述幼儿园的有趣之处，比如，上幼儿园可以认识新朋友，可以跟老师学本领，可以参加各种有意思的活动，等等。在宝宝任性、不听话时，对宝宝说："如果你表现好，才能让你进入幼儿园。"与之相反，千万不可以说："你这么不听话，真该去幼儿园了！"

还可以利用故事和儿歌，使宝宝向往幼儿园的生活。比如，讲一些小动物离开妈妈独立生活的故事，让宝宝知道幼儿园是宝宝们的乐园，是学习本领的地方。

❸ 玩一玩幼儿园游戏：在参观幼儿园、了解幼儿园里的日常要求和活动内容后，在家可以和宝宝玩在幼儿园上课的模拟游戏，使宝宝了解将要在幼儿园里面对的规则，帮助宝宝今后更容易适应。

❹ 交一交新朋友：多带宝宝出门接触小朋友，鼓励宝宝主动地和他人进行语言沟通，鼓励宝宝与同伴分享食物和玩具。常请小伙伴们到家里来做客，让宝宝当小主人，招待好小客人们。在宝宝正式入园前，最好帮助宝宝认识一两个同班级的小伙伴。宝宝进入幼儿园后，班级里有熟悉的同伴，陌生感和不安全感会减少很多。

❺ 要相信宝宝，相信老师：父母的尊重、信任和配合对老师会是良好的激励。不可以对宝宝说如下的话：

"看你这么调皮，送你到幼儿园去，叫老师好好收拾你。"

"你再不听话，就把你送到幼儿园，让老师把你关起来。"

"唉！到幼儿园你就没这么开

心了。"

诸如此类的话，会让宝宝感觉幼儿园很恐怖、老师很严厉，从而对幼儿园生活产生抵触甚至恐惧心理。

❀ 适当嘉许冒险精神

2岁的宝宝，自主意识不断增强，渴望能独立活动。这个年龄段的宝宝喜欢自己走路，父母应该多多给予鼓励。宝宝看到路边成堆的沙子、石头或别的什么东西，都会引起强烈的兴趣，总是想走到跟前去看一看、摸一摸。宝宝也不会像成年人那样有危险感，因为正处于对任何事物都感兴趣的阶段——宝宝这种对环境充满好奇、积极探索的态度极其可贵，可以帮助宝宝通过对感兴趣的事物的观察，发展自己的两大项智力：注意力和认识力。

这时候的宝宝，也会因此特别容易跌跤、闯祸，应当在注意宝宝安全的同时鼓励冒险精神和探索兴趣。可适当采取一些安全措施，也可以通过看图片、讲故事等方式，提醒宝宝注意安全，小心跌跤。这个时期是培养宝宝的勇敢性格和冒险精神的关键时期，绝不能随意阻止宝宝的行动，从而使宝宝形成胆小怕事、处处退缩的性格，因此失去对环境积极探索的可贵精神和兴趣。

❀ 怎么处理"家老虎"和"外小猫"

这个月龄的宝宝，有个别的会出现一些性格上的奇怪现象，如有的宝宝在家里说一不二，跟一个"小霸王"似的，在外边却很怯懦，胆小得像一只小猫。

这种情况下，宝宝的想法可能是："我想大声说话，可是怎么也说不出来；我想玩个痛快，可就是不行。"实际上，宝宝在努力去做，却连高声说话的声音都发不出来，身体也不灵活、不听指挥，宝宝自己也不知道这是为什么。而且，这种表现，一般只会出现在幼儿园

里，一回到家，宝宝就恢复了常态，说话声音也高了，身体也能行动自如了。

为什么宝宝在幼儿园里和在家里有这么大的不同呢？这是因为宝宝对幼儿园的集体生活形成的心理压力太敏感，产生了一种压抑感。换句话说，由于过分紧张，使宝宝身体的所有功能都受到了抑制。

在家里，宝宝却不会有这种精神压力，身体里的能量能够自由地释放出来。因为外界环境中形成的心理压力，并不是宝宝一个人能够对抗得了的，所

以说，父母应该做的，就是培养宝宝对这种集体生活压力的承受能力。

具体的做法，是和幼儿园的老师商量，请对方帮助，找出性格内向、温驯，也具有"在家是老虎，在外像小猫"类似倾向的宝宝，把宝宝的父母介绍给自己认识，让两个宝宝在两个家庭之间互相往来。今天到这一家吃点心，明天去那一家洗澡，让宝宝们生活在一起，游戏在一起，因为宝宝都属于内向性格，心理平衡，两个宝宝都能得到人际关系的训练，培养出抵抗力。

同时，寻求到幼儿园老师的支持和理解，把两个宝宝的座位安排在一起，让两个宝宝能够共同应对集体生活的压力，逐渐获得抵抗能力。

❋ 训练宝宝口语表达能力

❶ 会听。要培养孩子安静、有礼貌地注意听别人讲话，不打断别人的话，不在别人说话时乱闹。能听得准确，对于简单话和简单意思，能够复述。

❷ 会说。一是对话，要培养孩子能按要求回答问题，不论回答得对不对，但要切题。二是有讲述能力，能够把要求、经过谈清楚。

❸ 有良好的讲话习惯。培养孩子喜欢讲话，能在众人面前开口讲话。讲话时表情合适，语句中没有过多的停顿和重复，不说脏话。3岁的孩子可掌握1000个左右词汇，以名词和动词为主。形容词主要是"大、小、冷、热、红、白、蓝"等常用词，但用起来还不十分准确。3岁的孩子主要应掌握以下范围的词汇。

❶ 名词和动词。掌握生活中常见物品名，如家具、电器、食具、食物，周围环境中的植物、交通工具、建筑等。动词是常用的，如吃饭、上街、穿衣等。

❷ 形容词。要教孩子易于理解，能直接感知的词，如大小、方圆、颜色、味道，反映感觉的饿、疼、渴等，表示味道的甜、酸、苦、辣等。

❸ 数词。10以内的数可以正数、倒数，并可以应用。

❹ 副词。能应用说明时间的先、后，早、晚的副词，能使用"最、很、都"等。

❋ 练习足尖走路

　　足尖走路可以练习身体平衡，在宝宝学会单足站稳后，就可以试着开始学习。

　　先学习提起一个足后跟，学习用一个脚尖走，一只脚学会后再提起另一个脚后跟，学习用两个脚尖走路。刚学走路的孩子，由于要保持身体平衡，走路时两脚分开到与双肩同宽。

　　学习用脚尖走路要求将身体的重心从整个脚底移至脚的前半部，脚后跟提起，练习时要求身体伸直，不能前倾。否则在走路时抬起一足，身体重心就会完全落在孩子另一脚底的前半部分。

　　足尖走路需要保持身体平衡的小脑、大脑和脊髓运动神经有良好协调。促进各神经系统间的联系和协调动作，为以后更复杂的体能运动打基础。

❋ 训练宝宝的自我控制能力

　　幼儿生性好动，只要睡醒后睁开双眼，总是不停地活动，很难控制自己安静片刻，因此应加以训练。以下方法可以帮助宝宝训练：

　　家长和幼儿都做好准备，关上门，关上一切音响设备，安安静静地坐好，闭上眼睛。此时一切杂乱的紧张心情都会渐渐消失，而且可听到许多从前未感受到的细微声音，如远方汽车过马路声、风吹树叶声。幼儿经过几分钟的安静训练后，懂得保持安静才能更集中注意力，才听得到以前听不到的细微声音，并学习保持安静的方法。

　　开始每次安静训练3分钟，以后渐渐延至5分钟结束。安静训练时，可用耳语说话声或用手势表示结束。然后站起来，轻声离开屋子，开始进行户外的欢腾活动。这种安静训练，每周1~2次。

　　受过安静训练的孩子会自觉安静，减少活动和发声，学会约束自己。同时也能培养专注力，对以后学习有好处。保持安静也是教育幼儿文明礼貌的行为。让孩子学会该活动时尽情活跃，该安静时要保持安静。

❋ 亲子游戏推荐

　　◎ 走平衡木

　　可以练习高空控制，为身体平衡能力打基础。在离地10~15厘米的平衡木上学习行走。可先扶宝宝在平衡木上来回走几次，使宝宝习惯在高处行走，渐渐放手让宝宝自己在平衡木上走。鼓励宝宝展开双臂以协助身体的平衡。

目的：培养身体平衡能力。

◎ **倒豆**

用两个小塑料碗，其中一个放1/3大米或黄豆，让孩子从一个碗倒进另一个碗内，练习至完全不撒出来为止。然后再学习用两个碗倒水。

目的：训练精细动作能力。

◎ **看图说话**

与小儿一起看生活日用品图片，边看画片边讲各种物品的特点及用途，让孩子模仿大人的语言，边指画片边练习说。和孩子一起看图画，讲出画上的内容，让孩子回答如"这是什么动物"的问题，能用语言表达。

目的：培养语言表达能力。

◎ **学会耳语传话**

妈妈在宝宝耳边说一句话，让宝宝跑到爸爸身边，告诉他妈妈刚才说的什么，由爸爸将话再讲出来，看宝宝是否将话听懂了，并能正确将话传出去。耳语是一种特有的方式，它声音低，不让他人听见。同时听者只能用听觉去理解，不能同时看眼神和动作。孩子很喜欢耳语，因为它有一种神秘感。两岁半的宝宝正处于语言学习阶段，光靠听觉，没有其他辅助动作，要听懂耳语有一定难度，开始先说一个物名或两三个字的短句，让孩子第一次传耳语成功，增强孩子的信心，以后再逐渐增长句子并增加难度。

目的：培养说话能力。

◎ **小大人**

幼儿在家中应培养帮助大人做事的习惯，如大人扫地，他拿簸箕，大人擦桌椅，他擦玩具等。大人在与人交往中说"您好"，要让幼儿学习，在家中对长辈打招呼时说"您好"，接受帮助时说"谢谢"，早晚要道"早安"、"晚安"，分别时要说"再见"。孩子在接受礼物时要听从家长命令并说"谢谢"。

目的：培养日常生活能力。

◎ **挑刺**

方法：妈妈在纸上画画，让孩子看，故意把画画错，如把鸭子画成尖嘴，把兔子画成长尾巴，把壶嘴朝下，把小猫画成圆耳朵，看孩子能不能挑出错来。

目的：培养孩子的观察力。

疾病防治

❀ 注意防治红眼病

红眼病，又叫急性结膜炎。两眼先后发病，由细菌或病毒引起，传染性很强，接触了红眼病眼泪污染过的手、手帕、玩具、门把、毛巾等，极易传染，在幼儿聚集的地方也易传染。一旦患红眼病，应到医院诊治。

红眼病治疗与护理要点：

❶ 每半小时滴眼药水一次，坚持彻底治疗。

❷ 常用药：0.25%氯霉素，0.1%利福平。睡前用0.5%红霉素眼药膏治疗。

❸ 患儿一切用具要全部煮沸消毒。

夏、秋季流行的多是病毒引起。严重时结膜充血，甚至出血。耳前淋巴结肿大、压痛，有时影响到角膜，眼球发痛，视力模糊，治疗要用抗病毒药，要坚持10～14天才可痊愈。

❀ 怎样给宝宝点眼药及滴鼻药

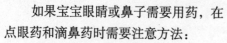

如果宝宝眼睛或鼻子需要用药，在点眼药和滴鼻药时需要注意方法：

❶ 点眼药。让孩子坐在椅子上，头向后仰，脸向上，轻轻闭眼。家长把眼药向眼内角挤出1～2滴，然后用另一只手，将上眼皮轻轻提起来，使药水含在眼里。放下眼皮，让孩子闭一会儿眼，转动眼珠，使药水布匀。

❷ 点鼻药。让孩子躺在床上将头伸出床沿外，尽力后仰，使头与身体呈直角，然后向双鼻孔各滴1～2滴药液。只要保持头向后仰，药水就不会流到嗓子里去。但要注意孩子不要经常使用通鼻剂，如果使用，也要用小儿制剂，不能将大人的药随意给孩子用。

❋ 预防宝宝扁平足

足弓对脚腿部关节以及内脏和脑有重要的保护作用，但2~3岁前的小儿几乎都有些平足，小儿会走路后才能逐渐

建立起正常的足弓。在此之前，妈妈需要注意预防宝宝扁平足的发生。预防扁平足的主要措施是：

❶ 鞋子要合适。要选用布底鞋，后跟稍微高一些（一般高2厘米就可以）。鞋的大小要合适，鞋底要有一定的弯曲，以便能够托住足弓。鞋要轻便、舒适。小儿不能穿拖鞋，拖鞋不仅不能托护足弓，还会使小儿成八字脚。

❷ 教会宝宝用脚尖走路、站立。训练宝宝光足在高低不平的地上行走，如沙滩上、沙砾地上等，这样能有效地锻炼足部肌肉。

❋ 宝宝脚扭伤的处理

孩子活动量大，不小心踏空，脚向内翻，发生扭伤是常见的。扭伤后，外踝可出现肿胀、皮下发青等。处理方法是：

❶ 受伤后第1天，宜冷敷，使肿胀疼痛减轻。

❷ 让孩子卧床，不要再下地活动。脚要抬高，垫上棉垫，使伤脚高过心脏。如脚下垂，会加重肿胀。

❸ 可请医生诊治，外敷药并内服七厘散、跌打丸等。

❹ 如无骨折，只是部分韧带撕裂，可用手指轻轻按揉伤处至小腿。

❺ 如韧带撕裂较重或完全断裂，或出现骨折，要固定1~1.5个月。

❻ 有过脚扭伤的孩子，注意不要再次扭伤。

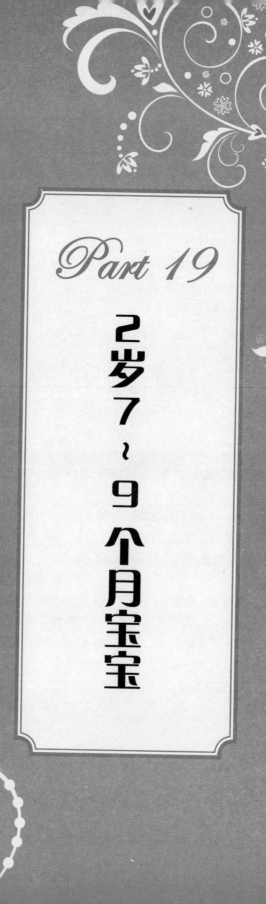

Part 19

2岁7~9个月宝宝

生 长 发 育

❀ 宝宝的生理发育

　　绝大多数宝宝此时已长出了18颗以上的乳牙，有的宝宝已经长出20颗乳牙，完成了乳牙生长任务。宝宝的乳牙有一定咀嚼能力，但乳牙外面的釉质较薄。此时，宝宝的身体已经非常强壮，对疾病的抵抗力也得到加强，父母可以多带宝宝去户外活动，多接触人与大自然，培养宝宝的社交行为能力。

❀ 宝宝的感觉发育

宝宝的感觉发育表	
感觉发育	标 准 值
动　作	宝宝会骑小三轮，能快速跑步，但有时还会跌倒。会使用剪刀，能端装水较满的水杯。能自己脱裤子衣服、穿裤子、穿没有纽扣的衣服。能随意控制身体的平衡，还学会了跳跃动作，会单脚蹦、拍球、踢球、越障碍、走S线等
语　言	宝宝词汇量达到200个以上，会使用礼貌用语、和大人进行完整的对话、表达自己的想法等
其他发育	宝宝会从不同的角度观察事物，具有分析问题、思考问题的能力，他能通过观察找出事物间的一定联系。由于记忆力的发展，宝宝可以记住内容较短的吩咐。在音乐理解能力方面，他喜欢重复自己爱听的歌曲，还会吹简单的乐器（如喇叭）。这个时期的小宝宝还具有了大致的计算能力，知道增加与减少的概念。宝宝的独立性增加，其反抗性也不断加强，有时不能自控情绪

❋ 宝宝的心理发育

这时的宝宝开始了人生的第一个逆反期，特别任性、难管、让人生气，哭闹起来很凶，但只要一满足他的要求，马上就露出笑脸。此时的宝宝情绪很不稳定，且都是暂时的、爆发性的。

宝宝开始能照顾自己，能理解、照顾他人，在团体中有合作与分享的互动，能与朋友互动玩游戏。宝宝会主动接近别人，并能进行一般的语言交往。

宝宝开始会有意识地寻求与父母的亲近，获得父母的情感支持等行为，当父母在时，他们可以将父母作为安全基地进行游戏，出现了对照顾者持续、稳定的情感。

此阶段宝宝与周围有广泛复杂的交往，促进了情绪和情感的发展，出现高级情感的萌芽。如成人给他简单事情做，完成后他会体验到完成任务的愉快。和小朋友相处，会引起友爱、同情等情感体验。认识简单行为准则，如"对"，或"不对"、"不可以"。

家 庭 护 理

❋ 教宝宝上厕所

在宝宝具有以下条件时就可以训练宝宝上厕所了：能够自由地在房间走动；有能力轻松地在马桶上坐上和下来；能够很容易地自己穿上和脱下内裤；同时知道许多诸如"干"、"湿"、"尿"、"屎"等词的意思；能够在不被责骂、训斥的情况下按照父母的简单指示办事；能够每天排几次小便，而不是一天点点滴滴到处小便。

平时穿衣服、脱衣服，尤其是提裤

子、脱裤子时，应尽量鼓励小孩自己动手。当你上街买东西时，可以带小孩去公共厕所，目的是让宝宝知道使用公共厕所是很方便的。父母要改掉一定回到家里才上厕所的习惯，因为小宝宝没有那么久的控制能力。

在正式开始训练前，应做一些准备工作。父母要确保宝宝有一个使用方便的便盆，因为宝宝在大小便时不易保持平衡。应为宝宝准备多条内裤，10条左右即可，这样就可以应付许多意外弄脏内裤的情况。同时，洗这么多内裤比一次只洗两三条内裤经济得多。宝宝的内裤不应太大或太小，使宝宝能很容易地将内裤脱过臀部及大腿根部，但又不至于掉下去。

当宝宝需要使用厕所时，父母必须让宝宝自己独立做每一件事情。而且通常让宝宝多吃一些流质食物来鼓励他们多上厕所（注意避免喝任何易引起腹泻或腹痛的果汁）。当父母小便时让宝宝注意听一听，来帮助宝宝了解上厕所究竟是怎么一回事。这样训练有助于使宝宝直观地明白在厕所里大小便与在便盆上大小便是一回事。

一开始应该教男孩坐下来小便而不应站着小便。否则，一听到响声或受到惊吓，他们常常会把浴室弄得到处都是小便。

在如厕训练结束后6个月左右的时间里，宝宝偶有一次反复，这是预料中的事，与如厕训练的方法无关。许多宝宝在六七岁之前仍有许多麻烦事发生。3岁以下的儿童夜尿多或尿床（遗尿），应该是意料中的事，也与如厕训练无关。宝宝并非故意要弄湿他们的床，因此不应该因为尿床而责骂他们。

大多数宝宝在大便后不能擦干净他们的肛门，尤其是在大便稀软的情况下，对很多宝宝来说，这种情况要到4岁才会得到改善。如果你的宝宝排便困难或便秘，甚至便后喊大腿酸痛，你就应该考虑在每天的饮食中给予更多的植物纤维或粗粮。在如厕训练中，没有比小孩便秘引起的麻烦更糟的了。如果宝宝经常便秘或排便困难，你就应该在进行如厕训练前带小孩找医生看一看。

❀ 防止对宝宝过度保护

父母应该在守护当中让宝宝一点一点地去尝试冒险，过度保护的话，可能会让宝宝养成胆小或消极的个性。

宝宝不管做什么事，父母都会插手、插嘴的过度干涉，这多半发生在追求完美的父母身上。"手洗干净了没有？""要吃干净一点。"像这样深受

父母干涉的宝宝渐渐就会消沉，而且会自我否定，变得没有自信，之后可能也会反抗父母。

一般而言，宝宝只要受到父母的信赖就会努力地去做。相反，如果不受信赖，就会觉得反正怎么样做都一样，就会随便做做。所以相信宝宝是很重要

的。要改变过度保护、干涉的做法，对父母来说也不容易，但只要在对宝宝说"不行"之前，停一秒想想看，就会不断改进。

 小贴士

> 过度保护宝宝大部分发生在比较担心或者是有强烈不安感的父母身上，尤其在养育第一胎宝宝或者是独生子女时更容易过度保护。

❋ 小心宝宝性别错位

有的父母因为想要男孩，或者认为自己的儿子穿女装更可爱，所以一直把宝宝当男孩或者女孩来养育、打扮，这对宝宝的身心健康十分有害。

此阶段的宝宝对周围事物因好奇而发生极大兴趣，表现出浓厚的求知欲望，如果在这时期让幼儿做异性打扮，长期下去，就会导致宝宝性别认同混乱或异性化心理变态，种下易性症、异性装扮癖及同性恋等心理根源。

如果宝宝受周围大人的影响，认为自己是男孩或女孩更好一些，会对与自己相反的性别产生莫名的崇拜。在这种情况下，首先妈妈应检查自己的言行，然后告诉宝宝各种性别的优势。如女孩崇拜男宝宝的性别，就要给她讲女性生理上的天赋优势，让她认识到作为一个女性的重要性。

 小贴士

> 幼儿时期是培养健全人格的关键时期，而心理健康与否又直接影响人格的形成，妈妈在给宝宝添置新衣服的时候，千万别忽视这一点。

❋ 宝宝该如何打扮

宝宝的打扮应该适合宝宝的年龄、性别以及宝宝的活动。

❶ 宝宝的服装应整洁卫生。整洁与卫生是美育的重要内容，它本身就给人以美感、快乐。

❷ 宝宝的打扮应适合宝宝的年龄和活动，利于宝宝的生长发育。宝宝天性活泼好动，给宝宝的衣着要裁剪得体，美观大方，不要讲究质地高档，式样奇异。另外，宝宝衣服的装饰品不能太多。如果让活泼好动的宝宝戴着装饰品爬、跑、跳、攀登、做游

戏，宝宝的活动将会受到限制。这个年龄的宝宝正处于生长发育迅速的时期，父母不应追求时尚，给宝宝穿紧身式的服装，这些式样的服装不利于宝宝的活动和生长发育。

❸ 宝宝服装的色彩要鲜明、协调，色彩对比不能过于强烈，以免宝宝有眼花缭乱的感觉。

 小贴士

有些父母认为女孩好，就把男孩打扮成女孩样子，给宝宝扎辫子、穿裙子。这些打扮不仅有害无益，而且还会影响宝宝的身心健康。

❈ 宝宝看电视时应注意什么

看电视是宝宝生活与学习中不可缺少的部分，通过看电视，宝宝可以学到许多知识，但如果观看不当，会给眼睛造成负担，引起眼部疾患，因此在看电视时要做到以下几点：

看电视时要保持一定距离：

父母将电视置于光线较柔和的地方，位置放得不要太高或太低。电视机的屏幕中心最好与眼视线处在同一水平位置上。由于在看电视时眼部肌肉处于紧张状态，眼睛和电视机要保持一定距离，以电视屏幕对角线的4～6倍为宜。观看时应坐在屏幕的正前方，斜看角度不应大于45°。

看电视时，室内光线不要太暗：

有人喜欢看电视时把屋里的灯都关掉，这样使屏幕的亮度和周围的黑暗形成较大反差，长时间观看易造成眼睛疲劳。相反，如房间灯光很亮，图像就显得灰暗，而且也看不清楚。因此看电视时，屋子里的光线不要太暗，也不要太亮，可以在屋子里开一盏柔和的小灯，这样眼睛就不容易疲劳。

看电视的时间不要太长：

儿童看电视时间不能超过1个小时，就要到别处转一转，喝点水，上厕所，或站在窗前向外眺望一会儿后再看，也可以利用放广告节目时，闭目养神，使眼睛得到一定时间的休息。

科学喂养

❋ 给宝宝吃些粗粮

🌰 小窝头

【原料】 细玉米面400克，黄豆粉100克，白糖250克，小苏打少许，桂花3克。

【制作】 将玉米面、黄豆粉、白糖、苏打掺在一起，慢慢加温水揉合。

揪成剂，和上桂花做成小窝头。

上屉蒸熟。

🌰 金银糕

【原料】 玉米面400克，大米面200克，白糖，干酵母，小苏打，蜜枣少许。

【制作】 大米面放干酵母发酵成糊状，加白糖。

玉米面加凉水和小苏打和成糊状，铺在笼屉上。上面铺发好的大米面，放上蜜枣。

上笼蒸约1小时。

🌰 枣豆丝糕

【原料】 玉米面400克，小豆、小枣各100克，小苏打少许。

【制作】 玉米面加小苏打和好。

小豆煮熟，用冷水冲一下。

小枣泡开。

玉米面一半铺在笼屉上，小豆控干水撒在上面，将另一半玉米面盖上，用手拍平，将小枣放在上面。

蒸1小时，切块食用。

🌰 豆馅丝糕

【原料】 玉米面400克，红豆沙，红糖，小苏打，桂花各少许。

【制作】 玉米面加小苏打和好。

玉米面夹红豆沙放在笼屉上，上面撒桂花。

蒸1小时。

✿ 怎样让宝宝养成细嚼慢咽的好习惯

口腔是食物进入身体的第一关，是人体消化食物的开始，细嚼慢咽，可使食物在口腔中磨碎，减轻胃的工作。同时通过咀嚼，可以使食物更好地与口腔中的唾液混合成为食团，便于吞咽，而且能反射性地引起胃液的分泌，为食物的下一步消化做好准备。

细嚼慢咽对保护宝宝牙齿和牙周组织的健康、促进颌骨的发育以及帮助消化吸收、增进身体健康大有益处。父母应经常提醒宝宝细嚼慢咽，给宝宝讲吃东西细嚼慢咽的好处。还可以和宝宝一起探讨各种食物的味道，让宝宝通过细

细咀嚼体味食物的味道，培养细嚼慢咽的好习惯。

♥ 小贴士

吃饭过急常常和宝宝的性格有关，因此，妈妈可以让宝宝玩一些培养耐心的游戏。

智能提升

❋ 要尊重宝宝

幼儿在成长、发展过程中，有一种强烈的尊重需要——对自尊、自重和来自他人的尊重的需要或渴望。对于父母来说，通过宝宝的行为表现识别宝宝的真实意图很重要。

幼儿尊重需要的表现形式可以归纳为几类：

1　要求得到成年人的关注：大多数情况下，宝宝会用积极的办法引起成年人的关注，如主动招呼父母来看自己搭的积木、画的画、做的某个动作，要求父母帮自己数跳绳、拍球的次数等。宝宝追切地希望父母或老师看到自己，从成年人的关注中，获得自信和自尊。

有时候，宝宝也会用一些消极的办法来引起注意，会把整洁的房间搞得乱七八糟，把某件物品打烂，在有客人来访时大吵大闹生事。

有时候，幼儿还会借助一种更为隐蔽的方式表达自己的需要。比如会反复强调自己不舒服，"我被虫子咬了"、

"我肚子好痛"等，其实并非实情，只不过是宝宝又一种引起成年人关注的信号，宝宝是想通过父母对自己的关心，感觉到自己的重要。

2　要求自主，对抗成年人的意志：幼儿会表现出一些自主性行为——不依赖他人，自由地做出判断和主张。比如，宝宝会自己选择穿哪一件衣服，自作主张看哪一部卡通片、玩哪一样玩具，把父母的要求当作耳旁风。当然，在幼儿阶段，宝宝对成年人意志的反抗能力是极有限的，如果父母真严厉起来，宝宝也会收敛自己的行为，但宝宝的自主性却不会随之而消失，一旦时机成熟，便会再度凸显出来——这是宝宝在捍卫自己作为一个人的尊严的标志。

3　要求被赞扬和被认可：幼儿除了要求父母对自己的各种"杰作"、"本事"给予关注外，也迫切希望得到成年人的夸奖和表扬。一句

"你真能干"，往往会让宝宝美滋滋的神情持续很久，并能激励宝宝充满信心地去做别的事情。

反之，如果幼儿从父母那里得到的信息是自己做得很不好，则会使宝宝兴趣索然，不愿、不敢再去做别的事。

④ 负责要求：最常见的现象，是宝宝不再顺从于成年人对自己生活的包办代替，而总是会要求"我自己来"。于是，从自己吃饭、穿衣、洗澡到帮助家人烧饭、擦地，宝宝什么事都想"插一手"。小家伙会跑来跑去、忙个不停，即使被称作"帮倒忙"、"添乱"也乐此不疲，除非遭到强令禁止、训斥，被赶到一旁才肯罢手。

⑤ 要求有自己的空间：幼儿行为控制能力虽然很弱，却渴望拥有一块领地，这块领地既是空间上的，也是心理上的。在那里，宝宝可以随意摆放自己的物品、玩具，任意给玩具分配角色、安排任务，可以讲述自己的故事、倾泻情感，还可以保存自己的小秘密。这块领地是幼儿精神发展的庇护所，也是宝宝作为个人尊严的重要堡垒，就像成年人的隐私一样，容不得别人随便刺探，如果他的秘密被父母掌握，尊重需要就会遭受挫折，滋生出自卑、弱小、无能感，从而丧失基本的自尊与自信，在性格上会造成极其不利的影响。

❋ 挨打会令宝宝产生心理偏差

父母打宝宝，往往是出于一时冲动，却会对宝宝的心灵造成不可弥补的严重后果。常挨打的宝宝，会出现一些不良心态和心理偏差。

❶ 说谎：有的父母发现宝宝做错事后，打骂宝宝作为惩罚。宝宝为避免皮肉之苦，瞒得过就瞒，骗得过就骗，如果能骗过一次，就可减少一次"灾难"。可是宝宝说谎，往往站不住脚，容易被父母发现。一旦再次被发现后，为了惩罚宝宝说谎，父母态度更加强硬。为了逃避挨打，宝宝下一次做了错事更加恐慌，更有可能会说谎，构成恶性循环。

❷ 懦弱：如果宝宝经常挨父母的拳打

脚踢，时间一久，宝宝一见到父母，就会感到害怕，不敢接近，因此，不管父母要求做什么，也不管父母的话是对是错，都只得乖乖服从。在这种不良的、绝对服从的环境下成长的宝宝，常常容易形成自卑、懦弱的性格。这种宝宝往往会唯命是从，精神压抑，学习被动。

❸ 孤独：挨打的宝宝，常会感到孤独无援。尤其是父母当众打宝宝，会使宝宝的自尊心受到伤害，往往会怀疑自己的能力，会自感"低人一等"，显得比较压抑、沉默，因为被小朋友看不起自己而抬不起头。于是宝宝往往不愿意与父母交流，

也不愿意和小朋友一起玩，性格上会显得孤独。

④ 固执：有的父母动辄就打宝宝，损害宝宝的自尊心，使宝宝产生对立情绪、逆反心理。于是，有的宝宝会用故意捣乱来表示反抗，存心让父母生气。有的宝宝父母越打越不认错，犟劲越大，甚至会用离家出走、逃学来与父母对抗，变得越来越固执。

⑤ 粗暴：由于宝宝模仿力很强，在家里挨了父母打，到外面就去打别的宝宝，尤其是比自己小的宝宝。父母打宝宝，实际上起了教自己的宝宝去打人的坏榜样作用。

⑥ 怪僻：有的父母打了宝宝以后，还硬要宝宝认错，表示宝宝接受教训了。这样做，只能促使宝宝的排他倾向加剧。表面上看，宝宝似乎是依照父母的要求去做，实际上，抵触情绪很大。在被打之后，宝宝会不知所措、惶惶不安，久而久之，会变得越来越怪僻。

⑦ 喜怒无常：有的父母打过宝宝以后，又觉得心痛、后悔，就去抚慰宝宝挨打的痛处，甚至抱着宝宝痛哭，并加倍给宝宝以物质上的补偿。这种情况，开始宝宝会感到莫名其妙，时间一久会习以为常，慢慢地也变得喜怒无常。

父母期望通过打来教育宝宝的做法是不妥当的，打骂只会造成宝宝种种不良的心态和心理偏差，绝不能获得教育宝宝的效果。

❀ 学写数字和简单汉字

先学写近似的数字，如1和7，再学写4，这3个数字都以直线为主，也容易辨认。然后学写2和3，2似鸭子，3似耳朵，注意3的方向，开口向左，勿写成ε。再学写5，5与3方向相同，上加一横，然后学0和8。许多小孩用两个小圈连成∞，经过教导才会旋转成8，要注意3和8的区别在于3是两个半圈，向一边开口，8是封口的圆。最后才学写6和9，6头上有小辫，9下面有脚，有些孩子会写成方向相反的α和ρ，要经过纠正才能写正确。也可学写简单汉字，如一、二、三、工、土、大、人等。

❀ 善用幼儿"泛灵心理"进行教育

幼儿时期的"泛灵心理"，是指把所有的事物视为有生命和有意向的东西的一种倾向。在幼儿心目中，一切东西都是有生命、有思想感情的活物。

"泛灵心理"是幼儿在发展过程中出现的一种自然现象，是不可逾越的必经阶段。宝宝们所表现的"泛灵心理"行为，不能用简单的模仿与想象解释。

利用幼儿的"泛灵心理"对幼儿进行教育，会起到意想不到的效果。父母应当善于把事物拟人化，激发宝宝的"泛灵心理"，让宝宝把外界物体同化到自己的活动中去。例如，宝宝在做游戏时，教育宝宝不要把墙壁弄脏，不要把小凳子弄坏，可以对宝宝说："小凳子如果被摔了，一定会很疼的，如果把它的腿弄断了，走起路来多难受啊！"也可以说："墙壁可喜欢卫生了，如果把它弄脏了，它就不跟你交朋友了。"宝宝听了以后会非常注意，还会擦擦凳子，掸掸墙壁上的灰尘。

幼儿对会活动的东西，更容易引起"泛灵心理"反应。利用"灵化"了的外部事物对幼儿进行教育，会起到意想不到的效果。"灵化"了的外界事物，主要是指童话故事、寓言故事、民间故事等。这种教育宝宝的方法，比起向宝宝讲解难懂的大道理效果好得多。父母如果把这些寓言、童话故事编成小话剧、小舞蹈节目和宝宝一起表演，让宝宝接受直接的心理体验，效果会更好。

当然，幼儿的"泛灵心理"是一种意识发展不充分的表现。在利用"泛灵心理"进行教育的同时，还应指导宝宝逐步学会人物识辨、物物识辨，促进宝宝从本质上去认识事物，使宝宝的认识能力不断提高。

❀ 理解时间概念

宝宝习惯于有规律的生活，他懂得每天早饭后可以玩耍，到10点吃过东西后可以到外面去玩耍，回来时总是随大人买点菜或食品，准备午饭。饭后午睡，起床后吃一点东西再去玩耍，然后爸爸或妈妈回家，很快再吃晚饭，饭后全家人在一起游戏，再吃水果，然后洗澡睡觉。当宝宝有一些要求时，大人经常告诉他"吃过午饭"，或"爸爸下班回来"、"午睡之后"等，以作为时间概念，这样宝宝容易听话，也能耐心等到应诺的时间。幼儿的时间概念，就是他经历的生活秩序。幼儿还不认识钟表，也不懂得几点钟是什么意思。上托儿所的孩子会模仿大人看钟，他会从针的角度和自己的生活日程，知道下午吃完午饭后当针指到那个位置妈妈就会来接他，所以快到时间时就会竖起耳朵听脚步声，拿上自己的衣帽准备回家。

规律的生活是十分重要的。如果突然换环境，或改变了生活规律，孩子会感到不习惯，不睡觉，甚至哭闹不安。3岁前应少变更生活环境，晚上要与父母或亲人在一起。

❀ 区分早上和晚上

早上起床时，妈妈说"宝宝早上好"，让宝宝说"妈妈早上好"。边起床边向宝宝介绍："早晨天亮了，太阳也快出来了，咱们快穿好衣服出去看看。"白天要开窗户，使宝宝享受新鲜空气。白天天很亮不必开灯。到晚上也要向宝宝介绍："天黑了，外面什么都看不见了，要开灯才看得见，咱们快吃晚饭，洗澡睡觉。"使宝宝能分清早上和晚上，并让宝宝学习说"晚安"才闭上眼睛。这样可以训练宝宝初步学习时间概念，分清早上（白天）和晚上。注意：此时可多说几遍宝宝"早上好"、"晚安"，让宝宝将这些词学熟练。

❀ 亲子游戏推荐

◎ 钻洞

在家庭内利用写字台的空隙或将床铺下面打扫干净让宝宝练习钻进去，或利用大的管道或天然洞穴。钻洞时必须四肢爬行，低头或侧身才能从洞中钻过。孩子都喜欢钻洞，孩子有时还将一些玩具带到床铺下面钻进去玩。宝宝也喜欢一个属于自己的小空间，因此可用一只大纸箱如冰箱、洗衣机的大包装箱，在箱的一侧开"门"，一侧开一小窗户透入光线，以满足孩子的需要。宝宝可以钻进这个小门作为自己的家，将一些小东西带进去玩，也可带小伙伴进去玩。孩子在钻进钻出的同时，锻炼了四肢的爬行和将身子和头部屈曲的本领，四肢交替是小脑和大脑同时活动的练习。

目的： 使宝宝能钻过比身高矮一半的洞，培养克服困难的勇气。

◎ 不同职业

家长要随时给孩子介绍不同职业的人所做的工作和作用。如乘公共汽车时，认识司机是开汽车，售票员是给乘客卖车票。种地的是农民，修路的是筑路工人等。使宝宝学会尊重做不同工作的人，和各种不同的人配合。如早晨看到清扫马路的阿姨，告诉他不要随便扔物品，要扔到垃圾箱等。

目的：丰富认知，提高认识能力。

◎ 收取物品

当妈妈把洗好的全家人的衣服放在床上时，一定要请宝宝来帮助收拾。从日常生活和观察中，宝宝能认识妈妈的衣服、爸爸的袜子、宝宝的衣服等。学叠衣服，分清属于谁的，就放到谁固定的地方，让宝宝认识每个人放东西的地方后，还可随时帮大人取东西。学会家中东西放在固定的地方，不能随便乱放。自己的玩具也要放在固定的地方，这种家中物品分类收放的过程，会养成宝宝生活有条不紊的好习惯。

目的：锻炼宝宝的自理能力和良好的生活习惯。

◎ 让宝宝认识各种商品和购物的程序。

带宝宝去超市，让他当助手，取商品时，可让他取，当他对买到的东西感兴趣时，可一一介绍，使他认识许多物品。出门时，让他看计算器如何显示，若会认数字，让他念出来，促进他认数字的兴趣，让他看看付钱和找钱。在自由市场购物时，介绍一两种他不认识的蔬菜，购买一些回家尝。让他听卖菜人介绍，怎样讨价还价，怎样用秤来称菜，这些宝宝都感兴趣，回家后会将所见所闻在游戏中重演。

目的：生活能力练习。

◎ 骑足踏三轮车

两岁半到3岁的孩子由于平衡的协调能力差，骑老式三轮车更为安全。孩子先学习向前蹬车，家长在旁监护，尽量少扶持，熟练之后，自己会试着左右转动和后退。双足同时踏，配合双手调节方向，身体依照平衡需要而左右倾斜。这些都是很重要的协调练习。

目的：练习驾驶平衡和四肢协调。

疾病防治

❀ 宝宝厌食症的护理

厌食症是指小儿长期食欲减退或食欲缺乏的症状，饮食无规律、片面追求高营养、零食不断、高热量食物摄入过多（饮料、雪糕、巧克力等）、运动不足、服药过多、某些疾病等都可能导致小儿厌食症。

厌食症的护理方式：

❶ 父母要保证宝宝饮食规律，定时进餐，保证饮食卫生；生活规律，睡眠充足，定时排便；营养要全面，多吃粗粮、杂粮和水果蔬菜；节制零食和甜食，少喝饮料。

❷ 父母应该避免追喂等过分关注宝宝进食的行为；当宝宝故意拒食时，不能迁就，如一两顿不吃，家长也不要担心，这说明宝宝摄入的能量已经够了，到一定的时间宝宝自然会要求进食；绝不能以满足要求作为让宝宝进食的条件。

❀ 宝宝糖尿病的护理

糖尿病的症状：

● 宝宝多饮、多尿、多吃，体重减轻，脱水。

● 吃奶不少，但不长胖，以及突然发生的、不易觉察的眼窝、囟门凹陷。

● 宝宝的呼吸有糖果气味；疲乏无力，无精打采，活动减少，反复发烧，咳嗽，皮肤经常长疖子，小伤口不易愈合。

❹ 一些宝宝会频繁患上胸腔和尿道感染。

宝宝一旦确诊为糖尿病，就需要到医院进行治疗，初期需要住院治疗。

糖尿病的家庭护理方式是：

❶ 含糖的糖果、糕点、饮料等均不要给宝宝食用，妈妈要耐心细致地说服宝宝，认真执行。

❷ 饮食要足量，计划以外的食物一概不吃；定期给宝宝注射胰岛素，定期检查宝宝的血糖浓度。

✿ 宝宝肝炎的护理

肝炎有很多种形式：

❶ 宝宝急性肝炎以黄疸型为主，持续时间较短，消化道症状明显，起病以发热、腹痛者多见。

❷ 6个月龄以内的肝炎患儿发生重型肝炎较多，病情危重，病死率高；高热、重度黄疸、肝脏缩小、出血、抽搐、肝臭是严重肝功能障碍的早期特征，病期12天左右发生昏迷，昏迷后4天左右死亡。

❸ 年长儿童以轻型、无黄疸型或亚黄疸型肝炎居多，起病隐匿，常在体检时发现。

宝宝如果检查出肝炎，妈妈要注意肝炎宝宝的饮食和活动时间。

肝炎护理方式：

❶ 由于小孩天性好动，不知疲倦，可以用讲故事、听广播、听音乐、看电视、午睡等方法来安排宝宝的休息和活动。

❷ 用易于消化吸收、富于营养和色香味俱全的半流质饮食，来提高宝宝的食欲。

❸ 部分宝宝在治疗恢复期食欲亢进，加上自控能力差，应注意不可任意摄入过多食物，以防止发生肥胖和脂肪肝。这不仅对肝脏恢复不利，而且还会带来其他的不良后果。

Part 20

2岁10~12个月宝宝

生 长 发 育

❀ 宝宝的生理发育

3岁末，脑的容量为1000毫升，整个幼儿期脑容量只增长100毫升。但脑内的神经纤维迅速发展，在脑的各部分之间形成了复杂联系。神经纤维的髓鞘化继续进行，尤其是运动神经锥体束纤维的髓鞘化过程进行更显著，为幼儿动作发展和心理发展提供了生理前提。

神经系统的抑制过程明显发展，但兴奋过程仍占优势，因此幼儿仍容易兴奋。

幼儿期大脑皮层活动特别重要的特征，就是人类特有的第二信号系统开始发育，为儿童高级神经活动带来了新的特点。儿童借助于语言刺激，可以形成复杂的条件联系，这是儿童心理复杂化的生理基础。

❀ 宝宝的感觉发育

宝宝的感觉发育表	
感觉发育	标 准 值
动　作	婴儿时代宝宝的脊椎骨是笔直的。等宝宝能站会走后，就开始稍稍弯曲起来，到了3岁左右，就弯曲得相当明显了。脊椎骨形成的这种前曲后弯是为了适应剧烈的运动和保护内脏而起的一种弹簧作用。比如从高处往下时，脚下所受到的冲击就会被弹簧似的脊椎骨吸收而不至于波及大脑
语　言	在3岁时宝宝的词汇量应该超过300个，能够以5~6个单词的句子交谈，并可以模仿成人发出的大部分声音。在这个阶段，宝宝的语言开始非常清晰，陌生人也可以听懂宝宝所说的大部分内容

❈ 宝宝的心理发育

　　幼儿期的心理发育是在新的生活条件和各种活动中向前发展的。3岁儿童独立行走后便能自由行动，主动接近别人，和其他儿童一起玩，接触更多事物，对幼儿期儿童的独立性、社会性和认识能力的发展均有积极作用。

　　3岁儿童的双手动作发展得复杂多样，能自己穿脱衣服，自己洗手、洗脸等。双手协调，不论在动作的速度和稳定性上都有明显增强。3岁儿童已熟练掌握300～700个单词，和人交往时已能使用合乎日常语法的简单句，并出现问句形式。

　　由于动作和语言的发展，智力活动更精确，更有自觉性质，在感知、想象、思维方面都得到发展。幼儿通过游戏活动，开始出现高级情感萌芽，懂得一些简单的行为准则，知道"洗了手才能吃东西"、"不可以打人，打人妈妈不喜欢"这些行为准则，可以和小朋友们和睦相处，也是为品德发展做准备。

　　自我意识开始发展。自我意识就是人对自己和自己心理的认识。人由于自我意识的发展，才能进行自我观察、自我分析、自我体验、自我控制以及自我教育等。自我意识是人的意识的一种表现。人的意识形成是和参与社会生活及语言发展直接联系的。幼儿能够自由活动，可广泛参加社会生活，同时又为掌握语言、为意识发展创造了条件。自我意识发展，使儿童作为独立活动的主体参加实践活动。自己提出活动目的，并积极地克服一些障碍去取得吸引他的东西，或做他想做的事，这种积极行动和取得的成功，能激起他愉快的情感和自己行动的自信心，从而又促进了儿童独立性的发展。此阶段的儿童喜欢自己做事、自己行动，常说"我自己来"、"我自己吃"、"我偏不"。成人应尊重儿童独立性的愿望和信心，同时也要给予帮助。

　　幼儿自我意识发展，表现为当他开始出现的自尊心受到戏弄、嘲笑、不公正待遇或在别的儿童面前受到责骂时，可引起愤怒、哭吵或反抗行为。自我意识的发展具有复杂的内容，会经历很长的过程，在幼儿期只是开始发展。

对不起

家 庭 护 理

❈ 冬天要不要给宝宝戴口罩

有的家长在冬天天气寒冷时，出门就给宝宝戴上口罩，怕宝宝着凉，患感冒，但正是平时戴口罩的宝宝更易患感冒。这是因为人的鼻腔血管丰富，鼻咽部有对冷空气加温的能力，所以我们吸到肺里的空气并不凉。经常戴口罩的宝宝，鼻咽部得不到锻炼，受到冷空气刺激就会感冒。

所以，平时不要给宝宝戴口罩，只有在传染病流行季节，如果到公共场合或污染严重的地方，才需要戴口罩。

❈ 带宝宝到游乐场所要注意安全

父母在带宝宝到游乐场所游玩时要注意安全，主要的注意点有：

❶ 要先检查一下游戏的设备是否安全，如滑梯的滑板是否平滑，秋千的吊索是否牢固，是否有锐利的边缘或突出物。

小贴士

不管什么时间与场合，都要让宝宝在自己的视线范围内，千万不要因为父母的一时疏忽，而造成无法弥补的遗憾。

❷ 如果是新修过的设备，要检查安装是否结实，如转椅、荡船要先空转或空摇试一试，再让宝宝使用。

❸ 宝宝在游戏前，父母要简单地告诉他几条安全注意事项，如手要抓牢、脚要蹬稳、注意力要集中等。

❹ 宝宝的衣服一定要舒适、简单，不要给宝宝穿有腰带或者很多装饰的服装，以免快速下滑或旋转时，衣服被挂住而造成危险。

❺ 大宝宝在参加刺激性较大的游乐项目时，要按管理人员的要求系好安全带。

❻ 要清楚地了解宝宝自己本身是不是有能力使用这个

设施。当宝宝在游戏场所出现危害自己身体的行为时，妈妈要惩罚宝宝，禁止他使用这个设施。

宝宝不宜进行长跑运动

长跑是一项肌肉负荷锻炼，宝宝不宜长跑。

宝宝过早进行长跑，首先会使心肌壁厚度增加，随之心腔扩张，影响心肺功能发展；其次，宝宝时期体内水分占的比重相对较大，蛋白质及无机物的含量少，肌肉力量薄弱，若参

加能量消耗大的长跑运动，会使营养入不敷出，妨碍正常的生长发育；最后，人的高矮主要取决于长骨细胞的生长，宝宝参加长跑运动，会使骨细胞生长速度减慢，甚至引起骨骼过早钙化，影响身体的正常发育。

 小贴士

宝宝也不宜倒立。倒立运动会使视网膜的动脉压升高，会损害眼压调节能力。

宝宝不宜参加拔河比赛

拔河是一种强力对抗运动，宝宝不宜参加拔河比赛。

宝宝时期身体的肌肉主要为纵向生长，固定关节的力量很弱，骨骼处于迅速生长时期，弹性大而硬度小，拔河时极易引起关节脱位和损伤，抑制骨骼的生长。拔河需屏气用力，有时一次憋气长达十几秒。而由憋气突然变成开口呼气时，由于胸腔内压骤然降低，静脉血流会猛然冲达心房，容易损伤宝宝柔薄的心房壁。另外，宝宝争强好胜，集体荣誉感强，比赛中往往难以控制、保护自己，极易发生损伤。

小贴士

宝宝也不宜进行掰手腕比赛。宝宝体内的软组织嫩弱，骨骼相对较软，掰手腕容易发生软组织损伤，甚至骨折。

宝宝晕车怎么办

如果宝宝每次坐车都会因不舒服、晕车而哭闹不已，而且次数愈来愈多，致使宝宝不喜欢坐车，那就要注意了，也许宝宝是属于前庭刺激过于敏感的宝宝。

如果妈妈发现宝宝经常晕车，除了带宝宝去医院检查接受治疗外，妈妈还可以在平时教导下列活动，让宝宝接受适当的前庭刺激。

❶ 把宝宝抱高，做上下左右摇晃，刚开始时速度可稍慢些，适应后再加快，让宝宝适应晃动。

❷ 带宝宝去跳跳床，可增加全身的平衡及稳定运动。

❸ 平时可让宝宝在床上垫子上、练习翻跟斗，不过要注意宝宝是否容易头晕。

❹ 在家中的床上、垫子或毛毯上，握住宝宝的脚，做身体翻滚的动作。

小贴士

前庭刺激的游戏，妈妈要控制游戏时间，以免引起宝宝头晕。

科 学 喂 养

❋ 乳酸菌对宝宝的重要作用

　　乳酸菌可以有效防治有色人种普遍患有的乳糖不耐症（喝鲜奶时出现的腹胀、腹泻等症状），促进蛋白质、单糖及钙、镁等营养物质的吸收，产生B族维生素等大量有益物质，并使肠道菌群的构成发生有益变化，改善人体胃肠道功能，恢复人体肠道内菌群平衡，形成抗菌生物屏障，提高人体免疫力和抵抗力，控制宝宝体内毒素水平，保护肝脏并增强肝脏的解毒、排毒功能，维护宝宝健康。

 小贴士

　　随着年龄的增长，宝宝体内的乳酸菌也逐渐减少。酸奶、经过发酵制成的发酵大豆食品中均含有丰富的乳酸菌。宝宝适量补充即可，如每天给宝宝喝100毫升左右的酸奶。

❋ 营养又健脾的小米粥

　　小米熬粥有"代参汤"的美称。一般粮食中不含有的胡萝卜素，小米每100克含量达0.12毫克，维生素B_1的含量位居所有粮食之首，小米中所含的维生素B_1和维生素B_2分别高于大米1.5倍和1倍，其蛋白质中含较多的色氨酸和

 小贴士

　　妈妈熬小米粥时，可添加大枣、红豆、红薯、莲子、百合等熬成甜粥，添加蔬菜、瘦肉、鱼肉等熬成咸粥，也是不错的选择。

蛋氨酸，是宝宝生长发育期间需要的重要营养。小米有健胃消食的作用，对消化不良或者伴有厌食的脾虚宝宝有良好功效。

❀ 让宝宝的牙齿更坚固

千万不要以为宝宝的乳牙早晚要换掉，而觉得不用保护，带宝宝去看牙是浪费时间。宝宝的牙齿全部换掉要到12～13岁，其间大多数乳牙要承担差不多十年的艰巨工作，而且乳牙的健康和排列不但影响宝宝的营养和健康，与后长出的牙齿也息息相关。

宝宝能否长一口不得蛀牙的坚固牙齿，不但取决于宝宝是否长期刷牙，还取决于宝宝的饮食习惯。妈妈要保证宝宝总能摄入足量的钙和维生素D，以促进骨骼和牙齿的生长。乳制品和豆类食品中均含有丰富的钙，每天多晒太阳就可以补充维生素D，帮助宝宝的身体吸收钙。

此外，不要让宝宝在正餐之间喝太多果汁或吃零食，也尽量不要让宝宝喝瓶装的果汁或饮料，最好用杯子，这样可以缩短饮料在口腔里停留的时间，减少蛀牙的形成。

❀ 学做几样小点心

🌷 巧克力布丁

【原料】 白脱油半碗，白糖2匙，鸡蛋1个，巧克力75克，面粉2碗，牛奶250克，发酵粉1.5匙，食盐适量。

【制作】 鸡蛋打散。

白脱油用筷子搅成奶油状，慢慢加白糖、蛋液，再搅打均匀，将溶化的巧克力加入拌匀。

面粉、发酵粉、食盐过筛，与牛奶交替拌入白脱油内，倒入容器中，盖严，蒸2小时。

🌷 水果饭布丁

【原料】 大米饭半碗，甜果泥1碗，白糖适量，柠檬汁少许，熟油少许。

【制作】 将饭加小半碗水，果泥、白糖、柠檬汁及熟油放蒸锅内煮沸，盖好，焖软。离火，食用时加鲜牛奶。

🌷 凉藕糕

【原料】 藕粉1匙，白糖2匙，糖桂花少许。

【制作】 将藕粉与白糖混合，用适量凉开水调匀，用沸水冲成1碗，加糖桂花，晾凉。

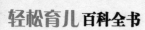 苹果沙司

【原料】 新鲜苹果1000克，白糖适量。

【制作】 苹果洗净，去皮、核，加少量水煮软，过筛。苹果泥加糖，煮开即可。可配点心或饼干等食用。

莲子奶

【原料】 发好的莲子300克，鲜牛奶500克，白糖150克，湿淀粉50克。

【制作】 莲子上笼蒸烂。水5～6碗煮沸，加糖，放牛奶，再放莲子，煮沸，用淀粉勾芡，离火晾凉。

❀ 学做几手鸡蛋菜肴

蓬松蛋

【原料】 鸡蛋5个，牛奶，黄油，盐适量。

【制作】 将鸡蛋打散，打出泡沫。在锅里化开黄油，打入鸡蛋，倒入少量牛奶（3个鸡蛋、2汤匙牛奶、1汤匙油），放少许盐。

将锅放火上，不断搅动。当鸡蛋凝固时，从火上取下，再搅动一阵。盛入盘中，与面包同吃。

夹馅鸡蛋

【原料】 鸡蛋5个，奶酪25克，火腿50克，白面包50克，洋葱半个，牛奶2汤匙（拌馅），牛奶半杯（做土豆泥），土豆500克，油2汤匙。

【制作】 鸡蛋煮熟去皮，对半切开，把蛋黄取出，再用勺掏出一部分蛋白。

将蛋黄捣成泥，加上切碎的蛋白、火腿、芹菜末，放入煸过的洋葱，在牛奶里浸泡过的面包、盐、牛奶、胡椒，搅拌均匀，即成馅。

用馅填在鸡蛋里。

平盘放土豆泥，把填馅鸡蛋放在土豆泥上，撒上干酪、油，放烤箱烤熟。

煎鸡蛋土豆

【原料】 土豆1000克，鸡蛋3个，牛奶1杯，油2汤匙。

【制作】 土豆去皮煮熟，切成片，放在油锅里稍煎备用。另将鸡蛋打入锅中，加牛奶、盐，搅匀后倒在煎好的土豆上烤熟即可。

鸡蛋土豆泥

【原料】 鸡蛋5～6个，土豆500克，热牛奶半杯。

【制作】 土豆洗净，置盐水中煮熟，沥干，捣成泥，加入适量油、盐、再将热牛奶慢慢倒入，调匀，即成土豆泥。土豆泥（稀度适中）置涂油平盘，摊平。把碎干酪或碎面包屑撒在土豆泥上，浇上油，放烤箱里烤。

在土豆泥表面用匙按照鸡蛋的数目按成凹面，上面各打一个生鸡蛋，再将平盘重新置入烤箱烤2～3分钟。

智能提升

✳ 培养宝宝的感恩能力

传统美德所颂扬的亲、孝、悌、严观念浓浓地浸润着整部民族文化史。而歌颂母爱，颂扬亲情的文艺作品，则是不分东西方各个民族所共同颂赞、永远讴歌的内容。

感恩能力并非天生，是人类在成长过程中培养出来的，1岁左右的学步儿，已经养成了听母亲唱歌或讲故事的习惯。听歌或听故事时，宝宝那甜甜的表情所反映的安宁，已经具有了可以被称为幸福感的色彩。这就是感恩能力发展的第一步——感受满足。

感恩能力成长的第二步，是发展对恩惠来源的认知能力。换言之，即亲子间认知能力——固然，父母对宝宝的爱是最无私的，不要求任何回报的，但是，正确地让宝宝认识、培养应有的感恩意识，是培养宝宝完整人格的一个有机组成部分，不可缺失。

感恩能力成长的第三步，则是发展对施恩者的回报意识。3~4岁的幼儿能够大致理解妈妈上班、妈妈辛苦等内容，也能够理解和做出搬张椅子请妈妈坐、亲亲妈妈等行为。这些成长是与感恩能力的第一步、第二步的教育和发展密切相关的。

当然，随着个人越来越趋向人格的完善，感恩、报恩的能力水平也会越来越高。正常的、具有完整人格的、个体的成年人会感激大自然的各种恩赐，并用保护自然的行为，努力去予以回报。

一个拥有完整人格的人，会感激他人能接受自己的帮助、让别人看到自己的价值，并回报社会以更加努力的奉献。而这些完整的人格培养，则基于自幼家庭对宝宝的感恩能力的培养和教育。

❀ 不要攀比别人家宝宝

有些父母喜欢拿自己的宝宝和别人的宝宝比较，结果往往会造成母子二人都感到压力和形成自卑。

父母本是为了鼓励自己的宝宝才与别人相比，以此来指出自己宝宝的不足之处，想要激励宝宝，但如果尽做一些不利于宝宝的比较，宝宝成天在"不如别人"的心理压力下过日子，自然会产生自卑感。

总是拿自己宝宝攀比别人宝宝的优点，不会让宝宝受到鼓励，而会给幼小的心灵播下自卑的种子。再让宝宝去努力，等于束缚住宝宝的双脚后，再让宝宝奔跑一样不明智。

自卑感在宝宝的心灵上留下重创后，每当再做一次比较，就等于向宝宝再猛击一掌，让宝宝感到自己的无能、无助，陷入无自我价值感之中，会产生对什么都不感兴趣、破罐子破摔的心理。

把自己的宝宝与别人相比，特别是用自己宝宝的不足之处与别人的优点相比，这种做法有百害而无一利，因为这样做只会打击宝宝的自信心和自尊心。

每一个人都有自己独特的个性，世界上绝对没有两个相同的人。最好不要拿自己的宝宝去做这类比较，如果一定要拿比较的方法来促进宝宝，最好用宝宝本人作为比照标本，也就是说，把宝宝的现在与过去做比较。这样一来，就会发现，宝宝总是在进步、有提高，宝宝自己也感觉到了自己的成长，有成就感，从亲人这儿得到赞赏和表扬，会增强自信心，效果才会好。

看看人家

❀ 应对宝宝的性好奇

多数父母只教给宝宝认识全身其他器官的名称，如耳、眼、鼻等，对性器官却闭口不谈，对男孩的生殖器仅用一个代名词如"小雀雀"，对女孩则不知讲什么好。这样，会使宝宝对性器官感到神秘莫测。宝宝偶然向父母提到这些问题，会遭到阻止，或避而不谈，或哄骗甚至恐吓宝宝，反而会让宝宝胡思乱想。

宝宝对异性的兴趣，还表现在游戏上，过家家时男孩当爸爸、女孩做妈妈，在性别角色上一般不会发生错位。宝宝还会怀抱洋娃娃喂奶，观察自己的性器官等，这都是正常的现象。

父母的正确做法是让宝宝既与同性小朋友一起玩，也和异性的小朋友一起玩。特别在幼儿园里，不要形成男孩和女孩分开的风气，更不要见到一个男孩和一个女孩一起玩就嘲笑。如果女孩指着男孩的生殖器官问这是什么东西，为什么自己没有时，应当坦然告诉宝宝：这是男女性别不同的标志。这样做满足了宝宝的好奇心，宝宝也就会不以为然、不再过问。

发现宝宝们玩起不适当的性游戏时，父母和老师应巧妙地用玩具、讲故事或诱导宝宝玩别的游戏等方法，把宝宝的好奇心和注意力吸引到别的方面去。

总之，宝宝对身体认识的自然态度，与异性接触的自然态度，都有益于宝宝形成健康的性心理，有助于减少宝宝在成年后出现这样那样的性问题。

我是妈妈

过家家

❋ 让宝宝乐于接受父母的要求

一般说来，小儿进入3岁就到了第一反抗期。实际上小儿满2岁时，自我意识就发展起来，他想做的事如果父母不答应就表示反抗，常常会听到2岁多的小儿说"不"、"不要"。到了3岁，他们已有了自己的小朋友，有了一定的社会交往，这种独立行为的欲望就更加强烈，一旦想做某件事就表现得非常任性，不愿服从大人的安排。但他们毕竟太小，常常力不从心，有时不仅没把事情做好还损坏了东西，甚至出危险。所以，对宝宝的这种状况和热情，大人应给予充分的理解。

那么，如何让宝宝能够接受父母的要求呢？强力压制是肯定不行的，只能采取说服诱导的方法，要仔细分析宝宝的意图，然后区别对待。如果小儿只是想自我服务或是帮助大人做家务，父母就不要一味地限制，那样小儿会很恼火。正确的方法是帮助和指导他，让他把想做的事做好。如果是不合理的要求，父母可以用他感兴趣的东西转移他的注意力，或者耐心地讲清道理，告诉他为什么不可以做。合理的限制还是需要的，但宝宝的感情可以让他表现出来，不能强行压抑。

要想让宝宝容易顺从父母的安排，有一点非常重要，即父母应该经常和宝宝一起玩耍、交谈，了解和尊重他们的意志和兴趣。要让小儿知道你对他很在意，这样宝宝容易变得顺从。

有时父母采用回馈方法来处理小儿的反抗也很有效。比如小儿在游艺场没完没了地玩滑梯不回家，父母可以先对他说"再玩两次就回家"，让宝宝有个思想准备，玩完两次以后就坚决领他走。这时宝宝肯定会生气甚至哭闹，父母可以对他说："我知道你不高兴，玩得正高兴被打断，要是我也会生气，但是我们总不能今晚不回家吧。"让宝宝知道你很同情他的感受，但做任何事都会有一定的限制。渐渐地，宝宝反抗的次数会减少，容易接受父母的要求。

❀ 教宝宝学说英语

当宝宝能够自如地用母语与人对话、背诵诗歌时，就可以开始学外语了。双语学习可以开发儿童的潜能，促进大脑半球言语中枢的发育。言语中枢位于大脑左半球。从小掌握双语的儿童，大脑的两个半球对言语刺激都能产生电位反应，能够用双语进行"思维"。5岁前，孩子存在着发展言语能力的生理优势和心理潜能。幼儿学外语，以听说为主，不要求学字母，也不学拼写，只要求能听懂，能说简单的句子、会唱儿歌即可。教唱英语歌是幼儿学英语的好方法。

❋ 让宝宝感受四季变化

带宝宝到户外，观察季节和大自然的变化。

春季。天气转暖，树儿长出新叶子，小草钻出地面，花儿绽放，人们脱下厚厚的冬装。家长可带宝宝去公园或郊外踏青。

夏季。天气很热，树上长满绿叶，地上一片绿油油的青草，知了拼命叫，荷花开了，人们穿短袖单衣。家长可以带宝宝去游泳。

秋季。天气转凉，树叶变黄、变红，开始从树上飘落，人们穿上夹克和毛衣。家长可带宝宝去秋游。

冬季。天气冷，北风寒，树儿光秃秃，草儿变枯黄，水结冰，有时下雪，人们穿上大衣和胖胖的羽绒服。家长可以带宝宝滑冰、玩雪。

❋ 亲子游戏推荐

◎ 学用剪刀

选用钝头剪刀，让孩子用拇指插入一侧手柄，食指、中指及无名指插入对侧手柄。小指在外帮助维持剪刀的位置。3岁孩子只要求会拿剪刀，能将纸剪开，或将纸剪成条就不错了，在用剪刀过程中要有大人在旁监护，防止孩子伤及自己或伤及别人。

目的：学会用剪刀，锻炼手的能力。

◎ 猜谜和编谜

家长先编谜语让孩子猜，如"圆的、吃饭用的"，"打开像朵花，关闭像根棍，下雨用的"，孩子会高兴地猜出是什么。启发孩子自己编，让家长猜。如果编得不对，家长可帮助更正。轮流猜谜和编谜。

目的：促进孩子的语言和认知能力。

◎ 点数

继续结合实物练习点数，让孩子能手口一致地点数1~3，训练按数拿取实物，如"给我1个苹果"、"给我2块糖"、"给我3块饼干"，反复练习，待准确无误后，再练习4~5点数等。

目的：加深对数的认知。

◎ 学找地图

先让孩子在地球仪或中国地图、本市地图中找到经常在天气预报中听到的地名。重点是多次在不同的地图和地球仪上找到自己住的地方。要学认本市地图，找出自己居住的街道。3岁孩子受过这种教育是可以记住的。也让孩子记住家中的电话号码。

目的：空间感、想象力锻炼。

◎ 倒米

妈妈准备一个大茶盘、一个大口杯和一个盛米的不锈钢杯。教宝宝用手握住盛米的杯子把手，慢慢把米倒入放在茶盘上的大口杯中。开始宝宝可能会把米撒出杯外，爸爸妈妈不要责备，重复多练几次，动作就会熟练起来。

目的： 训练手部精细动作。

◎ 红灯、绿灯、斑马线

提示宝宝，大街上有各种车辆，大家都要听交警叔叔的指挥。在十字路口有红绿灯，红灯亮的时候，车就停下来，绿灯亮时，车就行。我们行人也是一样。行人不能在马路中间走，要走人行道，穿越马路要走斑马线。没有大人带着，不能出门，更不能在马路上乱跑。

目的： 了解有关行人的交通规则。

◎ 画人

宝宝学会画圆圈后，已画过许多圆形物品。有些孩子会画上下两个圆表示不倒翁。这就是画人的开始。让宝宝仔细看妈妈的脸，然后在圆圈内添上各个部位。多数孩子先添眼睛，画两个圆圈表示，再在圆顶上添几笔、表示头发。这时家长再帮助他添上鼻子和嘴，再让宝宝添耳朵。家长可示范画一条线代表胳臂，叫宝宝添另一个胳臂。再示范画一条腿，让宝宝画另一条腿。这种互相添加的方法可逐渐完善，使宝宝对人体各个部位进一步认识。

目的： 认识身体各部位，锻炼想象能力。

◎ 包、剪、锤

先让孩子理解布包锤、锤砸剪、剪破布这种循环制胜的道理。边玩边讨论谁输谁赢。让孩子学会判断输赢。当两个孩子都想玩一种玩具时，就可用包、剪、锤游戏来自己解决问题。

目的： 锻炼手部能力，理解怎样解决问题。

疾病防治

❋ 预防小儿遗尿

小儿遗尿是指宝宝在睡眠中，小便不受控制地排出的一种疾病，如果是因为白天游戏过度、精神疲劳或者睡前饮水过多等原因，发生了遗尿，就不能算是病。

要从细节上预防宝宝遗尿：

➊ 尽量少给宝宝吃豆类、薏米、冬瓜等利尿的食物，有助于减少遗尿的发生。

➋ 当宝宝心中有挫折感、忧伤、惊恐时，容易造成睡眠中小便失控。所以，父母应当多从心理上关心宝宝。

➌ 睡前数小时，避免让宝宝喝较多的水；平日让宝宝养成睡前排尿的习惯；白天多带宝宝活动，可以增加静脉淋巴回流，减少水潴留；半夜时，定时唤醒宝宝起床排尿；宝宝不尿床时，给予鼓励和奖励；宝宝尿床后，让其自行清理，但切勿责骂。

遗尿食疗方：益智仁20克，芡实20克，山药20克，莲子（去心）20克，猪膀胱1个。将益智仁煎水去渣取汁，以药汁把芡实、山药、莲子泡浸2小时，装入洗净的猪膀胱内，文火炖熟，入盐适量调味，食猪膀胱，饮汤。

❀ 小儿肺炎的护理

小儿肺炎起病急、病情重、进展快，常有发热、咳嗽、呼吸困难的症状，精神状态也较差，食欲下降，易睡易醒，也有不发热而咳喘重者，是威胁小儿健康乃至生命的疾病，一定要注意预防，及时发现，及时治疗。

肺炎护理方式：

❶ 让宝宝躺在床上休息，减轻呼吸困难的痛苦，每隔2～3小时给宝宝翻一次身，仰卧、侧卧相互交替，并轻轻拍打宝宝的背部，这样不仅有利于排痰和炎症的吸收，还能够避免肺部一处长时间受挤压。

❷ 如果宝宝出现呼吸急促的情况，可以用枕头将宝宝的背部垫高，让宝宝能够顺利呼吸。发现宝宝有痰液时，让宝宝咳出痰液，保持呼吸道通畅；如果宝宝太小不会咳，父母则要帮宝宝吸出痰液。还要及时清除宝宝鼻痂和鼻腔内的分泌物。

❸ 牛奶可适当加点水兑稀一点，每次喂少些，增加喂的次数。若发生呛奶要及时清除鼻孔内的乳汁。能吃饭的患儿，可吃营养丰富、容易消化、清淡的食物，多吃水果、蔬菜，多喝水。

❹ 要密切注意观察宝宝的精神、面色、呼吸、体温及咳喘等症状体征的变化。若宝宝有严重喘憋或突然呼吸困难、烦躁不安的情况出现，则有可能是痰液阻塞了呼吸道，需要立即吸痰、吸氧，应及时请医生采取救治措施。

 小贴士

在宝宝安静或睡着时，在宝宝的脊柱两侧胸壁仔细倾听，如果在吸气末期听到"咕噜"、"咕噜"般的声音，则要考虑肺炎的可能。

❀ 小儿呕吐的处理

小儿呕吐是很常见的，是由于食道、胃肠道呈逆蠕动，伴有腹肌、膈肌的强力收缩，迫使食道或胃内容物从口涌出。

小儿轻的呕吐对健康影响不大，无须治疗，重的呕吐不仅吐出大量水分，而且吐掉电解质，出现脱水和酸碱失衡的症状，必须做紧急处理。

小儿呕吐的紧急处理方法是：

❶ 禁食4～6小时：轻度或中度脱水可服口服补液盐，多次少量服，多数病儿能纠正脱水和酸中毒。如不能纠正或患儿对口服补液盐不能耐受，最好的办法是根据血生化检验进行静脉输液矫治。

❷ 治疗原发病：外科梗阻性疾病，应施

行手术解除梗阻段。如为内科性呕吐，则应治疗原发病。如婴儿喂养不当，咽下大量气体，应在喂奶后让患儿伏在母亲肩上，拍背，使患儿打嗝，排出气体。

❸ 服用止吐药：最安全、最有效的药物为吗丁啉，每次每千克体重0.3毫克，每日3次，饭前15~30分钟服用。

❹ 再发性呕吐：在禁食期间可少量多次饮凉开水或冰水，喝温水易引起呕吐。

❺ 呕吐停止或减轻后，可给予少量、较稠微温易消化食物，或米汤等流质饮食。有脱水或电解质紊乱者，应及时按需要补液和供给电解质。

❋ 防治幼儿多动症

多动症又称作多动综合征，是幼儿常见的一种以行为障碍为特征的综合征。多动症主要症状有活动过多，注意力不集中，易冲动，有不良行为和学习困难表现。

❶ 活动过多：活泼好动本是幼儿的天性，但是，如果宝宝表现出不安宁，喂哺困难，难以入睡，易醒或睡着后难以唤醒，就有多动症的倾向。有的宝宝较早就能站立行走，打翻碗盆，拆散玩具，或独自外跑甚至走失。上学以后，宝宝不能专注，上课时会用手敲桌子、乱跺脚。不能坐定下来看一会儿电视，在家中爬上爬下，拉窗户，踢椅子，宝宝的这种活动表现出杂乱、无目的性。

❷ 注意力不集中：幼儿注意力集中的时间，随着年龄增长而增长。多动症的宝宝注意力不集中表现很突出，宝宝的活动无目的性，从一个活动很快转向另一个活动，拿一件玩具没一分钟，就丢下玩另一件，不能专注于一件事，也记不住讲给自己的事，因为不能集中注意力的宝宝做事表现出有头无尾、丢三落四。

❸ 冲动：多动症幼儿做事不考虑后果，如果说要喝水，拿起来就喝，不管水是凉的还是烫的。上街跑，不注意有没有车。在幼儿园里乱喊乱跑，也不会考虑是否影响到别人。在集体活动时，通常不守规则。出现这些问题，并不是宝宝要刻意捣乱，而是因为冲动使宝宝想不到那么多。

❹ 不良行为：多动症幼儿好打架，爱顶嘴，不服从，横行霸道，好发脾气，纪律性差。这类宝宝过于独立又过于依赖，情绪不稳，时而过于兴奋，时而任意发脾气，甚至产生攻击性行为。因此，这类宝宝很难与同龄人相处，没有好朋友，缺少同龄伙伴。

❺ 学习困难：多动症幼儿在智力发育方面存在一定障碍，难以适应一般的教学安排，往往需要个别辅导。

有的宝宝存在感知障碍，造成阅读困难。有的由于神经系统功能障碍，产生运动协调困难，不会使用剪刀，不会系鞋带，写字和画图都存在困难。

幼儿罹患多动症的原因，至今尚不完全清楚。但是在家庭生活中，避免一些因素，可以预防宝宝发生多动症：

❶ 先天体质缺陷。可能由父母的遗传因素引起，也可能由母亲在妊娠期的问题所引起。例如，母亲孕期精神紧张以及其他高危妊娠因素造成胎儿缺氧，影响到胎儿脑发育。

❷ 铅中毒。城市幼儿容易受到铅污染，如含铅汽油等，造成幼儿认知、言语、感知障碍。

❸ 食物过敏。有人认为多动症是幼儿对某些调味品过敏引起的。

❹ 放射。有研究发现，电视和荧光灯的小量放射，可能造成宝宝多动症的发生。

❺ 身体器官异常。有人发现患多动症的宝宝，身体器官不对称，大小比例异常等情况比正常人多。

❻ 心理因素。紧张的环境，家庭的不当教育，过多的指责与体罚，是儿童发生多动症的原因之一。

对于已经患上多动症的宝宝，可以在医生的指导下，用药物治疗，同时按医生设计的训练方法进行行为治疗，帮助幼儿培养自我控制能力，改善幼儿的倔犟、固执行为，引导宝宝加强注意力，培养宝宝的责任心。只要及时发现，及早对多动症幼儿采取治疗，预后效果一般还是会比较好的。